计 算 机 科 学 丛 书

LLVM编译器
实战教程

[巴西] 布鲁诺·卡多索·洛佩斯（Bruno Cardoso Lopes） 著
拉斐尔·奥勒（Rafael Auler）

过敏意 冷静文 译

Getting Started with LLVM Core Libraries

机械工业出版社
China Machine Press

图书在版编目（CIP）数据

LLVM 编译器实战教程 /（巴西）布鲁诺·卡多索·洛佩斯（Bruno Cardoso Lopes），（巴西）拉斐尔·奥勒（Rafael Auler）著；过敏意，冷静文译 . —北京：机械工业出版社，2019.7（2025.3 重印）

（计算机科学丛书）

书名原文：Getting Started with LLVM Core Libraries

ISBN 978-7-111-63197-2

I. L… II.①布… ②拉… ③过… ④冷… III. 编译程序 - 程序设计 - 教材 IV. TP314

中国版本图书馆 CIP 数据核字（2019）第 139726 号

LLVM 是一个正在发展中的前沿编译器技术框架，它易于扩展并设计成多个库，可以为编译器入门者提供流畅的体验，并能使编译器开发所涉及的学习过程变得非常顺畅。本书首先介绍如何配置、构建和安装 LLVM 库、工具和外部项目，随后介绍 LLVM 设计以及它在每个 LLVM 编译器阶段的实际工作方式，这些阶段包括：前端、IR、后端、JIT 引擎、交叉编译功能和插件接口。本书还提供了多个实际操作的范例和源代码片段，可以帮助读者顺利地掌握 LLVM 编译器开发环境的入门知识。

出版发行：机械工业出版社（北京市西城区百万庄大街 22 号　邮政编码：100037）

责任编辑：王春华　　　　　　　　　　　　　责任校对：李秋荣

印　　刷：中煤（北京）印务有限公司　　　　版　　次：2025 年 3 月第 1 版第 8 次印刷

开　　本：185mm×260mm　1/16　　　　　　印　　张：14.25

书　　号：ISBN 978-7-111-63197-2　　　　　定　　价：79.00 元

客服电话：（010）88361066　68326294

众所周知，编译器是连接软件和硬件的桥梁，是核心基础软件。尤其是近年来计算机体系结构发展迅速，大数据、人工智能等上层应用对算力提出了更高的要求，编译器变得越来越重要了。编译器本质是将一种高级语言翻译为低级语言的程序，通常包括前端、优化器、后端等。前端负责解析高级语言，将程序转换为内部的中间表示格式；优化器基于中间表示进行优化；而后端则负责低级语言代码生成。

由于编译器的特殊性，它涉及的计算机知识包括计算理论、体系结构和软件工程。在解析高级语言时，编译器涉及的计算理论包括正则语法、有限状态自动机、上下文无关文法、下推自动机等。编译器需要生成的低级语言通常是目标体系结构的机器语言，因此需要结合体系结构的特点进行指令选择、寄存器分配等。从软件工程的角度来说，编译器有着和操作系统内核相近的复杂度。例如，运用广泛的 GCC 编译器有 700 万行代码，而 Linux 内核代码有 1500 万行左右。

LLVM 起源于伊利诺伊大学厄巴纳 – 香槟分校的一个开源项目，初始目的是开发一套程序的低层表达。这也是 LLVM 名称的来源，即 Low Level Virtual Machine（低级虚拟机）的缩写。LLVM 的低层表达采用静态单赋值（SSA）形式，它在开源后受到广泛的好评和关注，目前已经发展出完整的编译器基础设施。它支持 C、C++、Objective-C 等高级语言，并支持静态和动态编译方式。现在采用和开发 LLVM 的公司包括 Apple、Google 和 NVIDIA 等主流计算机企业。

LLVM 荣获 2012 年 ACM 软件系统奖，其成功之处主要在于统一的低层中间表达以及极致、模块化的软件工程方法。LLVM 也采用了编译器中常见的"前端 – 优化器 – 后端"组织形式，只是不同的前端和后端都采用统一的低层中间表示格式（LLVM IR）将二者进行解耦并最大可能地复用优化器的代码。另外，LLVM 抽象和剥离了不同的编译流程，用户可以调用指定的单个或者多个编译流程。这也是 LLVM 和 GCC 编译器的区别所在。GCC 是一个庞大的软件，很难对其进行二次修改。而 LLVM 通过良好设计的编译流程的接口，有着更为广泛和灵活的应用场景：它既可以用于静态编译器，也可以用于即时编译器，甚至可以仅仅调用其中的某些 API。LLVM 现在被作为实现各种静态和运行时编译语言（GCC 家族、Java、.NET、Python、Ruby、Scheme、Haskell、D 等）的通用基础设施。

由于其良好的设计，LLVM 的意义不仅仅在于一个编译器。LLVM 对于新的编程语言和新型芯片开发也有很好的促进作用。LLVM 的 IR（中间表示）设计理念从一开始就具有可移植特性，可以适配多种编程语言和多种硬件平台。因此，新的编程语言开发只需设计一个新的前端，而新型芯片的开发只需设计一个新的后端，这样大大缩短了开发流程。此外，LLVM 还可以用于编译器插件开发，例如代码规范检查、代码优化等。总而言之，LLVM 在现代计算机系统栈中的地位举足轻重。

LLVM 的优点使得它比传统 GCC 编译器更加简单易懂，代码更具可读性。特别是 LLVM 的模块化代码设计使其代码修改或者增加更加容易，因此国外很多大学都把 LLVM 用于教学实践。本书主要阐述 LLVM 的模块化设计理念并详解不同模块的细节，两位作者

Bruno Cardoso Lopes 和 Rafael Auler 都是 LLVM 项目的贡献者。

作为本书的译者，我们在编译器领域有着丰富的经验，一位长期从事编译和并行计算研究，另一位在博士期间协助导师将 LLVM 运用于编译课程的教学之中。我们所在的科研团队在使用 LLVM 开发面向系统底层的软件（比如任务调度器、GPU 加速程序等）和教学过程中，深感需要一本系统介绍 LLVM 的中文书籍，这是译者翻译本书的初衷。在翻译过程中，译者尽最大的努力还原作品的原意，遵循了专有名词的通用翻译，对于没有约定俗成的术语翻译，则在给出译文的同时也把英文原文附上。本书的特点是紧密结合 LLVM 的源码，帮助有一定编译器知识基础的读者快速掌握 LLVM。

在本书的翻译过程中，上海交通大学新兴并行计算团队的研究生张蔚、蔡晓晴、邱宇贤、郭聪、崔炜皞、周杨杰、刘子汉为本书的译文和校对出力良多，在此均致谢忱！

限于译者中英文水平，译文可能存在欠妥之处，敬请读者不吝赐正。

过敏意　冷静文

于上海交通大学闵行校区

2019 年 3 月 12 日

LLVM 是一个非常具有启发意义的软件项目，它起始于 Chris Lattner 个人对编译器的热情。LLVM 最初版本发行后出现的一系列事件以及后来被广泛采用的经历也遵循了一种其他开源项目常见的成功发展模式：这些项目通常是人们对某个问题的强烈好奇心的产物，并非始于某个公司。例如，第一个 Linux 内核的诞生源于一名芬兰学生对操作系统领域的兴趣，因而产生了强烈动机去理解和实践一个真正的操作系统应该如何工作。

对于 Linux 或 LLVM，许多程序员的贡献使它们迅速成长为一流软件，在质量上可以与现有的任何其他竞争对手相媲美。因此，把任何一个大项目的成功归功于特定个人是不公平的。无可否认的是，在开源社区中，一个学生的软件项目想要飞跃成为复杂且健壮的软件需要一个关键因素：吸引那些愿意在该项目上花费时间的贡献者和程序员。

这样的因素天然存在于充满教育气息的校园氛围之中。教育的重要任务是教会学生理解任务的工作原理，因此对学生而言，他们可以在解开错综复杂的机制并最终掌握它们的过程中享受到胜利的喜悦。伊利诺伊大学厄巴纳－香槟分校（UIUC）的 LLVM 项目正是在这种环境下发展起来的，它既被用作研究原型，也被用作 Lattner 的硕士导师 Vikram Adve 讲授编译器课程的教学框架。学生们为最初的 bug 排查做出了贡献，这也为 LLVM 最终成为一个设计良好且易于学习的项目奠定了发展方向。

软件理论和实践之间的显著差异使许多计算机科学专业的学生感到困惑。计算理论中一个简洁明了的概念可能涉及多层级的实现细节，这些细节使得现实中的软件项目变得过于复杂而无法让人们掌握，特别是其所有微妙之处。巧妙的抽象设计是帮助人类大脑掌握项目所有层面的关键：从高层级的视图（抽象意义下的程序实现和工作方式）到最低层级的细节。

理论与实践之间的差异在编译器这一软件中尤为显著。对学习编译器工作原理有极大热情的学生，在理解编译器的实际实现时常常面临艰巨的挑战。尽管学校已经教授了编译器的相关理论，但在 LLVM 项目之前，如果充满好奇心的学生要学习实现真正的编译器，GCC 项目是少数开源选项之一。

然而从最纯粹的意义上说，软件项目反映的是其创建者的观点。这些观点通过跨多个组件对模块和数据表示进行抽象来实现。但对于同一主题，程序员可能有不同的看法。因此，对于 GCC 这样已有近 30 年历史的老旧软件库而言，其中集合了不同时代的程序员的不同观点，这使得该软件越来越难以被新程序员和好学者理解。

LLVM 项目不仅吸引了经验丰富的编译器程序员，还吸引了许多年轻且具有好奇心的从事科研的学生，他们从中看到一片更干净、更简单的黑客土壤，它代表了一个具有很大潜力的编译器。这一点可以从选择 LLVM 作为研究原型的科学论文的庞大数量得到验证。学生们做出如此选择的原因很简单：在学术界，学生通常负责项目的具体实现，因此对他们来说，掌握实验框架代码库对于研究是至关重要的。由于 LLVM 使用 C++ 语言（而不是 GCC 中使用的 C）、模块化（而不是 GCC 的单一庞大结构）以及更容易映射到现代编译器理论的概念，因此，很多研究人员发现修改 LLVM 代码以实现他们的科研想法是很容易的，并且有很多这方面成功的例子。LLVM 在学术界的成功可以说是理论与实践之间缩小差距的结果。

除了作为科研工作的实验框架之外，与 GCC 的 GPL 许可证相比，LLVM 项目还有更加自由的许可证，因而引起了产业界的兴趣。对于一个从学术界发展起来的项目，编写其代码的研究人员通常会担心写好的代码在用于单独的某个实验后遭遇被丢弃的命运。为了克服这种局限性，在 UIUC 的硕士项目中，Chris Lattner 决定根据伊利诺伊大学 /NCSA 开源许可协议对该项目进行许可，该许可只要求保留版权声明就允许包括商用目的在内的使用。Chris 的目标是使 LLVM 被最大限度地采用，最终结果超出预期。2012 年，LLVM 荣获 ACM 软件系统奖，这是对为科研做出杰出贡献的软件的高度认可。

许多商业公司基于不同的需求使用 LLVM 项目，也为该项目做出不同的贡献，扩展了基于 LLVM 的编译器可以使用的语言范围以及能够为其生成代码的机器范围。最终，LLVM 项目具备了前所未有的成熟的库和工具，进入了新的阶段：从学术软件的实验状态，进入被商业产品使用的健壮框架状态。因此，项目的名称也从低级虚拟机（Low Level Virtual Machine）更改为缩写 LLVM。

停用低级虚拟机的名称，转而使用 LLVM，这一决定反映了该项目在不同时期的目标。起初，LLVM 是一个硕士科研项目，目标是成为一个可以用于研究程序终身优化的框架。相关工作成果发表在 2003 年 MICRO（微体系结构国际研讨会）的一篇名为《LLVA: A Low-level Virtual Instruction Set Architecture》的论文以及 2004 年 CGO（代码生成和优化国际研讨会）的一篇名为《LLVM: A Compilation Framework for Lifelong Program Analysis & Transformation》的论文中。前者描述了 LLVM 的指令集，而后者对整个框架进行了描述。

在学术环境之外，LLVM 被广泛用作一个设计良好的编译器，它具有将中间表示写入磁盘等有用的特性。在商业系统中，它从未真正像 Java 虚拟机（JVM）一样被使用，因此继续使用低级虚拟机名称毫无意义。另一方面，其他一些奇怪的名字仍然作为 LLVM 的历史遗产而存在。在磁盘文件中存储的 LLVM 中间表示程序称为 LLVM 位码。位码的名称类似于 Java 的字节码，但前者反映了 LLVM 中间表示所需的空间，与 Java 字节码的含义不同。

我们编写此书有双重目的。首先，由于 LLVM 项目发展速度很快，我们希望将其循序渐进地呈现给你，使本书的内容尽可能简单易懂，同时让你享受使用功能强大的编译器库的乐趣。其次，我们希望唤起你开源黑客的精神去探索超出本书的概念，永远不要停止扩充知识的脚步。

祝你阅读愉快！

本书包含的内容

第 1 章介绍如何在 Linux、Windows 或 Mac 上安装 Clang / LLVM 软件包，包括有关在 Visual Studio 和 Xcode 上构建 LLVM 的讨论。本章还将介绍 LLVM 不同发行版的风格，以便于你根据自身需要选择最合适的发行版本：预构建的二进制文件、软件分发包或源代码。

第 2 章介绍包含于单独的软件包或仓库中的外部 LLVM 项目，例如额外的 Clang 工具、DragonEgg GCC 插件、LLVM 调试器（LLDB）和 LLVM 测试套件。

第 3 章解释 LLVM 项目中不同工具的组织形式，并通过一个实例介绍如何使用它们将源代码编译成汇编语言。本章还将介绍编译器驱动程序的工作原理，以及如何编写你的第一个 LLVM 工具。

第 4 章介绍 LLVM 编译器前端，即 Clang 项目。本章将一步一步地完整呈现前端涉及的所有步骤，同时还将解释如何编写调用前端不同功能的小程序。本章最后介绍如何使用 Clang 库编写一个小型编译器驱动程序。

第 5 章解释 LLVM 设计中的一个关键部分，即其中间表示（IR）。本章将解释它的重要特点、语法、结构以及如何编写生成 LLVM IR 的工具。

第 6 章介绍 LLVM 的编译器后端，它负责将 LLVM IR 转换为机器代码。本章将逐步介绍后端涉及的所有步骤，并介绍编写自己的 LLVM 后端所需的知识。本章最后展示如何创建一个后端编译流程。

第 7 章解释 LLVM 即时编译基础架构，它允许按需生成和执行机器代码。对于仅在运行时才知道源程序代码的应用程序来说，此技术至关重要，例如 Internet 浏览器中的 JavaScript 解释器。本章将指导你使用正确的库来创建自己的 JIT 编译器。

第 8 章介绍如何使用 Clang / LLVM 在其他平台（如基于 ARM 的平台）下编译程序。由于程序的最终运行平台和编译平台是不同的，其中的关键步骤在于配置正确的编译环境。

第 9 章介绍一个功能强大的工具，该工具甚至无须运行程序，直接通过分析代码，即可查找大型源代码库中的错误。本章还将介绍如何使用你自己的错误检查程序扩展 Clang 静态分析器。

第 10 章介绍 LibTooling 框架和一系列基于此库构建的 Clang 工具，这些工具可以帮助你方便地重构源代码或者进行简单的分析。本章最后将展示如何使用该框架编写自己的 C++ 源代码重构工具。

在撰写本书时，LLVM 3.5 尚未发布。虽然本书侧重于 LLVM 3.4 版本，但我们计划发布附录将书中的示例更新为 LLVM 3.5，这样你就可以使用最新版本的 LLVM 来练习本书的内容。该附录将通过 https://www.packtpub.com/sites/default/files/downloads/6924OS_Appendix.pdf 提供。

阅读本书需要的前提

要开始探索 LLVM 世界，可以使用 UNIX 系统、Mac OS X 系统或 Windows 系统，只要它们配备现代 C++ 编译器即可。LLVM 源代码对所用的 C++ 编译器要求很高，因此我们建议读者总是使用最新的 C++ 版本。这意味着在 Linux 上至少需要 GCC 4.8.1，在 Max OS X 上至少需要 Xcode 5.1，在 Windows 上需要 Visual Studio 2012。

尽管我们会解释如何使用 Visual Studio 在 Windows 上构建 LLVM，但该平台并不是本书的重点，因为某些 LLVM 功能在该平台上无法使用。例如，LLVM 在 Windows 上缺少可加载模块支持，但是我们要介绍的内容包括如何编写作为共享库构建的 LLVM 插件。在这种情况下，支持该内容的唯一方法是使用 Linux 或 Mac OS X。

如果读者不想自己构建 LLVM，可以使用预构建的二进制包，但是这也限制了读者能够使用的平台范围。

本书目标读者

本书面向有兴趣了解 LLVM 框架的编程爱好者、计算机科学专业学生和编译器工程师。你需要有 C++ 背景知识，尽管不是强制性的，但至少应该了解一些编译器理论。无论你是新手还是编译专家，本书都提供了 LLVM 的实用介绍，并避免了过于复杂的场景。如果你对此技术感兴趣或有需求，那么本书绝对适合你。

布鲁诺·卡多索·洛佩斯（Bruno Cardoso Lopes）在巴西坎皮纳斯大学获得计算机科学博士学位。自 2007 年以来，他一直是 LLVM 的贡献者，从头开始实现 MIPS 后端，并且已经维护了几年。另外，他还编写了 x86 AVX 支持方案，并改进了 ARM 汇编器。他的研究兴趣包括代码压缩技术和对 ISA 进行位宽压缩。之前他还开发了 Linux 和 FreeBSD 操作系统的驱动程序。

拉斐尔·奥勒（Rafael Auler）是巴西坎皮纳斯大学的博士生。他拥有该大学的计算机科学硕士学位和计算机工程学士学位。硕士期间他编写了一个可以根据体系结构描述文件自动生成 LLVM 后端的概念验证工具。目前，他的博士研究课题包括动态二进制翻译、即时编译器和计算机体系结构。Rafael 还是微软研究院 2013 年研究生研究奖学金获得者。

Eli Bendersky 作为专业程序员已有 15 年，在编译器、链接器和调试器等系统编程方面拥有丰富的经验。自 2012 年以来，他一直是 LLVM 项目的核心贡献者。

Logan Chien 在台湾大学获得计算机科学硕士学位。他的研究兴趣包括编译器设计、编译器优化和虚拟机。他是一名软件开发人员，一直从事包括 LLVM、Android 等在内的多个开源项目。他编写了多个用来修复 ARM 零成本异常处理机制的修补程序，并加强了 LLVM 的 ARM 集成汇编器。他还是 2012 年 Google 的软件工程师实习生。在 Google，他将 LLVM 工具链与 Android NDK 集成在一起。

Jia Liu 在大学时代就开始从事与 GNU / Linux 相关的开发，毕业后一直从事与开源相关的开发工作。他现在负责 China-DSP 的所有软件相关工作。他对编译器技术很感兴趣，并且多年来一直在研究它。在业余时间，他还参与了一些开源项目，如 LLVM、QEMU 和 GCC / Binutils。他受雇于中国处理器供应商 Glarun Technology（简称 China-DSP）。China-DSP 是一家高性能 DSP 供应商，该公司的核心业务是处理器设计、系统软件和嵌入式并行处理平台，可提供电力、电信、汽车、制造设备、仪器仪表和消费电子产品的独立知识。

John Szakmeister 拥有约翰霍普金斯大学电子工程学硕士学位，是 Intelesys Corporation（www.intelesyscorp.com）的联合创始人。John 从事专业软件编写工作超过 15 年，喜欢编写编译器、操作系统、复杂算法以及任何嵌入式软件。他是开源的狂热支持者，并在空闲时间为许多项目做出贡献。当他不摸电脑时，John 是一名黑带忍者，其他时间他喜欢阅读技术书籍。

构建和安装 LLVM

LLVM 基础架构适用于多种 Unix 环境（GNU/Linux、FreeBSD、Mac OS X）和 Windows 环境。在本章中，我们将逐步介绍在所有这些系统中使用 LLVM 之前的必要准备步骤。在部分系统上有相应的 LLVM 和 Clang 预构建软件包，但也可以从源代码编译它们。

LLVM 初学者必须考虑以下情况：基于 LLVM 编译器的基本设置均包括 LLVM 和 Clang 库及工具包。因此，本章中的所有操作说明均针对构建和安装两个方面。在本书中，我们将重点介绍 LLVM 3.4 版本。然而，需要注意的是，LLVM 正在积极发展，是一个年轻的项目，因此，它很可能会有一些变更。

 在撰写本书时，LLVM 3.5 尚未发布。虽然本书的描述着重于 LLVM 3.4，但我们计划在 https://www.packtpub.com/sites/default/files/downloads/ 6924OS_Appendix.pdf 上发布一个附录，将本书中的示例更新到 LLVM 3.5 版本，以便于你使用最新版本的 LLVM 来执行本书的内容。

本章将介绍以下主题：
- 了解 LLVM 版本
- 使用预构建的二进制文件安装 LLVM
- 使用包管理器安装 LLVM
- 从源代码构建用于 Linux 的 LLVM
- 从源代码构建用于 Windows 和 Visual Studio 的 LLVM
- 从源代码构建用于 Mac OS X 和 Xcode 的 LLVM

1.1 了解 LLVM 版本

得益于许多程序员的贡献，LLVM 项目得以快速更新。从 10 年前的第一次发布到版本 3.4，其 SVN（即 Subversion，这是一个用于开源代码的版本控制系统）存储库包含了超过 20 万次提交。仅在 2013 年，该项目就有近 3 万次新的提交。因此，新功能不断被引入，有些功能也迅速被淘汰。正如任何大型项目一样，开发人员有着较短的开发周期，需要在项目运行良好并通过各种测试时发布稳定的检查点，从而允许用户在使用经过良好测试的版本的同时，体验最新的功能。

LLVM 项目在整个发展历史上采用了每年发布两个稳定版本的策略。每次更新都将次要版本号增加 1。例如，从版本 3.3 到版本 3.4 的更新是次要版本更新。一旦次要号码达到 9，下一个版本会将主版本号增加 1，就像 LLVM 2.9 之后更新的 LLVM 3.0。与其前任版本相比，主要修订版本的更新不一定会产生很大的变化。但与上一个主要版本相比，这个主要版本的更新一般代表近 5 年来编译器的发展过程。

依赖于 LLVM 的项目通常使用其 trunk（主干）版本，即 SVN 存储库中最新可用的版本，然而使用这个版本的代价在于这个版本可能不稳定。最近，从版本 3.4 开始，LLVM 社区致力于修正发布，引入新的修订版本号。这项工作的第一个产品是 LLVM 3.4.1。修正发布的目的是将主干分支修复的补丁包不添加任何新特性地移植到最新版本，从而保持完整的兼容性。修正发布应该出现在上一次发布的 3 个月之后。由于这个新系统还处于起步阶段，本章将重点介绍 LLVM 3.4 的安装。LLVM 3.4 的预构建软件包数量较大，但只要遵循我们的操作说明，就应该能够顺利地构建 LLVM 3.4.1 或任何其他版本。

1.2 获取预构建包

为了使在你的系统上安装软件的任务变得容易，LLVM 贡献者为特定平台准备了预编译的二进制文件，你可以不用自己编译。在某些情况下，编译一个软件可能很棘手，它可能需要一些时间，并且只有你在使用不同的平台或积极地从事项目开发工作时才需要。因此，如果你想要快速入门 LLVM，可以使用预构建软件包。但是在本书中，我们将鼓励你直接从 LLVM 源代码树入手，你应该准备好自己从源代码树编译 LLVM。

获取 LLVM 的预构建包的方法有两种：可以通过官方网站获取已发布的二进制文件的软件包，也可以从第三方 GNU/Linux 发行版和 Windows 安装程序获取。

1.2.1 获取官方预构建二进制文件

对于版本 3.4，可从 LLVM 官网下载针对以下系统的预构建软件包：

体系结构	版本
x86_84	Ubuntu（12.04,13.10）、Fedora 19、Fedora 20、FreeBSD 9.2、Mac OS X 10.9、Windows 和 openSUSE 13.1
i386	openSUSE 13.1、FreeBSD 9.2、Fedora 19、Fedora 20 和 openSUSE13.1
ARMv7/ARMv7a	Linux-generic

通过访问 http://www.llvm.org/releases/download.html，并查看与想要下载的版本相关的"Pre-built Binaries"部分，可以查看不同版本的所有选项。例如，要在 Ubuntu 13.10 上下载并执行系统范围的 LLVM 安装，需要获取该文件的 URL，并使用以下命令：

```
$ sudo mkdir -p /usr/local; cd /usr/local
$ sudo wget http://llvm.org/releases/3.4/clang+llvm-3.4-x86_64-linux-gnu-
ubuntu-13.10.tar.xz
$ sudo tar xvf clang+llvm-3.4-x86_64-linux-gnu-ubuntu-13.10.tar.xz
$ sudo mv clang+llvm-3.4-x86_64-linux-gnu-ubuntu-13.10 llvm-3.4
$ export PATH="$PATH:/usr/local/llvm-3.4/bin"
```

至此，LLVM 和 Clang 就可以使用了。请记住，你需要永久地更新系统的 PATH 环境变量，因为我们在最后一行所做的更新仅对当前 shell 会话有效。你可以使用简单的命令执行

Clang 来测试安装是否成功，比如打印你刚刚安装的 Clang 版本：

```
$ clang -v
```

如果在运行 Clang 时遇到问题，请尝试直接从安装位置运行二进制代码，以确保你没有遇到 PATH 变量错误配置的问题。如果问题还没有解决，则你下载的预构建文件可能与你的系统环境不兼容。请记住，在编译时二进制文件需要与特定版本的动态库链接。如果运行应用程序时出现链接错误，就说明你下载的预构建二进制文件与系统不兼容。

> 例如，在 Linux 中，在出现错误信息之后，可以通过打印二进制文件名称和无法加载的动态库的名称来发现链接错误。当屏幕上打印动态库名称时就要予以注意，它说明系统动态链接器和加载器无法加载该库，因为该程序与当前系统不兼容。

如果要在除 Windows 以外的其他系统中安装预构建的软件包，可以遵循相同的步骤。针对 Windows 的预构建软件包提供了一个易于使用的安装程序，它可以在 Program Files 文件夹的子文件夹中建立 LLVM 树结构。安装程序还提供了自动更新 PATH 环境变量的选项，使你能在任何命令提示符窗口中运行 Clang 可执行文件。

1.2.2　使用软件包管理器

软件包管理器应用程序可用于各种系统，也是获取和安装 LLVM/Clang 二进制文件的简单方法。对于大多数用户来说，这通常是安装 LLVM 和 Clang 的首选方法，因为它会自动处理依赖关系的问题，并确保你的系统与所安装的二进制文件兼容。

例如，在 Ubuntu（10.04 及更高版本）中，应该使用以下命令：

```
$ sudo apt-get install llvm clang
```

在 Fedora 18 中，使用类似的命令行，但包管理器不同：

```
$ sudo yum install llvm clang
```

使用快照包更新

也可以从每日构建的源代码快照构建软件包，这类快照包含来自 LLVM 子版本控制库的最新修改（commit）。这些快照很有用，尤其是对于 LLVM 开发人员和希望测试早期版本的用户，以及希望以主流开发成果使本地项目保持最新的第三方用户。

Linux

通过 Debian 和 Ubuntu Linux（i386 和 amd64）软件库，可以从 LLVM 版本控制库中下载每日编译的快照。你可以在 `http://llvm.org/apt` 查看更多详细信息。例如，要在 Ubuntu 13.10 上安装 LLVM 和 Clang 的每日发行版，请使用以下命令序列：

```
$ sudo echo "deb http://llvm.org/apt/raring/ llvm-toolchain-raring main"
>> /etc/apt/sources.list
$ wget -O - http://llvm.org/apt/llvm-snapshot.gpg.key | sudo apt-key add -
$ sudo apt-get update
$ sudo apt-get install clang-3.5 llvm-3.5
```

Windows

特定 LLVM/Clang 快照的 Windows 安装程序可从 `http://llvm.org/builds/` 的
"`Windows snapshot builds`" 部分下载。最终的 LLVM/Clang 工具默认安装于 `C:\`
`ProgramFiles\LLVM\bin`（该位置可能会根据发行版本而有所变化）。请注意，有一个
单独的 Clang 驱动程序可模仿 Visual C++ 中的 `cl.exe`，名为 `clang-cl.exe`。如果你打
算使用经典的 GCC 兼容驱动程序，请使用 `clang.exe`。

请注意，快照不是稳定版本，并且可能仅用于实验。

1.3 从源代码构建

在没有预构建的二进制文件的情况下，可以先获取源代码，然后从头构建 LLVM 和
Clang。从源代码构建能够更好地了解 LLVM 结构。此外，你可以微调配置参数，以获取定
制的编译器。

1.3.1 系统要求

若要查看支持 LLVM 的平台的更新列表，可以访问 `http://llvm.org/docs/`
`GettingStarted.html#hardware`。另外，`http://llvm.org/docs/GettingStarted.`
`html#software` 列出了一系列更新的编译 LLVM 软件的先决条件。例如，在 Ubuntu 系统
中，可以使用以下命令解决软件依赖关系：

```
$ sudo apt-get install build-essential zlib1g-dev python
```

如果正在使用包含过时软件包的旧版 Linux 发行版，请尽量更新系统。LLVM 源代码对
用于执行构建的 C++ 编译器非常苛刻，如果依赖旧的 C++ 编译器，可能导致构建失败。

1.3.2 获取源代码

LLVM 源代码以 BSD 风格的许可证进行分发，可以从官网或 SVN 存储库中下载。如
果要下载 3.4 版本的源代码，可以访问网站 `http://llvm.org/releases/download.`
`html#3.4`，或按如下步骤直接下载并准备用于编译的源代码。请注意，你总是需要 Clang
和 LLVM，但是 clang-tools-extra 包是可选的。不过如果你打算练习在第 10 章中的教程，那
么你将需要使用该包。有关构建其他项目的信息，请参阅下一章。请使用以下命令下载并安
装 LLVM、Clang 和 Clang Extra Tools：

```
$ wget http://llvm.org/releases/3.4/llvm-3.4.src.tar.gz
$ wget http://llvm.org/releases/3.4/clang-3.4.src.tar.gz
$ wget http://llvm.org/releases/3.4/clang-tools-extra-3.4.src.tar.gz
$ tar xzf llvm-3.4.src.tar.gz; tar xzf clang-3.4.src.tar.gz
$ tar xzf clang-tools-extra-3.4.src.tar.gz
```

```
$ mv llvm-3.4 llvm
$ mv clang-3.4 llvm/tools/clang
$ mv clang-tools-extra-3.4 llvm/tools/clang/tools/extra
```

在 Windows 中，可以使用 gunzip、WinZip 或任何其他可用的解压缩工具解压下载的源代码。

1.3.2.1　SVN

要直接从 SVN 存储库中获取源代码，请确保你的系统上安装了 SVN 软件包。下一步，你需要决定是使用存储库中的最新版本，还是稳定版本。如果想要最新版本（在 trunk 中），假设你已进入想要放置源代码的目标文件夹中，则可以使用以下命令序列：

```
$ svn co http://llvm.org/svn/llvm-project/llvm/trunk llvm
$ cd llvm/tools
$ svn co http://llvm.org/svn/llvm-project/cfe/trunk clang
$ cd ../projects
$ svn co http://llvm.org/svn/llvm-project/compiler-rt/trunk compiler-rt
$ cd ../tools/clang/tools
$ svn co http://llvm.org/svn/llvm-project/clang-tools-extra/trunk extra
```

如果要使用稳定版本（例如版本 3.4），请在所有命令中将 trunk/ 替换为 tags/ RELEASE_34/final。你可能还希望轻松地浏览 LLVM SVN 存储库，以查看提交历史记录、日志和源码树，要这样做，可以访问 http://llvm.org/viewvc。

1.3.2.2　Git

你还可以从与 SVN 同步的 Git 镜像存储库中获取源代码：

```
$ git clone http://llvm.org/git/llvm.git
$ cd llvm/tools
$ git clone http://llvm.org/git/clang.git
$ cd ../projects
$ git clone http://llvm.org/git/compiler-rt.git
$ cd ../tools/clang/tools
$ git clone http://llvm.org/git/clang-tools-extra.git
```

1.3.3　构建和安装 LLVM

下面将解释构建和安装 LLVM 的各种方法。

1.3.3.1　使用由自动工具生成的配置脚本

构建 LLVM 的标准方法是使用通过 GNU 自动工具创建的配置脚本，来生成针对特定平台的 Makefile 文件。该构建系统支持不同的配置选项，被广泛采用。

只有在你打算更改 LLVM 构建系统时，才需要在计算机上安装 GNU 自动工具。在这种情况下，将生成一个新的配置脚本，通常没有必要这样做。

请花点时间使用以下命令看一看可能的选项：

```
$ cd llvm
$ ./configure --help
```

部分解释如下：

- **--enable-optimized**：此选项允许我们在关闭调试支持和启用优化的情况下编译 LLVM/Clang。默认情况下，此选项已关闭。如果你使用 LLVM 库进行开发，则建议使用调试支持并禁用优化，但是，由于缺少优化会使 LLVM 性能明显下降，因此应该在部署时舍弃这种配置。

- **--enable-assertions**：此选项在代码中启用断言。在开发 LLVM 核心库时，此选项非常有用。默认情况下打开。

- **--enable-shared**：此选项允许我们将 LLVM/Clang 库构建为共享库，并将 LLVM 工具与它们进行链接。如果打算在 LLVM 构建系统之外开发一个工具，并希望动态链接到 LLVM 库，那么应该将其打开。此选项默认情况下关闭。

- **--enable-jit**：此选项为支持它的所有目标启用**即时编译**。默认情况下打开。

- **--prefix**：此选项指定 LLVM/Clang 工具和库的安装目录的路径。例如，如果设置为 **--prefix =/usr/local/llvm**，将在 /usr/local/llvm/bin 中安装二进制文件，并在 /usr/local/llvm/lib 中安装库文件。

- **--enable-targets**：此选项允许我们选择编译器输出代码的目标集。值得一提的是，LLVM 能够执行交叉编译，也就是可以编译在其他平台（如 ARM、MIPS 等）上运行的程序。此选项定义要在代码生成库中包含哪些后端。默认情况下，所有目标都会被编译，但你可以通过指定你需要的目标来节省编译时间。

 仅此选项还无法生成独立的交叉编译器。请参阅第 8 章以了解生成独立交叉编译器的必要步骤。

在使用相应参数运行 configure 后，还需要使用经典的 make 和 make install 两个命令完成构建。接下来我们给你展示一个例子。

使用 Unix 构建和配置 LLVM

在这个例子中，我们将使用一系列命令构建一个未优化（即调试模式下）的 LLVM/Clang，该方法适合于任何基于 Unix 的系统或 Cygwin。不同于之前的例子中那样安装在 /usr/local/llvm 目录下，我们将在主目录下构建并安装它，以解释如何在没有 root 权限的情况下安装 LLVM。这是作为开发人员工作时的惯例。这样，你还可以维护已安装的多个版本。如果需要，可以将安装文件夹更改为 /usr/local/llvm，从而进行系统范围的安装。只需记住在创建安装目录时使用 sudo，并运行 make install 命令。要使用的命令序列如下：

```
$ mkdir where-you-want-to-install
$ mkdir where-you-want-to-build
$ cd where-you-want-to-build
```

在本节中，我们将创建一个单独的目录来保存对象文件（即中间构建副产品），不要将它构建在用于保存源文件的同一文件夹中。请使用以下命令及上一节中介绍过的选项：

```
$ /PATH_TO_SOURCE/configure --disable-optimized --prefix=../where-you-
want-to-install
$ make && make install
```

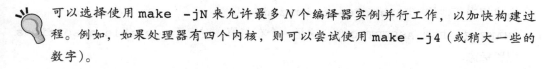 可以选择使用 make -jN 来允许最多 N 个编译器实例并行工作，以加快构建过程。例如，如果处理器有四个内核，则可以尝试使用 make -j4（或稍大一些的数字）。

编译和安装所有组件需要一些时间。请注意，构建脚本还将处理你下载并放入 LLVM 源代码树的其他存储库。没有必要单独配置 Clang 或 Clang 其他工具。

要检查构建是否成功，可以使用 echo $? shell 命令。$? shell 变量返回在 shell 会话中运行的最后一个进程的退出代码，而 echo 命令将其打印到屏幕。因此，在 make 命令之后要立即运行此命令，这一点很重要。如果构建成功，则 make 命令将始终返回 0，与成功执行完毕的任何其他程序一样：

```
$ echo $?
0
```

你可以配置 shell 的 PATH 环境变量，以便轻松访问最近安装的二进制文件，并通过查询 Clang 版本进行首次测试：

```
$ export PATH="$PATH:where-you-want-to-install/bin"
$ clang -v
clang version 3.4
```

1.3.3.2　使用 CMake 和 Ninja

除了传统的配置脚本以外，还可以为 LLVM 选择另一种基于 CMake 的跨平台构建系统。CMake 可以按与配置脚本相同的方式为你的平台生成专门的 Makefile 文件，而且 CMake 更灵活，还可以为其他系统（如 Ninja、Xcode 和 Visual Studio）生成构建文件。

另一方面，Ninja 是一个小而快速的构建系统，可以替代 GNU Make 及其相关的 Makefile 文件。如果你对 Ninja 背后的动机和故事感兴趣，请访问 http://aosabook.org/en/posa/ninja.html。你可以将 CMake 配置为生成 Ninja 构建文件而不是 Makefile 文件，即你可以选择是使用 CMake 和 GNU Make，还是使用 CMake 和 Ninja。

然而，如果使用后者，你可以在更改 LLVM 源代码并重新编译时感受到非常短的周转时间。如果你打算在 LLVM 源代码树中开发工具或插件，并依赖于 LLVM 构建系统来编译项目，则特别适合这样做。

请确保你已安装 CMake 和 Ninja。例如，在 Ubuntu 系统中，可以使用以下命令检验：

```
$ sudo apt-get install cmake ninja-build
```

带有 CMake 的 LLVM 还提供了许多可以定制构建的选项。有关这些选项的完整列表，

请访问 `http://llvm.org/docs/CMake.html`。我们先前已经介绍过基于自动工具的系统，以下是对应于该系统配置集合的选项列表。这些标志的默认值与相应的配置脚本标志的默认值相同：

- **CMAKE_BUILD_TYPE**：这是一个字符串值，用于指定构建是 Release 还是 Debug。Release 构建相当于在配置脚本中使用 `--enable-optimized` 标志，而 Debug 构建相当于使用 `--disable-optimized` 标志。
- **CMAKE_ENABLE_ASSERTIONS**：这是一个布尔值，对应于 `--enable-assertions` 配置标志。
- **BUILD_SHARED_LIBS**：这是一个布尔值，对应于 `-enable-shared` 配置标志，用于确定库是共享还是静态。Windows 平台不支持共享库。
- **CMAKE_INSTALL_PREFIX**：这是一个字符串值，对应于 `--prefix` 配置标志，用于提供安装路径。
- **LLVM_TARGETS_TO_BUILD**：这是要构建的目标的列表，以分号分隔，大致对应于 `--enable-targets` 配置标志中使用的逗号分隔的目标列表。

要设置任何这些参数值对，请将 `-DPARAMETER=value` 参数标志提供给 cmake 命令。

使用 CMake 和 Ninja 为 Unix 构建

我们将重复前面使用配置脚本时的相同示例，但这次使用 CMake 和 Ninja 来构建它：

首先，创建一个目录来包含构建及安装文件：

```
$ mkdir where-you-want-to-build
$ mkdir where-you-want-to-install
$ cd where-you-want-to-build
```

请记住，这个文件夹不能是存放 LLVM 源文件的同一个文件夹。然后，用你选择的一组选项启动 CMake：

```
$ cmake /PATHTOSOURCE -G Ninja -DCMAKE_BUILD_TYPE="Debug" -DCMAKE_
INSTALL_PREFIX="../where-you-want-to-install"
```

应当将 `/PATHTOSOURCE` 替换为你的 LLVM 源文件夹的绝对路径。如果想使用传统的 GNU Make 文件，可以忽略 `-G Ninja` 参数。现在，使用 ninja 或 make（具体取决于你的选择）完成构建。对于 ninja，使用以下命令：

```
$ ninja && ninja install
```

对于 make，使用以下命令：

```
$ make && make install
```

与前面一样，可以通过简单的命令来检查构建是否成功。记住，一定要在最后一条构建命令之后立即使用它，因为它会返回在当前 shell 会话中运行的最后一个程序的退出值：

```
$ echo $?
0
```

如果上面的命令返回零，则操作成功。最后，请配置你的 PATH 环境变量，并使用你的新编译器：

```
$ export PATH=$PATH:where-you-want-to-install/bin
$ clang -v
```

解决构建错误

如果构建命令返回非零值，则表示发生错误。在这种情况下，Make 或 Ninja 会打印错误，使其对你可见。请重点关注提示的第一个错误，以找到解决方案。对于稳定的 LLVM 版本，常见的错误是你的系统使用了不满足版本要求的软件。最常见的问题是使用过时的编译器。例如，使用 GNU g ++ 版本 4.4.3 构建 LLVM 3.4 时，在成功编译一半以上的 LLVM 源文件之后，将导致以下编译错误：

```
[1385/2218] Building CXX object projects/compiler-rt/lib/interception/
CMakeFiles/RTInterception.i386.dir/interception_type_test.cc.o
FAILED: /usr/bin/c++ (...)_test.cc.o -c /local/llvm-3.3/llvm/projects/
compiler-rt/lib/interception/interception_type_test.cc
test.cc:28: error: reference to 'OFF64_T' is ambiguous
interception.h:31: error: candidates are: typedef __sanitizer::OFF64_T
OFF64_T
sanitizer_internal_defs.h:80: error: typedef __
sanitizer::u64 __sanitizer::OFF64_T
```

你可以更改 LLVM 源代码来规避这个问题（如果你在线搜索或者自己查看源码，将会发现如何执行此操作），但是，无法修补每个想要编译的 LLVM 版本。更新编译器要简单得多，当然也是最合适的解决方案。

一般来说，在稳定版本中遇到构建错误时，请注意你的系统与推荐设置相比有什么区别。请记住，稳定版本已经在几个平台上进行了测试。另一方面，如果你正在尝试构建一个不稳定的 SVN 版本，则最近的提交可能会影响针对你的系统的构建，因此恢复到之前可用的 SVN 版本更为简便。

1.3.3.3　使用其他 Unix 方法

一些 Unix 系统提供的软件包管理器可以从源文件自动构建和安装应用程序。它们提供了一个在你的系统上经过测试的源代码编译平台，并且还尝试解决包依赖性问题。我们现在将在构建和安装 LLVM 和 Clang 的环境中评估这些平台：

- 对于使用 MacPorts 的 Mac OS X，可以使用以下命令：

```
$ port install llvm-3.4 clang-3.4
```

- 对于使用 Homebrew 的 Mac OS X，可以使用以下命令：

```
$ brew install llvm -with-clang
```

- 对于使用 ports 的 FreeBSD 9.1，可以使用以下命令（请注意，从 FreeBSD 10 开始，

Clang 是默认编译器，因此它已经安装）：

```
$ cd /usr/ports/devel/llvm34
$ make install
$ cd /usr/ports/lang/clang34
$ make install
```

● 对于 Gentoo Linux，可以使用以下命令：

```
$ emerge sys-devel/llvm-3.4 sys-devel/clang-3.4
```

1.3.4 　Windows 和 Microsoft Visual Studio

要在 Microsoft Windows 上编译 LLVM 和 Clang，可以使用 Microsoft Visual Studio 2012 和 Windows 8 执行以下步骤：

1. 获取 Microsoft Visual Studio 2012。

2. 从 `http://www.cmake.org` 下载并安装 CMake 工具的官方二进制发行版。在安装过程中，请确保选中 "Add CMake to the system PATH for all users" 选项。

3. CMake 将生成 Visual Studio 配置和构建 LLVM 所需的项目文件。首先运行 `cmake-gui` 图形工具。然后，单击 "Browse Source…" 按钮并选择 LLVM 源代码目录。接下来，单击 "Browse Build" 按钮，并选择一个目录来放置 CMake 生成的文件（随后 Visual Studio 将使用它），如图 1-1 所示。

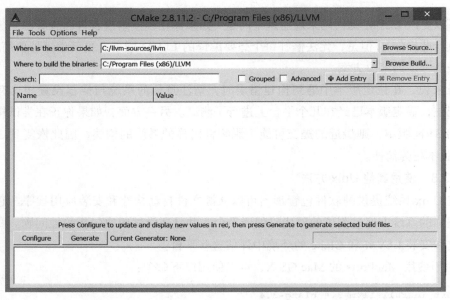

图　1-1

4. 单击 "Add Entry" 并定义 `CMAKE_INSTALL_PREFIX` 以包含 LLVM 工具的安装路径，如图 1-2 所示。

5. 此外，可以使用 `LLVM_TARGETS_TO_BUILD` 定义支持的目标集，如图 1-3 所示。

你可以选择添加任何其他条目，以定义我们之前讨论过的 CMake 参数。

图 1-2

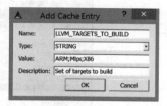

图 1-3

6. 单击"Configure"按钮。会有一个弹出窗口询问该项目要使用的生成器和编译器，请选择"Use default native compilers"，对于 Visual Studio 2012，请选择"Visual Studio 11"选项。单击"Finish"，如图 1-4 所示。

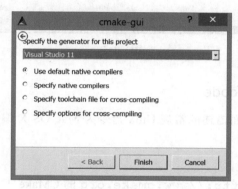

图 1-4

 对于 Visual Studio 2013，请使用 Visual Studio 12 的生成器。生成器的名称将使用 Visual Studio 版本而不是其商业名称。

7. 配置结束后，单击"Generate"按钮。然后，Visual Studio 解决方案文件 `LLVM.sln` 会被写入指定的构建目录中。请转到此目录并双击此文件，随后将在 Visual Studio 中打开 LLVM 解决方案。

8. 若要自动构建和安装 LLVM/Clang，请在左侧的树状视图窗口中找到 "CMakePredefinedTargets"，再右键单击"INSTALL"，然后选择"Build"选项。预定义的 INSTALL 目标将指示系统构建和安装所有 LLVM/Clang 工具和库，如图 1-5 所示。

9. 要选择性地构建和安装特定的工具或库，请在左侧的树列表视图窗口中选择相应的项目，再右键单击该项目，然后选择"Build"选项。

10. 将 LLVM 二进制文件安装目录添加到系统的 PATH 环境变量中。

在我们的例子中，安装目录是 `C:\Program Files(x86)\LLVM\install\bin`。要直接测试安装而不更新 PATH 环境变量，请在命令提示符窗口中执行以下命令：

```
C:>"C:\Program Files (x86)\LLVM\install\bin\clang.exe" -v
clang version 3.4…
```

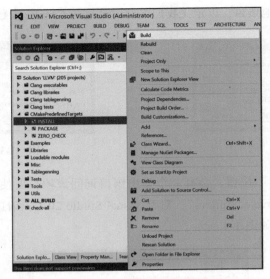

图　1-5

1.3.5　Mac OS X 和 Xcode

尽管可以通过使用前面描述的常规 Unix 指令为 Mac OS X 编译 LLVM，但也可以使用 Xcode 进行编译：

1. 获取 Xcode 副本。

2. 下载并安装位于 `http://www.cmake.org` 的 CMake 工具的官方二进制发行版。确保选中 "Add CMake to the system PATH for all users" 选项。

3. CMake 能够生成 Xcode 使用的项目文件。首先运行 `cmake-gui` 图形化工具。然后，如图 1-6 所示，单击 "Browse Source" 按钮并选择 LLVM 源代码目录。接下来，单击 "Browse Build" 按钮，然后选择一个目录用于存放 CMake 生成的文件，这些文件将被 Xcode 使用。

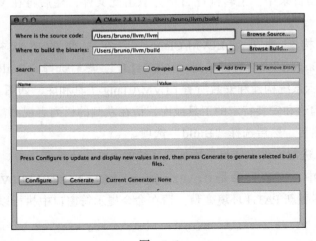

图　1-6

4. 单击"Add Entry"并定义 CMAKE_INSTALL_PREFIX 以包含 LLVM 工具的安装路径，如图 1-7 所示。

5. 另外，可以使用 LLVM_TARGETS_TO_BUILD 来定义支持的目标集。可以选择添加任何其他条目，以定义我们之前讨论的 CMake 参数，如图 1-8 所示。

6. Xcode 不支持生成 LLVM 位置无关代码（PIC）库。单击"Add Entry"并添加 LLVM_ENABLE_PIC 变量，它是 BOOL 类型，不要选中复选框，如图 1-9 所示。

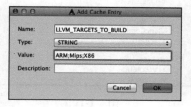
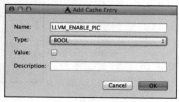

图　1-7　　　　　　　图　1-8　　　　　　　图　1-9

7. 单击"Configure"按钮。将弹出窗口要求你指定该项目使用的生成器和编译器。选择"Use default native compilers"和"Xcode"。点击"Finish"按钮结束进程，如图 1-10 所示。

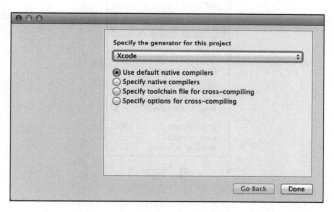

图　1-10

8. 配置结束后，单击"Generate"按钮，然后 LLVM.xcodeproj 文件会被写入之前指定的构建目录中。转到此目录并双击此文件以便在 Xcode 中打开 LLVM 项目。

9. 要构建和安装 LLVM/Clang，请选择"install"，如图 1-11 所示。

10. 接下来，点击"Product"菜单，然后选择"Build"选项，如图 1-12 所示。

11. 将 LLVM 二进制文件安装目录添加到系统的 PATH 环境变量中。

在我们的示例中，安装二进制文件的文件夹是 /Users/Bruno/llvm/install/bin。要测试安装，请使用安装目录中的 clang 工具，如下所示：

```
$ /Users/Bruno/llvm/install/bin/clang -v
clang version 3.4…
```

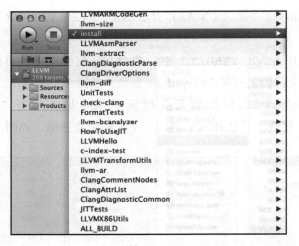

图　1-11

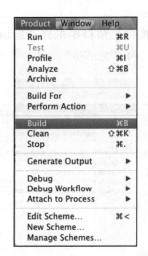

图　1-12

1.4　总结

本章详细介绍如何通过官方构建的软件包使用预构建的二进制文件、第三方软件包管理器和每天的快照来安装 LLVM 和 Clang。此外，还详细介绍了如何在不同的操作系统环境中使用标准的 Unix 工具和 IDE 从源文件构建项目。

在下一章中，我们将介绍如何安装 LLVM 中其他可能对你非常有用的项目。这些外部项目通常用于实现在主 LLVM SVN 存储库之外开发并且单独发布的工具。

外 部 项 目

不包含于核心 LLVM 和 Clang 存储库的项目需要单独下载。在本章中，我们将介绍各种其他官方 LLVM 项目，并介绍如何构建和安装它们。仅对核心 LLVM 工具感兴趣的读者可以跳过本章，或在需要时再翻阅。

在本章中，我们将介绍以下项目及其安装方法：

- Clang 外部工具
- Compiler-RT
- DragonEgg
- LLVM 测试套件
- LLDB
- libc++

除了本章所涉及的项目之外，还有两个在本书范围之外的官方 LLVM 项目：Polly（多面体优化器）以及 lld（目前正在开发的 LLVM 链接器）。

预构建的二进制包不包含本章中提及的任何外部项目（Compiler-RT 除外）。因此，与上一章不同，我们将仅介绍如何下载源代码并自行构建它们。

读者不要指望本章介绍的项目与核心 LLVM/Clang 项目的成熟度相同，因为其中一些项目只是实验性的，或处于起步阶段。

2.1 Clang 外部项目介绍

LLVM 中最引人注目的设计就是将后端与前端隔离为两个独立的项目，即 LLVM 核心和 Clang。LLVM 开始时是以 LLVM 中间表示（IR）为中心的一组工具，并且依赖于可自行修改的 GCC 将高级语言程序转换为独有的 IR 形式，并存储在位码（bitcode）文件中。位码是一个术语，它模仿了 Java 字节码的命名。Clang 作为 LLVM 团队专门设计的第一个前端，是 LLVM 项目的一个重要里程碑，它有着与 LLVM 核心相同的代码质量、清晰的文档和库组织结构。它不仅可以将 C 和 C++ 程序转换为 LLVM IR，还可以作为灵活的编译器驱动程序对整个编译过程进行监督，以便尽可能保持与 GCC 的兼容性。

我们后面会称 Clang 为前端程序，而不是驱动程序，它负责将 C 和 C++ 程序转换为 LLVM IR。Clang 库的一大亮点是可以用于编写强大的工具，比如 C++ 代码重构工具和源代码分析工具，从而使 C++ 程序员可以自由地研究 C++ 的热点问题。Clang 预包装的一些工具可以帮助你了解如何利用这些库，比如：

- **Clang Check**：它能够执行语法检查，还能应用快速修复以解决常见问题，还可以转储任何程序的内部 Clang 抽象语法树（AST）表示。

- Clang Format：它包含一个工具和一个 LibFormat 库，它们不仅可以缩进代码，还可以将任何一部分 C++ 代码格式化为任何样式，以符合 LLVM 编码标准以及 Google、Chromium、Mozilla 或者 WebKit 的样式指南。

clang-tools-extra 存储库是建立在 Clang 之上的多个应用程序的集合，它们能够读取大型 C 或 C++ 代码库，并执行各种代码重构和分析。我们在下面列出这个包中的一些工具，但不是全部：

- Clang Modernizer：它是一个代码重构工具，用于扫描 C++ 代码并更改旧样式的结构，以符合较新标准（例如 C++ 11 标准）提出的更现代的样式。
- Clang Tidy：它是一个错误检查工具，用于检查违反 LLVM 或 Google 编码标准的常见编程错误。
- Modularize：它可以帮助你识别适合组成模块的 C++ 头文件，"模块"是 C++ 标准化委员会正在讨论的新概念（有关更多信息，请参阅第 10 章）。
- PPTrace：它是一个简单工具，用于跟踪 Clang C++ 预处理器的活动。

有关如何使用这些工具以及如何构建自己的工具的更多信息，请参见第 10 章。

2.1.1 构建和安装 Clang 外部工具

可以从 `http://llvm.org/releases/3.4/clang-tools-extra-3.4.src.tar.gz` 获取该项目的 3.4 版本的官方快照。如果想浏览所有可用的版本，请访问 `http://llvm.org/releases/download.html`。如果想依靠 LLVM 构建系统轻松编译这组工具，可以与核心 LLVM 和 Clang 的源代码一起构建。为此，必须将源代码目录放入 Clang 源代码树中，如下所示：

```
$ wget http://llvm.org/releases/3.4/clang-tools-extra-3.4.src.tar.gz
$ tar xzf clang-tools-extra-3.4.src.tar.gz
$ mv clang-tools-extra-3.4 llvm/tools/clang/tools/extra
```

还可以直接从官方的 LLVM SVN 存储库获取资源：

```
$ cd llvm/tools/clang/tools
$ svn co http://llvm.org/svn/llvm-project/clang-tools-extra/trunk extra
```

从上一章得知，如果要获取版本 3.4 的稳定源代码，可以用 `tags/RELEASE_34/final` 替换 `trunk`。或者，如果你喜欢使用 GIT 版本控制软件，可以使用以下命令行下载它：

```
$ cd llvm/tools/clang/tools
$ git clone http://llvm.org/git/clang-tools-extra.git extra
```

将源代码放入 Clang 树后，必须参照第 1 章中的编译操作说明，使用 CMake 或自动工具生成的配置脚本继续操作。要测试安装是否成功，请运行 `clang-modernize` 工具，如下所示：

```
$ clang-modernize -version
clang-modernizer version 3.4
```

2.1.2 理解 Compiler-RT

Compiler-RT（RT 指运行时）项目用于为硬件不支持的低级功能提供特定于目标的支持。例如，32 位目标通常缺少支持 64 位除法的指令。Compiler-RT 通过提供特定于目标并经过优化的功能来解决这个问题，该功能在使用 32 位指令的同时实现了 64 位除法。它提供相同的功能，因此是 LLVM 项目中 `libgcc` 的替代品。此外，它还具有对地址和内存清洗工具的运行时支持。你可以从 `http://llvm.org/releases/3.4/compiler-rt-3.4.src.tar.gz` 下载 3.4 版本的 Compiler-RT，或者在 `http://llvm.org/releases/download.html` 上查找更多版本。

它在基于 LLVM 的编译工具链中是一个关键组件，因此上一章已经介绍了如何安装 Compiler-RT。如果你仍然没有这个组件，请记住将其源代码放入 LLVM 源代码树中的 `projects` 文件夹内，如以下命令序列所示：

```
$ wget http://llvm.org/releases/3.4/compiler-rt-3.4.src.tar.gz.
$ tar xzf compiler-rt-3.4.src.tar.gz
$ mv compiler-rt-3.4 llvm/projects/compiler-rt
```

如果你愿意，也可以使用它的 SVN 存储库：

```
$ cd llvm/projects
$ svn checkout http://llvm.org/svn/llvm-project/compiler-rt/trunk
compiler-rt
```

除了 SVN 存储库，还可以通过 GIT 镜像下载：

```
$ cd llvm/projects
$ git clone http://llvm.org/git/compiler-rt.git
```

 Compiler-RT 的其他适用系统包括 GNU/Linux、Darwin、FreeBSD 和 NetBSD。它支持的体系结构如下：i386、x86_64、PowerPC、SPARC64 和 ARM。

2.1.3 实验 Compiler-RT

要查看编译器运行时库启动时的典型情况，可以编写一个执行 64 位除法的 C 程序来做一个简单的实验：

```
#include <stdio.h>
#include <stdint.h>
#include <stdlib.h>
int main() {
    uint64_t a = 0ULL, b = 0ULL;
    scanf ("%lld %lld", &a, &b);
    printf ("64-bit division is %lld\n", a / b);
    return EXIT_SUCCESS;
}
```

下载示例代码

你可以从 http://www.packtpub.com 用你的账户下载你购买的所有 Packt 图书的示例代码文件。如果你在其他地方购买了本书，可以访问 http://www.packtpub.com/support 并注册，我们会将文件直接发送给你。

如果你有 64 位 x86 系统，请使用你的 LLVM 编译器来实验以下两个命令：

```
$ clang -S -m32 test.c -o test-32bit.S
$ clang -S test.c -o test-64bit.S
```

—m32 标志指示编译器生成 32 位 x86 程序，而 —S 标志将用于在 test-32bit.S 中为此程序生成 x86 汇编语言文件。如果查看这个文件，就会看到每当程序需要执行除法时都会有一个有趣的调用：

```
call ___udivdi3
```

该函数由 Compiler-RT 定义，并演示了将在何处使用该库。但是，如果省略 —m32 标志并使用 64 位 x86 编译器，即与生成 test-64bit.S 汇编文件的第二个编译器命令一样，则不会再看到需要 Compiler- RT 协助的程序，因为它可以通过单个指令完成除法运算：

```
divq -24(%rbp)
```

2.2 使用 DragonEgg 插件

如前所述，LLVM 项目初期依赖于 GCC，没有自己的 C/C++ 前端。在那时，你需要下载一个名为 llvm-gcc 的 GCC 源代码树并将其完整编译，才能使用 LLVM。由于编译涉及完整的 GCC 软件包，需要知道自己重建 GCC 所需的所有必要的 GNU 知识，因此这是一项非常耗时且棘手的任务。DragonEgg 项目为利用 GCC 插件系统提出了一个聪明的解决方案，它将 LLVM 逻辑分离到它自己的一个更小的代码树中。这样，用户不再需要重建整个 GCC 包，而只需构建一个插件，然后将其加载到 GCC 中即可。DragonEgg 也是 LLVM 项目下唯一获得 GPL 授权的项目。

即使 Clang 已经兴起，DragonEgg 至今仍然存在，因为 Clang 只处理 C 和 C++ 语言，而 GCC 能够解析更多种类的语言。通过使用 DragonEgg 插件，可以使用 GCC 作为 LLVM 编译器的前端，从而能够编译 GCC 支持的大多数语言，包括 Ada、C、C++ 和 FORTRAN，并且部分支持 Go、Java、Objective-C 和 Objective-C++。

该插件用 LLVM 的相应部分替代 GCC 的中间和后端，并自动执行所有编译步骤，能满足你对一流的编译器驱动程序的期望。图 2-1 是这种新场景的编译流程。

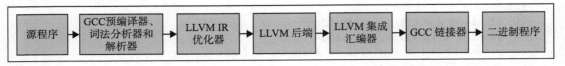

图　2-1

如果你愿意，可以使用 **-fplugin-arg-dragonegg-emit-ir　-S** 标志将编译过程停止在 LLVM IR 生成阶段，并使用 LLVM 工具分析和调查前端的结果，或者手动使用 LLVM 工具完成编译过程。我们将很快看到一个例子。

由于 DragonEgg 是一个 LLVM 分支项目，维护人员无法以维护 LLVM 主项目那样的频率更新该项目。在编写本书时，DragonEgg 最新的稳定版本是 3.3 版本，并且被绑定到 LLVM 3.3 的工具集中。因此，如果你生成 LLVM 位码（使用 LLVM IR 写在磁盘上的程序），则不能使用 3.3 以外版本的 LLVM 工具分析此文件，也不能进行优化或继续编译。你可以在 `http://dragonegg.llvm.org` 上找到 DragonEgg 官方网站。

2.2.1　构建 DragonEgg

要编译并安装 DragonEgg，请首先从 `http://llvm.org/releases/3.3/dragonegg-3.3.src.tar.gz` 获取源代码。对于 Ubuntu，请使用以下命令：

```
$ wget http://llvm.org/releases/3.3/dragonegg-3.3.src.tar.gz.
$ tar xzvf dragonegg-3.3.src.tar.gz
$ cd dragonegg-3.3.src
```

如果你希望从 SVN 库中获取最新但不稳定的源代码，请使用以下命令：

```
$ svn checkout http://llvm.org/svn/llvm-project/dragonegg/trunk dragonegg
```

对于 GIT 镜像，请使用以下命令：

```
$ git clone http://llvm.org/git/dragonegg.git
```

要执行编译和安装，需要提供 LLVM 安装路径。LLVM 版本必须与正在安装的 DragonEgg 版本相匹配。假设使用与第 1 章中相同的安装前缀 `/usr/local/llvm`，并假设 GCC 4.6 已安装并存在于你的 shell **PATH** 变量中，则应使用以下命令：

```
$ GCC=gcc-4.6 LLVM_CONFIG=/usr/local/llvm/bin/llvm-config make
$ cp -a dragonegg.so /usr/local/llvm/lib
```

请注意，该项目缺少自动工具或 CMake 项目文件。你应该使用 **make** 命令直接构建。如果你的 gcc 命令已经提供了你需要的正确 GCC 版本，则可以在运行 **make** 时省略 **GCC = gcc-4.6** 前缀。构建后将生成名为 **dragonegg.so** 并且格式为共享库的插件，你可以使用以下 GCC 命令行调用该插件（假设你正在编译一个经典的"Hello，World！"C 代码）：

```
$ gcc-4.6 -fplugin=/usr/local/llvm/lib/dragonegg.so hello.c -o hello
```

> 虽然 DragonEgg 理论上支持 GCC 4.5 及更高版本，但强烈建议使用 GCC 4.6。DragonEgg 没有在其他 GCC 版本中进行过广泛测试和维护。

2.2.2　使用 DragonEgg 和 LLVM 工具了解编译流程

如果你希望看到前端的运行情况，请使用 **-S　-fplugin-arg-dragonegg-emit-**

ir 标志，该标志将产生以 LLVM IR 代码表示的人工可读文件：

```
$ gcc-4.6 -fplugin=/usr/local/llvm/lib/dragonegg.so -S -fplugin-arg-
dragonegg-emit-ir hello.c -o hello.ll
$ cat hello.ll
```

一旦编译器将程序转换为 IR 则停止编译，并将内存中的表示内容写入磁盘的能力是 LLVM 的一个独有特征。大多数其他编译器无法做到这一点。在欣赏 LLVM IR 如何表示源程序之后，你可以手动使用多个 LLVM 工具继续完成编译过程。以下命令调用一个特殊的汇编程序，将 LLVM 从文本形式转换为二进制形式，仍保存在磁盘上：

```
$ llvm-as hello.ll -o hello.bc
$ file hello.bc
hello.bc: LLVM bitcode
```

如果你愿意，可以用一个特殊的 IR 反汇编器（llvm-dis）把它翻译回可读的形式。以下工具将在显示成功完成代码转换的相关统计信息的同时，进行独立于编译目标的优化：

```
$ opt -stats hello.bc -o hello.bc
```

-stats 标志是可选的。之后，你可以使用 LLVM 后端工具将其转换为目标机器的汇编语言：

```
$ llc -stats hello.bc -o hello.S
```

再强调一下，-stats 标志是可选的。由于 hello.s 是一个汇编文件，因此既可以使用 GNU binutils 汇编器，也可以使用 LLVM 汇编器。在下面的命令中，我们将使用 LLVM 汇编器：

```
$ llvm-mc -filetype=obj hello.S -o hello.o
```

因为 LLVM 链接器项目 lld 目前正在开发中，还没有集成到核心 LLVM 项目中，所以 LLVM 默认使用你的系统链接器。因此，如果你没有 lld，可以使用常规的编译器驱动程序来完成编译，这会激活你的系统链接器：

```
$ gcc hello.o -o hello
```

请记住，出于性能方面的原因，除了目标文件之外，真正的 LLVM 编译器驱动程序在任何阶段都不会将程序表示内容写入磁盘，因为它仍然缺少集成的链接器。它会使用内存中的表示内容并协调几个 LLVM 组件进行编译。

2.2.3　理解 LLVM 测试套件

LLVM 测试套件包括一套用于测试 LLVM 编译器的官方基准程序。该测试套件对于 LLVM 开发人员非常有用，它通过编译和运行这些程序来验证优化和编译器的改进。如果正在使用 LLVM 的非稳定版本，或者更改了 LLVM 源代码并怀疑某些功能不能正常工作，那么可以自行运行该测试套件。但请记住，在 LLVM 主源代码树中存在更简单的 LLVM 回归测试和单元测试，可以使用 make check-all 轻松运行它们。测试套件不同于传统的回归测试和单元测试，因为它包含了整个基准程序。

必须将 LLVM 测试套件放在 LLVM 源代码树中，以允许 LLVM 构建系统识别它。可以从 `http://llvm.org/releases/3.4/test-suite-3.4.src.tar.gz` 找到版本 3.4 的资源。

要获取源代码，请使用以下命令：

```
$ wget http://llvm.org/releases/3.4/test-suite-3.4.src.tar.gz
$ tar xzf test-suite-3.4.src.tar.gz
$ mv test-suite-3.4 llvm/projects/test-suite
```

如果你喜欢通过 SVN 下载，以获得最新但可能不稳定的版本，请使用以下命令：

```
$ cd llvm/projects
$ svn checkout http://llvm.org/svn/llvm-project/test-suite/trunk test-suite
```

如果你喜欢使用 GIT，请使用以下命令：

```
$ cd llvm/projects
$ git clone http://llvm.org/git/llvm-project/test-suite.git
```

需要重新生成 LLVM 的构建文件才能使用测试套件。在此特例中，不能使用 CMake。必须使用经典的配置脚本来构建测试套件。读者可以参考第 1 章中介绍的配置步骤。

测试套件有一套 Makefile 文件，用于测试和检查基准。也可以提供一个自定义的 Makefile 来评估自定义程序。请将自定义 Makefile 文件放在测试套件的源代码目录中，并使用命名模板 `llvm/projects/test-suite/TEST.<custom>.Makefile` 命名该文件，其中，必须将 `<custom>` 记号替换为所需的任何名称，比如 `llvm/projects/test-suite/TEST.example.Makefile`。

> 你需要重新生成 LLVM 构建文件，以允许自定义或经过更改的 Makefile 文件生效。

在配置期间，将在基准测试程序将要运行的 LLVM 对象目录中创建测试套件的目录。要运行并测试示例 Makefile 文件，请进入第 1 章中的对象目录路径，然后执行以下命令：

```
$ cd your-llvm-build-folder/projects/test-suite
$ make TEST="example" report
```

2.2.4　使用 LLDB

LLDB（低级调试器）项目是一个用 LLVM 基础架构构建的调试器，它作为在 Mac OS X 上的 Xcode 5 调试器而被积极开发出来。从 2011 年开始开发到写本书时为止，LLDB 还没有在 Xcode 范围之外发布一个稳定的版本。可以从 `http://llvm.org/releases/3.4/lldb-3.4.src.tar.gz` 获取 LLDB 资源。像许多依赖于 LLVM 的项目一样，可以通过将其集成到 LLVM 构建系统中来轻松构建它。要做到这一点，只需将其源代码放在 LLVM tools 文件夹中，如下例所示：

```
$ wget http://llvm.org/releases/3.4/lldb-3.4.src.tar.gz
$ tar xvf lldb-3.4.src.tar.gz
$ mv lldb-3.4 llvm/tools/lldb
```

也可以使用其 SVN 存储库来获得最新版本：

```
$ cd llvm/tools
$ svn checkout http://llvm.org/svn/llvm-project/lldb/trunk lldb
```

如果你愿意，还可以使用 GIT 镜像来获取它：

```
$ cd llvm/tools
$ git clone http://llvm.org/git/llvm-project/lldb.git
```

 对于 GNU/Linux 系统，LLDB 仍然处于实验阶段。

在构建之前，请注意 LLDB 有一些软件先决条件：Swig、libedit（仅适用于 Linux）和 Python。例如，在 Ubuntu 系统上，可以使用以下命令来解决这些依赖关系：

```
$ sudo apt-get install swig libedit-dev python
```

请记住，与本章介绍的其他项目一样，需要重新生成 LLVM 构建文件以允许进行 LLDB 编译。请按照第 1 章中所述的步骤从源代码构建 LLVM。

要对最近的 lldb 安装进行简单测试，只需使用 -v 标志运行，即可打印其版本：

```
$ lldb -v
lldb version 3.4 ( revision )
```

使用 LLDB 执行调试会话

为了演示如何使用 LLDB，我们将启动一个调试会话来分析 Clang 二进制文件。你可以看到 Clang 二进制文件包含许多的 C++ 符号。如果你使用默认选项编译 LLVM/Clang 项目，将得到带调试符号的 Clang 二进制文件。如果在运行配置脚本生成 LLVM Makefile 时省略 --enable-optimized 标志，或者在运行 CMake 文件时使用 -DCMAKE_BUILD_TYPE="Debug"（这是默认构建类型），都会发生这种情况。

如果你熟悉 GDB，可能有兴趣参考 http://lldb.llvm.org/lldb-gdb.html 中的表格，该表格列出了常用 GDB 命令及相应的对等 LLDB 命令。

与 GDB 一样，我们通过传递将要调试的可执行文件的路径作为命令行参数来启动 LLDB：

```
$ lldb where-your-llvm-is-installed/bin/clang
Current executable set to 'where-your-llvm-is-installed/bin/clang'
(x86_64).
(lldb) break main
Breakpoint 1: where = clang`main + 48 at driver.cpp:293, address =
0x000000001000109e0
```

为了开始调试，我们将命令行参数提供给 Clang 二进制文件。我们将使用 -v 参数，它将打印 Clang 版本：

```
(lldb) run -v
```

在 LLDB 到达我们的断点之后，就可以用 next 命令单步执行每一行 C++ 代码。与 GDB 一样，LLDB 也可以接受任何命令缩写，前提是这个缩写不会带来歧义，例如用 n 代替 next：

```
(lldb) n
```

要查看 LLDB 如何打印 C++ 对象，请在声明 argv 或 ArgAllocator 对象之后单步执行到达该行并打印它：

```
(lldb) n
(lldb) p ArgAllocator
(llvm::SpecificBumpPtrAllocator<char>) $0 = {
 Allocator = {
   SlabSize = 4096
   SizeThreshld = 4096
   DefaultSlabAllocator = (Allocator = llvm::MallocAllocator @
0x00007f85f1497f68)
   Allocator = 0x0000007fffbff200
   CurSlab = 0x0000000000000000
    CurPtr = 0x0000000000000000
   End = 0x0000000000000000
   BytesAllocated = 0
 }
}
```

你觉得满意后，用 q 命令退出调试器：

```
(lldb) q
Quitting LLDB will kill one or more processes. Do you really want to
proceed: [Y/n] y
```

2.2.5　libc++ 标准库介绍

libc++ 库是 LLVM 项目重写的 C++ 标准库，它支持最新的 C++ 标准（包括 C++ 11 和 C++ 1y），并且在 MIT 许可证和 UIUC 许可证下获得双重许可。libc++ 库是 Compiler-RT 的重要伙伴，是用 Clang++ 构建最终 C++ 可执行文件时所使用的运行时库的一部分，必要时也包含 libclc（OpenCL 运行时库）。它不同于 Compiler-RT，因为并非一定要构建它。Clang 并不局限于 libc++，在没有 libc++ 的情况下，它可以将你的程序与 GNU libstdc++ 链接。如果这两个库都存在，你可以使用 -stdlib 选项指定 Clang++ 使用哪个库。libc++ 库支持 x86 和 x86_64 处理器，而且它被设计为用于 Mac OS X 和 GNU/Linux 系统的 GNU libstdc++ 的替代品。

GNU/Linux 上的 libc++ 支持仍在开发中,并且不像在 Mac OS X 上那样稳定。

据 libc++ 开发人员称,继续开发 GNU libstdc++ 的主要障碍之一是需要重写代码来支持更新的 C++ 标准,并且主线 libstdc++ 开发切换到 GPLv3 许可证之后,以至于一些依赖于 LLVM 项目的公司无法使用。请注意,LLVM 项目在商业产品中经常使用与 GPL 许可不兼容的方式。面对这些挑战,LLVM 社区决定主要为 Mac OS X 开发新的 C++ 标准库,同时支持 Linux。

在你的苹果电脑中获取 libc++ 的最简单方法是安装 Xcode 4.2 或更高版本。

如果你打算自己为 GNU/Linux 机器构建库,请记住,C++ 标准库由库本身和一个低级函数层组成,这个函数层实现了用于处理异常和运行时类型信息(RTTI)的若干功能。这种关注点的分离使得 C++ 标准库更容易移植到其他系统。在构建标准库时,它也提供了不同的选项。你可以构建与 libsupc++(这个较低层的 GNU 实现)或者 libc++ abi(LLVM 团队的实现)链接的 libc++。不过,libc++ abi 目前只支持 Mac OS X 系统。

要在 GNU/Linux 机器上用 libsupc++ 构建 libc++,首先需要下载源代码包:

```
$ wget http://llvm.org/releases/3.4/libcxx-3.4.src.tar.gz
$ tar xvf libcxx-3.4.src.tar.gz
$ mv libcxx-3.4 libcxx
```

在撰写本书之前,仍然无法像在其他项目中那样,依靠 LLVM 构建系统来创建库文件。因此,请注意,这次我们没有将 libc++ 源代码放入 LLVM 源代码树中。

另外,也可以使用 SVN 版本库中的实验性版本:

```
$ svn co http://llvm.org/svn/llvm-project/libcxx/trunk libcxx
```

还可以使用 GIT 镜像:

```
$ git clone http://llvm.org/git/llvm-project/libcxx.git
```

只要你有基于 LLVM 的工作编译器,就需要生成只使用基于 LLVM 的新编译器的 libc++ 构建文件。在这个例子中,我们假定我们的路径中有一个 LLVM 3.4 工作编译器。

要使用 libsupc++,首先需要知道它的头文件在你的系统中安装在什么位置。由于它是 GNU/Linux 的常规 GCC 编译器的一部分,因此可以使用以下命令来找到它:

```
$ echo | g++ -Wp,-v -x c++ - -fsyntax-only
#include "..." search starts here:
#include <...> search starts here:
/usr/include/c++/4.7.0
/usr/include/c++/4.7.0/x86_64-pc-linux-gnu
(Subsequent entries omitted)
```

通常,前两个路径即 libsupc++ 头文件的位置。要确认这一点,请查找 libsupc++ 头文件(如 **bits/exception_ptr.h**)是否存在:

```
$ find /usr/include/c++/4.7.0 | grep bits/exception_ptr.h
```

之后，生成 libc++ 构建文件，以便使用基于 LLVM 的编译器编译它。要执行此操作，请分别改写用于定义系统 C 和 C++ 编译器的 shell CC 和 CXX 环境变量，以使用你想嵌入 libc++ 的 LLVM 编译器。要使用 CMake 与 libsupc++ 一起构建 libc++，需要定义 CMake 参数 LIBCXX_CXX_ABI（该参数定义要使用的低级库）和参数 LIBCXX_LIBSUPCXX_INCLUDE_PATHS（这是一个用分号分隔的路径列表，路径指向你刚发现的包含 libsupc++ include 文件的文件夹）：

```
$ mkdir where-you-want-to-build
$ cd where-you-want-to-build
$ CC=clang CXX=clang++ cmake -DLIBCXX_CXX_ABI=libstdc++
-DLIBCXX_LIBSUPCXX_INCLUDE_PATHS="/usr/include/c++/4.7.0;/usr/
include/c++/4.7.0/x86_64-pc-linux-gnu" -DCMAKE_INSTALL_PREFIX=
"/usr" ../libcxx
```

在这个阶段，确保 ../libcxx 是到达 libc++ 源文件夹的正确路径。运行 make 命令来构建项目。使用 sudo 作为安装命令，因为我们将在 /usr 中安装库，以便以后可以使用 clang++ 来查找库：

```
$ make && sudo make install
```

调用 clang++ 编译 C++ 项目时，可以通过使用 -stdlib=libc++ 标志来实验新库和最新的 C++ 标准。

要验证你的新库，请使用以下命令编译一个简单的 C++ 应用程序：

```
$ clang++ -stdlib=libc++ hello.cpp -o hello
```

可以使用 readelf 命令执行一个简单的实验来分析 hello 二进制文件，并确认它确实与新的 libc++ 库链接：

```
$ readelf d hello
Dynamic section at offset 0x2f00 contains 25 entries:
 Tag         Type                    Name/Value
0x00000001  (NEEDED)                 Shared library: [libc++.so.1]
```

前面的代码省略了后面的条目。我们看到正好在第一个 ELF 动态段条目中有一个特定的请求来加载我们刚刚编译的 libc++.so.1 共享库，由此可以确认我们的 C++ 二进制文件现在使用新的 LLVM 的 C++ 标准库。你可以在官方项目网站 **http://libcxx.llvm.org** 上找到更多信息。

2.3　总结

LLVM 由几个子项目组成，其中一些对主编译器驱动程序来说不是必需的，但却是有用的工具和库。在本章中，我们展示了如何构建和安装这些组件。后续章节将更加详细地探讨这些工具的细节。我们建议读者以后在需要获取构建和安装操作说明时再重读本章。

在下一章中，我们将向你介绍 LLVM 核心库的设计和工具。

工具和设计

LLVM 项目由一些库和工具组成，它们一起构成一个大型的编译器基础架构。将所有这些零件连接在一起需要精心的设计，这是项目的关键。在整个过程中，LLVM 都在强调"一切都是库"的理念，只有相当少量的代码是不可重用的，并且不包括特定的工具。尽管如此，仍然有大量的工具允许用户以多种方式从命令终端运行库。在本章中，我们将介绍以下主题：

- LLVM 核心库的概述和设计
- 编译器驱动程序的工作原理
- 编译器驱动程序进阶：了解 LLVM 中间工具
- 如何编写你的第一个 LLVM 工具
- 关于浏览 LLVM 源代码的常规建议

3.1 LLVM 的基本设计原理及其历史

LLVM 是一个众所周知的教学框架，这是因为它的几个工具的组织化程度很高，从而使得感兴趣的用户可以观察到编译过程的许多步骤。其设计决策可以追溯到十多年前的第一个版本，当时这个专注于后端算法的项目只是依靠 GCC 将 C 这样的高级语言转换成 LLVM 中间表示（intermediate representation，简称 IR）。如今，LLVM 的设计核心是它的 IR。它使用的静态单赋值形式（SSA）具有两个重要特征：

- 代码被组织为三地址指令
- 它有数目不受限制的寄存器

但是，这并不意味着 LLVM 只有一种表示程序的形式。在整个编译过程中，其他中间数据结构都保持程序逻辑结构，并且有助于跨主要检查点进行编译。从技术上讲，这些结构也是程序的中间表示形式。例如，LLVM 在不同的编译阶段采用以下额外的数据结构：

- 将 C 或 C++ 转换为 LLVM IR 时，Clang 将使用**抽象语法树（AST）**结构（`Trans-lationUnitDecl` 类）在内存中表示程序。
- 在将 LLVM IR 转换为特定于机器的汇编语言时，LLVM 首先将程序转换为**有向无环图（DAG）**格式以便选择指令（`SelectionDAG` 类），然后将其转换回三地址表示以便进行指令调度（`MachineFunction` 类）。
- 为了实现汇编器和链接器，LLVM 使用第四种中间数据结构（`MCModule` 类）在对象文件的上下文中保存程序表示。

相比于 LLVM 中其他形式的程序表示，LLVM IR 是最重要的一个，它具有不仅是内存中的表示而且还能存储在磁盘上的特性。LLVM IR 因使用特定的编码而能存在于外部世界的这一事实是在项目初期做出的另一个重要决策，反映了当时研究终身程序优化的学术兴趣。

在这个理念中，编译器的目标不只是在编译时进行优化，而且还要探索利用在安装时、运行时和空闲时（程序未运行时）的优化机会。这样，在整个程序的生命周期中都进行优化，这也解释这个概念的名字。例如，当用户没有运行程序并且计算机空闲时，操作系统可以启动编译器守护进程来处理运行时收集的性能分析数据，以便针对该用户的特定用例重新优化程序。

请注意，由于能够存储在磁盘上，LLVM IR（它是终身程序优化的关键）为对整个程序进行编码提供了另一种方式。当整个程序以编译器 IR 的形式存储时，还可以执行新的一系列跨越单个编译单元或 C 文件边界的非常有效的跨程序优化。因此，这也为进行强大的链接时优化提供了条件。

另一方面，如果终身程序优化成为现实，则程序分发需要在 LLVM IR 级别发生，这目前还没有实现。这意味着 LLVM 将作为平台或虚拟机运行，并与 Java 展开竞争，这也面临着严峻的挑战。例如，LLVM IR 不是像 Java 那样独立于目标机器的。LLVM 也没有投资于在安装后进行强大的基于反馈的优化。如果有兴趣进一步了解这些技术挑战，请阅读 `http://lists.cs.uiuc.edu/pipermail/llvmdev/2011-October/043719.html` 上的 "LLVMdev" 讨论主题。

随着项目逐渐成熟，维护编译器 IR 在磁盘上表示的设计决策仍然是为了实现链接时优化，而较少关注终身程序优化的原始想法。最终，LLVM 的核心库通过放弃低级虚拟机（Low Level Virtual Machine）这个名称，正式表明对成为一个平台不感兴趣，而仅仅由于历史原因使用了 LLVM 这个名称，从而明确了 LLVM 项目立志成为强大和实用的 C/C++ 编译器，而不是 Java 平台的竞争对手。

尽管如此，除了链接时优化之外，磁盘表示本身也有很好的应用前景，有些组织正在努力将其实现。例如，FreeBSD 社区希望在可执行文件中嵌入其 LLVM 程序表示，以允许进行安装时或离线的微架构优化。在这种情况下，即使程序编译为通用 x86 形式，当用户安装程序时（比如，在特定的 Intel Haswell x86 处理器上安装程序时），LLVM 基础架构就可以使用二进制程序的 LLVM 表示形式，对程序进行特殊处理以使用 Haswell 支持的新指令。尽管这是一个正在评估的新想法，但它表明磁盘上的 LLVM 表示可应用于激进的新解决方案。我们能期望的优化主要针对微架构，因为 Java 中完全的平台无关性在 LLVM 中是不切实际的，目前仅在一些外部项目上探索这种可能性（参见 PNaCl，Chromiu 的 Portable Native Client）。

作为编译器 IR，用于指导核心库开发的两个 LLVM IR 的基本原则如下：

- SSA 表示和允许快速优化的无限寄存器
- 通过将整个程序存储在磁盘 IR 表示中以实现便捷的链接时优化

3.2　理解目前的 LLVM

目前，LLVM 项目已经发展起来，并拥有数量巨大的编译器相关工具。实际上，LLVM

这个名称可能是以下任意一项：

- LLVM 项目 / 基础架构：这是对组成一个完整编译器的如下几个项目的总称：前端、后端、优化器、汇编器、连接器、libc++、compiler-RT 和 JIT 引擎。例如，在"LLVM 由几个项目组成"这句话中"LLVM"就是这个意思。
- 基于 LLVM 的编译器：这是一个部分或全部使用 LLVM 基础架构所构建的编译器。例如，编译器可能使用 LLVM 作为前端和后端，但使用 GCC 和 GNU 系统库来执行最终的链接。例如，在"我用 LLVM 将 C 程序编译到 MIPS 平台"这句话中的"LLVM"就是这个意思。
- LLVM 库：这是 LLVM 基础架构的可重用代码部分。例如，在"我的项目使用 LLVM 的即时编译框架生成代码"这句话中"LLVM"就是这个意思。
- LLVM 核心：在中间语言级别和后端算法上进行的优化形成了项目开始时的 LLVM 核心。"LLVM 和 Clang 是两个不同的项目"这句话中的"LLVM"就是这个意思。
- LLVM IR：这是 LLVM 编译器中间表示。在诸如"我构建了一个前端来将我自己的语言翻译成 LLVM"这样的句子中，"LLVM"就有 LLVM IR 的意思。

要了解 LLVM 项目，需要知道基础架构中最重要的部分：

- 前端：这是将计算机程序语言（如 C、C++ 和 Objective-C）转换为 LLVM 编译器 IR 的编译步骤。它包括词法分析器、语法分析器、语义分析器和 LLVM IR 代码生成器。Clang 项目提供了一个插件接口和一个单独的静态分析工具用于进行深度分析，同时实现了所有与前端相关的步骤。更多详细信息，请参阅第 4 章、第 9 章和第 10 章。
- IR：LLVM IR 既有用户可读的表示形式，也有二进制编码的表示形式。相应的工具和库提供了 IR 构建、组装和拆卸的接口。LLVM 优化器还可以处理 IR，以应用大多数优化。我们将在第 5 章详细解释 IR。
- 后端：这是负责生成代码的步骤。它将 LLVM IR 转换为特定于目标的汇编代码或目标代码二进制文件。寄存器分配、循环转换、窥视孔优化器以及特定于目标的优化 / 转换属于后端。我们在第 6 章对此进行深入分析。

图 3-1 列出了这些组件，让我们对在特定配置下使用的整个基础架构有一个总体认识。请注意，我们可以重新组织这些组件，并根据不同的需求有选择地使用它们，例如，如果我们不想探索链接时优化，则不使用 LLVM IR 链接器。

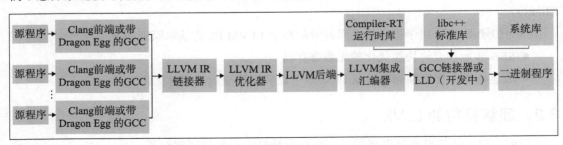

图　3-1

每个编译器组件之间的交互可以通过以下两种方式进行：

- 在内存中：该方式通过一个单独的监督工具（如 Clang）实现。该工具将每个 LLVM 组件作为一个库，并依赖于内存中分配的数据结构将一个阶段的输出作为输入提供给另一个阶段。

- 通过文件：该方式通过用户实现。用户启动较小的独立工具，该工具将特定组件的结果写入磁盘文件，具体取决于用户是否使用此文件作为输入来启动下一个工具。

因此，像 Clang 这样的高级工具可以整合使用其他几个更小的工具，具体做法是链接小工具的库来实现这些工具的功能。该功能的可能性来自 LLVM 的设计十分重视以库的形式进行大量代码重用。此外，整合了少量库的独立工具非常有用，因为这样的工具允许用户通过命令行直接与特定的 LLVM 组件交互。

例如，请看图 3-2，该框图中下面三项是工具的名称，上面两项是实现其功能的库。在本例中，LLVM 后端工具 llc 使用 libLLVMCodeGen 库实现部分功能，而仅用于启动 LLVM IR 级优化器的 opt 命令使用另一个库 libLLVMipa 实现与目标无关的过程间优化。最后，我们看到一个更强大的工具 clang，它使用两个库来代替 llc 和 opt，并向用户呈现更简单的接口。因此，用这样的高级工具执行的任何任务都可以分解成一系列低级任务，同时产生相同的结果。接下来的内容会继续说明这个概念。实际上，Clang 能够执行整个编译过程，而不仅仅是完成 opt 和 llc 的工作。这就解释了为什么在静态构建中 Clang 二进制文件通常是最大的，因为它链接并利用整个 LLVM 生态系统。

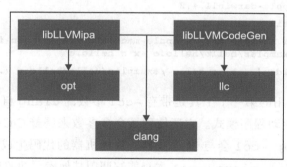

图   3-2

3.3   与编译器驱动程序交互

一个编译器驱动程序与汉堡店的售货员相似，售货员会与你交互，识别你的订单，将你的订单传到后端做出汉堡，然后把它和可乐或番茄酱小包一起端到你面前，从而完成你的订单。驱动程序负责整合所有必要的库和工具，以便为用户提供更友好的体验，使用户不必单独应付编译器的各个阶段，比如前端、后端、汇编器和链接器等。一旦你将程序源代码提供给编译器驱动程序，它就可以生成可执行文件。在 LLVM 和 Clang 中，编译器驱动程序就是 clang 工具。

假设有一个简单的 C 程序 hello.c：

```
#include <stdio.h>

int main() {
  printf("Hello, World!\n");
  return 0;
}
```

要为此简单程序生成可执行文件，请使用以下命令：

```
$ clang hello.c -o hello
```

 请按第 1 章中的说明获取 LLVM 的直接可使用版本。

对于熟悉 GCC 的人，请注意上述命令与 GCC 非常相似。实际上，Clang 编译器驱动程序被设计成与 GCC 标志和命令结构相兼容，从而允许在许多项目中用 LLVM 替代 GCC。对于 Windows，Clang 也有一个名为 **clang-cl.exe** 的版本，可模拟 Visual Studio C++ 编译器命令行界面。Clang 编译器驱动程序隐式地从前端到链接器调用所有其他工具。

如果想查看驱动程序为了完成你的命令而调用的所有其他工具，请使用 **-###** 命令参数：

```
$ clang -### hello.c -o hello
clang version 3.4 (tags/RELEASE_34/final)
Target: x86_64-apple-darwin11.4.2
Thread model: posix
"/bin/clang" -cc1 -triple x86_64-apple-macosx10.7.0 … -main-file-name
hello.c (...) /examples/hello/hello.o -x c hello.c
"/opt/local/bin/ld" (...) -o hello /examples/hello/hello.o (...)
```

Clang 驱动程序调用的第一个工具是带有 **-cc1** 参数的 **clang** 自身，以便在启用编译器模式时禁用编译器驱动程序模式。它还使用了众多参数来调整 C/C++ 选项。由于 LLVM 组件是库，因此 **clang -cc1** 会与 IR 生成器、目标机器的代码生成器以及汇编器库进行链接。因此，在解析之后，**clang -cc1** 本身能够调用其他库，并监视内存中的编译过程，直到目标文件完成。之后，Clang 驱动程序（与编译器 **clang -cc1** 不同）调用作为外部工具的链接程序来生成可执行文件，如上述输出行所示。它使用系统链接器完成编译，因为 LLVM 链接器 **lld** 仍在开发中。

注意，使用内存要比使用磁盘快得多，这使得中间编译文件很少被用到。这就解释了为什么 Clang（LLVM 前端，也就是第一个与输入交互的工具）负责在内存中执行剩余的编译工作，而不会产生要被其他工具读取的中间输出文件。

3.4　使用独立工具

我们也可以通过使用 LLVM 独立工具来练习之前描述的编译工作流程，这会将一个工具的输出链接到另一个工具的输出。虽然将中间文件写入磁盘会导致编译速度减慢，但是观察编译流水过程是一个有趣的教学练习。这个过程也让你有机会微调中间工具的参数，其中一些工具如下：

- opt：这是一个旨在 IR 级对程序进行优化的工具。输入必须是 LLVM 位码文件（编码的 LLVM IR），并且生成的输出文件必须具有相同的类型。
- llc：这是一个通过特定后端将 LLVM 位码转换成目标机器汇编语言文件或目标文件的工具。你可以通过传递参数来选择优化级别、打开调试选项以及启用或禁用特定于目标的优化。
- llvm-mc：这个工具能够汇编指令并生成诸如 ELF、MachO 和 PE 等对象格式的目标文件。它也可以反汇编相同的对象，从而转储这些指令的相应的汇编信息和内部 LLVM 机器指令数据结构。
- lli：这个工具是 LLVM IP 的解释器和 JIT 编译器。
- llvm-link：这个工具将几个 LLVM 位码链接在一起，以产生一个包含所有输入的 LLVM 位码。
- llvm-as：该工具将人工可读的 LLVM IR 文件（称为 LLVM 汇编码）转换为 LLVM 位码。
- llvm-dis：这个工具将 LLVM 位码解码成 LLVM 汇编码。

我们来看一个由分散在多个源文件中的函数组成的简单的 C 程序。第一个源文件是 `main.c`，它的内容如下：

```c
#include <stdio.h>

int sum(int x, int y);

int main() {
    int r = sum(3, 4);
    printf("r = %d\n", r);
    return 0;
}
```

第二个文件是 sum.c，它的内容如下：

```c
int sum(int x, int y) {
    return x+y;
}
```

我们可以用下面的命令编译这个 C 程序：

```
$ clang main.c sum.c -o sum
```

但是，我们使用独立工具也可以获得相同的结果。首先，我们改变 `clang` 命令以便为每个 C 源文件生成 LLVM 位码文件，然后停下来，而不是继续完成编译：

```
$ clang -emit-llvm -c main.c -o main.bc
$ clang -emit-llvm -c sum.c -o sum.bc
```

`-emit-llvm` 标志告诉 clang 根据是否存在 `-c` 或 `-S` 标志来生成 LLVM 位码或 LLVM

汇编码文件。在前面的示例中，-emit-llvm 和 -c 标志一起使用，将告诉 clang 以 LLVM 位码格式生成一个目标文件。使用 -flto -c 标志组合可以得到相同的结果。如果你打算生成人工可读的 LLVM 汇编码，请使用下述两个命令：

```
$ clang -emit-llvm -S -c main.c -o main.ll
$ clang -emit-llvm -S -c sum.c -o sum.ll
```

请注意，如果没有 -emit-llvm 或 -flto 标志，则 -c 标志将生成一个包含目标机器语言的目标文件，而 -S 将生成目标汇编语言文件。这种行为与 GCC 兼容。

.bc 和 .ll 分别是 LLVM 位码和汇编文件的文件扩展名。为了继续完成编译，后续步骤可以采取以下两种方式：

- 从每个 LLVM 位码文件生成特定于目标的目标文件，并通过将其链接到系统链接器来构建可执行程序（图 3-3 的 A 部分）：

```
$ llc -filetype=obj main.bc -o main.o
$ llc -filetype=obj sum.bc -o sum.o
$ clang main.o sum.o -o sum
```

- 首先，将两个 LLVM 位码文件连接成最终的 LLVM 位码文件。然后，从最终的位码文件构建特定于目标的目标文件，并通过调用系统链接程序来生成可执行程序（图 3-3 的 B 部分）：

```
$ llvm-link main.bc sum.bc -o sum.linked.bc
$ llc -filetype=obj sum.linked.bc -o sum.linked.o
$ clang sum.linked.o -o sum
```

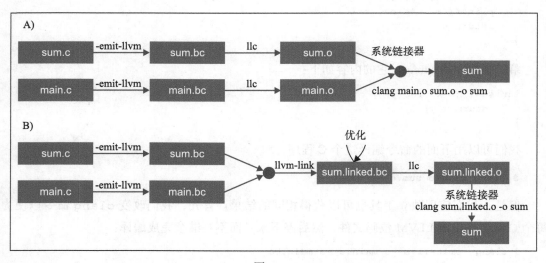

图　3-3

-filetype=obj 参数指定输出一个目标文件，而不是目标汇编文件。我们使用 Clang

驱动程序 `clang` 来调用链接器，但是，如果知道系统链接器与系统库链接所需要的所有参数，则可以直接使用系统链接器。

通过在后端调用（llc）之前链接 IR 文件，将允许最终生成的 IR 能够被 opt 工具提供的链接时优化机制进一步优化（请参阅第 5 章）。另外，llc 工具可以生成汇编输出，可以使用 `llvm-mc` 对该输出进行进一步汇编。我们将在第 6 章介绍这个接口的更多细节。

3.5 深入 LLVM 内部设计

为了将编译器解耦成多个工具，LLVM 设计通常强制组件在高度抽象层次上发生交互。它将不同的组件分隔成不同的库，而且它是使用面向对象的范例用 C++ 编写的，可以提供可插入的通道接口，从而允许在整个编译过程中方便地集成转换和优化步骤。

3.5.1 了解 LLVM 的基本库

LLVM 和 Clang 的工作逻辑被精心组织到以下库中：

- `libLLVMCore`：该库包含与 LLVM IR 相关的所有逻辑：IR 构造（数据布局、指令、基本块和函数）以及 IR 校验器。它还负责编管理译器中各种编译流程。
- `libLLVMAnalysis`：该库包含几个 IR 分析过程，如别名分析、依赖分析、常量折叠、循环信息、内存依赖分析和指令简化。
- `libLLVMCodeGen`：该库实现与目标无关的代码生成和机器级别（LLVM IR 的更低级版本）的分析和转换。
- `libLLVMTarget`：该库通过通用目标抽象来提供对目标机器信息的访问接口。这些高级抽象为在 `libLLVMCodeGen` 中实现的通用后端算法与为下一个库保留的特定于目标的逻辑之间进行通信提供网关。
- `libLLVMX86CodeGen`：该库具有特定于 x86 目标的代码生成信息、转换和分析过程，它们组成 x86 后端。请注意，每个目标机器都有一个不同的库，比如分别实现 ARM 和 MIPS 后端的 `LLVMARMCodeGen` 和 `LLVMMipsCodeGen` 库。
- `libLLVMSupport`：该库包括一个通用工具集合。错误、整数和浮点处理、命令行解析、调试、文件支持和字符串处理都是在这个库中实现的算法示例，它们在 LLVM 各组件中通用。
- `libclang`：该库实现了一个 C 接口（而不是 C++ 接口），它是 LLVM 代码的默认实现语言，可以访问 Clang 的大部分前端功能：诊断报告、AST 遍历、代码完成、游标映射和源代码。由于它使用 C 语言，使用更简单的接口，因此它允许以其他语言（如 Python）编写的项目更容易地使用 Clang 功能，当然 C 接口设计得更为稳定，并允许外部项目依赖它。该库仅涵盖内部 LLVM 组件所使用的 C++ 接口的一个子集。
- `libclangDriver`：该库包含编译器驱动程序工具使用的一组类，用于理解类似于 GCC 的命令行参数，以便为外部工具完成编译的不同步骤准备作业和组织足够的参数。它可以根据目标平台管理不同的编译策略。

- `libclangAnalysis`：该库是由 Clang 提供的一组前端级分析器。它具有 CFG 和调用图结构、代码可达性、格式字符串安全性等。

对于如何使用这些库来构建 LLVM 工具，我们举了一个例子，图 3-4 显示 llc 工具对 `libLLVMCodeGen`、`libLLVMTarget` 等库的依赖关系，以及这些库对其他库的依赖关系。不过请注意，前面的列表并不完整。

我们将把在上面省略的其他库留给后面的章节去介绍。对于版本 3.0，LLVM 团队编写了一个很好的文档，来介绍所有 LLVM 库之间的依赖关系。尽管文件已经过时，但它仍然提供了关于库的组织关系的有趣概述，可以通过 `http://llvm.org/releases/3.0/docs/UsingLibraries.html` 访问该文档。

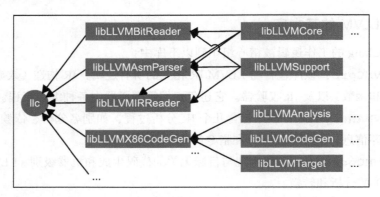

图　3-4

3.5.2　介绍 LLVM 的 C++ 惯例

LLVM 库和工具都是用 C++ 编写的，以利用面向对象的编程范例，并增强其各组件之间的互操作性。另外，为了尽可能避免代码中的低效性，要求强制执行良好的 C++ 编程惯例。

3.5.2.1　在惯例中看到多态性

继承和多态性通过将通用的代码生成算法留给基类来抽象后端的公共任务。在这个方案中，每个特定的后端都可以通过编写更少的必要方法来重写超类泛型操作，从而专注于实现其特殊性。`LibLLVMCodeGen` 包含公共算法，而 `LibLLVMTarget` 包含用于抽象单个机器的接口。以下代码片段（来自 `llvm/lib/Target/Mips/MipsTargetMachine.h`）展示了如何将 MIPS 目标机器的描述类声明为 `LLVMTargetMachine` 类的子类，并说明了这个概念。这段代码是 `LLVMMipsCodeGen` 库的一部分：

```
class MipsTargetMachine : public LLVMTargetMachine {
  MipsSubtarget        Subtarget;
  const DataLayout     DL;
...
```

为了进一步阐述这个设计选择，我们将展示另一个后端示例，在该例中，与目标无关的寄存器分配器（它对所有后端都十分常见）需要知道哪些寄存器是保留的，不能用于分配。

这个信息取决于具体的目标，并且不能被编码成通用的超类。我们通过使用 `MachineReg isterInfo::getReservedRegs()` 来执行此任务，这是一个必须由每个目标重写的通用方法。以下代码片段（来自 `llvm/lib/Target/Sparc/SparcRegisterInfo.cpp`）显示 SPARC 目标如何重写此方法：

```
BitVector SparcRegisterInfo::getReservedRegs(…) const {
  BitVector Reserved(getNumRegs());
  Reserved.set(SP::G1);
  Reserved.set(SP::G2);
...
```

在此代码中，SPARC 后端通过构建位向量来逐一选择哪些寄存器不能参加通用寄存器分配。

3.5.2.2　介绍 LLVM 中的 C++ 模板

虽然 LLVM 经常使用 C++ 模板，但要特别小心控制 C++ 项目的编译时间，因为 C++ 项目中典型的模板滥用问题会造成较长编译时间。一旦有可能，LLVM 就会使用模板特化来允许实现快速和经常使用的任务。作为 LLVM 代码中的一个模板示例，我们来介绍一个函数，该函数检查作为参数传递的整数是否适合给定的位宽（模板参数）（代码来自 `llvm/include/llvm/Support/MathExtras.h`）：

```
template<unsigned N>
inline bool isInt(int64_t x) {
  return N >= 64 ||
(-(INT64_C(1)<<(N-1)) <= x && x < (INT64_C(1)<<(N-1)));
}
```

在这段代码中，请注意模板中的代码是如何处理所有位宽值 N 的。它有一个较早的比较，只要位宽大于 64 位就返回 `true`，相反则建立两个表达式，它们是这个位宽的下限和上限，以检查 x 是否在这两个边界以内。将此代码与下面的模板特化相比较，该模板用于获取位宽为 8 这一常见情况下更快的代码：

```
llvm/include/llvm/Support/MathExtras.h:

  template<>
inline bool isInt<8>(int64_t x) {
    return static_cast<int8_t>(x) == x;
  }
```

该代码将比较的数量从三个减少到一个，从而证明了特化的合理性。

3.5.2.3　在 LLVM 中执行 C++ 最佳惯例

编程时无意中引入错误的现象是很常见的，问题在于如何管理错误。LLVM 理念建议尽可能使用在 libLLVMSupport 中实现的断点机制。注意，调试编译器可能特别困难，因为编译的产物是另一个程序。因此，如果能够更早检测出错误的行为，就不需要为了确定程序是否正确而编写一个并不重要的复杂输出，这样，就可以节省大量的时间。例如，让我们来看一段 ARM 后端代码，它改变常量池的布局，从而以跨函数的几个较小常量孤池重新分配它们。这个策略通常用在 ARM 程序中，以便用一个有限（相对于 PC）的寻址机制来加载大型常量，因为一个较大的独立池可能被放置在距离使用它的指令很远的地方。该代码来自 `llvm/lib/Target/ARM/ARMConstantIslandPass.cpp`，我们在下面展示它的一部分：

```
const DataLayout &TD = *MF->getTarget().getDataLayout();
for (unsigned i = 0, e = CPs.size(); i != e; ++i) {
  unsigned Size = TD.getTypeAllocSize(CPs[i].getType());
  assert(Size >= 4 && "Too small constant pool entry");
  unsigned Align = CPs[i].getAlignment();
  assert(isPowerOf2_32(Align) && "Invalid alignment");
  // Verify that all constant pool entries are a multiple of their
    alignment.
  // If not, we would have to pad them out so that instructions
    stay aligned.
assert((Size % Align) == 0 && "CP Entry not multiple of 4
bytes!");
```

在这个片段中，代码遍历一个代表 ARM 常量池的数据结构，程序员期望这个对象的每个字段都遵守特定的约束条件。请注意程序员如何使用 `assert` 调用来保持对数据语义的控制。如果程序员在编写这段代码的时候发现有什么内容和自己的想法有差别时，程序将立即退出执行，并打印失败的断言调用。程序员在布尔表达式后缀 `&&"error cause!"` 的习惯用法不会影响 `assert` 的布尔表达式的计算，但如果失败则会在打印此表达式时给出关于断言失败的简短文本解释。一旦 LLVM 项目执行发布版本编译，断言对性能的影响就会被完全删除，因为它会禁用断言。

你将在 LLVM 代码中频繁看到的另一种常见做法是使用智能指针。一旦符号超出范围，智能指针将自动释放内存，它们在 LLVM 代码库中用于（例如）保持目标信息和模块。过去，LLVM 提供了一个叫作 `OwningPtr` 的特殊智能指针类，它在 `llvm/include/llvm/ADT/OwningPtr.h` 中定义。从 LLVM 3.5 开始，这个类已被弃用，而被 `std::unique_ptr()` 替代，这是在 C++ 11 标准中引入的。

如果你对 LLVM 项目中采用的 C++ 最佳惯例的完整列表感兴趣，请访问 `http://llvm.org/docs/CodingStandards.html`。每位 C++ 程序员都应该读一下。

3.5.2.4 在 LLVM 中使用轻量级字符串引用

LLVM 项目有一个支持常见算法的数据结构扩展库，在该 LLVM 库中字符串有特殊的地位。它们属于 C++ 中的一个类，并引发了热烈的讨论：我们应该在什么时候使用一个简单的 `char*` 而不是 C++ 标准库的 `string` 类？要在 LLVM 的上下文中讨论这个问题，可以考虑在整个 LLVM 库中密集使用字符串调用，来引用 LLVM 模块、函数和值等的名称。在某些情况下，LLVM 处理的字符串可以包含空字符，但是，因为空字符会终止 C 风格的字符串，所以将常量字符串引用作为 `const char*` 指针进行传递的方法是不可能的。另一方面，频繁使用 `const std::string&` 会引入额外的堆分配，因为 `string` 类需要拥有字符缓冲区。我们可以从下面的例子中看到这一点：

```
bool hasComma (const std::string &a) {
  // code
}
```

```
void myfunc() {
  char buffer [40];
  // code to create our string in our own buffer
  hasComma(buffer); // C++ compiler is forced to create a new
    string object, duplicating the buffer
  hasComma("hello, world!"); // Likewise
}
```

请注意，每次我们尝试在自己的缓冲区中创建字符串时，都会花费额外的堆分配来将此字符串复制到 string 对象的内部缓冲区，而该对象必须拥有自己的缓冲区。在第一种情况下，我们有一个堆栈分配的字符串，而在第二种情况下，字符串被当作一个全局常量。对于这种情况，C++ 中缺少一个简单的类，能够在我们只需要引用字符串时，避免不必要的分配。即使我们严格使用 string 对象，以避免不必要的堆分配，但对字符串对象的引用也会产生两个间接引用。由于 string 类已经使用一个内部指针来持有其数据，所以当我们访问实际数据时，传递字符串对象的指针会造成两次引用的开销。

我们可以利用一个 LLVM 类来更加高效地处理字符串引用：StringRef。这是一个轻量级类，它可以像 const char* 那样进行值传递，但是它也存储字符串的大小，从而允许空字符的存在。然而，与 string 对象不同，它并不拥有自己的缓冲区，因此永远不会分配堆空间，而只是引用其外部的字符串。在其他 C++ 项目中也涉及这个概念，例如，Chromium 使用 StringPiece 类来实现相同的目的。

LLVM 还引入了另一个字符串操作类。为了通过几个连接构建一个新的字符串，LLVM 提供了 Twine 类。该类只存储用来构成最终结果的字符串的引用，通过这种方式来推迟实际的连接。这是在 C++ 11 之前创建的技术，那时字符串连接的开销较高。

如果你有兴趣了解 LLVM 为程序员提供的其他通用类，那么应该保存在书签中的一个非常重要的文档是 LLVM 程序员手册，该手册讨论可能对任何代码都有用的 LLVM 通用数据结构。该手册位于 http://llvm.org/docs/ProgrammersManual.html。

3.5.3　演示可插拔的流程接口

一个流程（pass）是指一次转换分析或优化。LLVM API 允许你轻松地在程序编译生命周期的不同部分注册任何流程，这是 LLVM 设计中值得称道的亮点。流程管理器用于注册、调度和声明流程之间的依赖关系。因此，PassManager 类的实例在不同的编译器阶段都是可用的。

例如，目标可以在代码生成期间的多个点自由地应用自定义优化，例如，在寄存器分配之前和之后，或者在汇编码生成之前。为了说明这一点，我们展示一个例子，其中 X86 目标在汇编码生成之前有条件地注册一对自定义流程（来自 lib/Target/X86/X86TargetMachine.cpp）：

```
bool X86PassConfig::addPreEmitPass() {
  ...
  if (getOptLevel() != CodeGenOpt::None &&         getX86Subtarget().
hasSSE2()) {
    addPass(createExecutionDependencyFixPass(&X86::VR128RegClass));
```

```
        ...
    }

    if (getOptLevel() != CodeGenOpt::None &&
        getX86Subtarget().padShortFunctions()) {
        addPass(createX86PadShortFunctions());
    }
    ...
```

请注意后端如何使用特定目标信息来判断是否应该添加流程。在添加第一个流程之前，X86 目标会检查它是否支持 SSE2 多媒体扩展。对于第二个流程，它会检查是否有特别的填充请求。

在图 3-5 中，A 部分是一个示例，它展示了如何在 opt 工具中插入优化流程，B 部分说明代码生成中可以插入自定义目标优化的几个目标钩子。请注意，插入点分散在不同的代码生成阶段。当你编写第一个流程并需要决定在何处运行时，此图表会非常有用。第 5 章会详细描述 **PassManager** 接口。

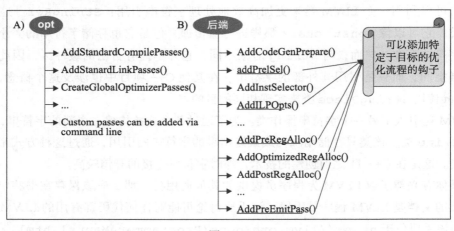

图   3-5

3.6   编写你的第一个 LLVM 项目

在本节中，我们将展示如何使用 LLVM 库的编写你的第一个项目。在前面的章节中，我们介绍了如何使用 LLVM 工具来生成与程序相对应的中间语言文件，即位码文件。现在我们将创建一个程序，该程序能够读取此位码文件并打印其中定义的函数名称，以及它们的基本块数量，从而显示 LLVM 库的易用性。

3.6.1   编写 Makefile

链接 LLVM 库需要使用长命令行，如果没有构建系统的帮助，想写出这些命令行是不切实际的。在下面的代码中，我们展示了一个 Makefile 文件（基于在 DragonEgg 中使用的代码）来完成这个任务，同时解释所提到的每个部分。如果复制并粘贴此代码，将会丢失制表符。请记住，Makefile 依赖于制表符来指定定义规则的命令，因此，应该手动插入制表符：

```
LLVM_CONFIG?=llvm-config

ifndef VERBOSE
QUIET:=@
endif

SRC_DIR?=$(PWD)
LDFLAGS+=$(shell $(LLVM_CONFIG) --ldflags)
COMMON_FLAGS=-Wall -Wextra
CXXFLAGS+=$(COMMON_FLAGS) $(shell $(LLVM_CONFIG) --cxxflags)
CPPFLAGS+=$(shell $(LLVM_CONFIG) --cppflags) -I$(SRC_DIR)
```

第一部分定义将用作编译器标志的第一个 Makefile 变量。第一个变量决定 `llvm-config` 程序的位置，在这里，它需要在你的路径中。`llvm-config` 工具是一个 LLVM 程序，它可以打印构建需要与 LLVM 库链接的外部项目的各种有用信息。

例如，定义在 C++ 编译器中使用的标志集时，请注意，我们要求 Make 启动 `llvm-config --cxxflags` shell 命令行，该命令行将打印用于编译 LLVM 项目的 C++ 标志集。这样，我们就使得项目源码的编译与 LLVM 源码兼容。最后一个变量定义要传递给编译器预处理器的标志集。

```
HELLO=helloworld
HELLO_OBJECTS=hello.o
default: $(HELLO)

%.o : $(SRC_DIR)/%.cpp
    @echo Compiling $*.cpp
    $(QUIET)$(CXX) -c $(CPPFLAGS) $(CXXFLAGS) $<

$(HELLO) : $(HELLO_OBJECTS)
    @echo Linking $@
    $(QUIET)$(CXX) -o $@ $(CXXFLAGS) $(LDFLAGS) $^ `$(LLVM_CONFIG)
--libs bitreader core support`
```

在第二个片段中，我们定义了 Makefile 规则。第一个规则总是默认的，我们用它构建 hello-world 可执行文件。第二个是通用规则，它将所有 C++ 文件编译成目标文件，我们将预处理器标志和 C++ 编译器标志传递给它。我们还使用 `$(QUIET)` 变量来省略屏幕上出现的完整命令行，但是如果你想要一个详细的构建日志，则可以在运行 GNU Make 时定义 VERBOSE。

最后一个规则链接所有目标文件（在这里只有一个）来构建与 LLVM 库链接的项目可执行文件。这部分工作是由链接器完成的，但是一些 C++ 标志也可能会生效。因此，我们将 C++ 和链接器标志都传递给命令行。我们用 `'command'` 结构来完成此操作，它指示 shell 用 `'command'` 的输出替换这部分内容。在我们的例子中，命令是 `llvm-config --libs bitreader core support`。`--libs` 标志向 `llvm-config` 请求提供用于链接到所请求的 LLVM 库的链接器标志列表。这里，我们请求 `libLLVMBitReader`、`libLLVMCore` 和 `libLLVMSupport`。

由 `llvm-config` 返回的标志列表是一系列 `-l` 链接器参数，如 `-lLLVMCore`

-lLLVMSupport。但请注意，传递给链接器的参数顺序很重要，并且要求你将依赖于其他库的参数放在前面。例如，由于 libLLVMCore 使用 libLLVMSupport 提供的通用功能，因此正确的顺序是 -lLLVMCore -lLLVMSupport。

顺序很重要，因为一个库就是一个目标文件的集合，在将项目与库链接时，链接器只选择到目前为止已知的目标文件来解析所见到的未定义符号。因此，如果它正在处理命令行参数中的最后一个库，并且该库恰好使用了已经处理过的库中的符号，则大多数链接器（包括 GNU ld）将不会返回去包括有可能缺失的目标文件，从而导致构建失败。

如果你想避免这个问题，并强制链接器迭代访问每个库，直到所有必要的目标文件都被解析，则必须在库列表的开始和结束处使用 --start-group 和 --end-group 标志，但这可能会减慢链接器速度。在构建完整的依赖关系图时，为了避免因为要弄清楚链接器参数的顺序而头疼，可以简单使用 llvm-config --libs，让它为你做这些工作，就像我们之前做的那样。

Makefile 文件的最后一部分定义了一条清理规则以删除编译器生成的所有文件，使我们可以从头开始重新启动构建。清理规则的格式如下：

```
clean::
    $(QUIET)rm -f $(HELLO) $(HELLO_OBJECTS)
```

3.6.2　编写代码

下面展示这个流程的完整代码。它相对较短，因为它建立在 LLVM 流程基础设施上，后者替我们完成了大部分工作。

```
#include "llvm/Bitcode/ReaderWriter.h"
#include "llvm/IR/Function.h"
#include "llvm/IR/Module.h"
#include "llvm/Support/CommandLine.h"
#include "llvm/Support/MemoryBuffer.h"
#include "llvm/Support/raw_os_ostream.h"
#include "llvm/Support/system_error.h"
#include <iostream>

using namespace llvm;

static cl::opt<std::string> FileName(cl::Positional, cl::desc("Bitcode
file"), cl::Required);

int main(int argc, char** argv) {
  cl::ParseCommandLineOptions(argc, argv, "LLVM hello world\n");
  LLVMContext context;
  std::string error;
  OwningPtr<MemoryBuffer> mb;
  MemoryBuffer::getFile(FileName, mb);
  Module *m = ParseBitcodeFile(mb.get(), context, &error);
  if (m == 0) {
    std::cerr << "Error reading bitcode: " << error << std::end;
    return -1;
  }
  raw_os_ostream O(std::cout);
```

```
    for (Module::const_iterator i = m->getFunctionList().begin(),
      e = m->getFunctionList().end(); i != e; ++i) {
      if (!i->isDeclaration()) {
        O << i->getName() << " has " << i->size() << " basic
block(s).\n";
      }
    }
    return 0;
}
```

我们的程序使用 **cl** 命名空间中的 LLVM 工具（**cl** 代表命令行）来实现我们的命令行接口。我们只需调用 **ParseCommandLineOptions** 函数并声明 **cl::opt <string>** 类型的全局变量，以显示我们的程序接收单个参数，并且该参数是包含位码文件名的 **string** 类型。

之后，我们实例化一个 **LLVMContext** 对象，以存放与 LLVM 编译相关的所有数据，从而使 LLVM 是线程安全的。**MemoryBuffer** 类为内存块定义一个只读接口，**ParseBitcodeFile** 函数将使用这个对象来读取我们的输入文件的内容，并解析文件中 LLVM IR 的内容。在检查完错误并确保一切正常后，我们遍历该文件中模块的所有函数。LLVM 模块的概念类似于翻译单元，其中包含所有编码到位码文件中的内容，也是 LLVM 层次结构中的最高实体，在它后面是函数，然后是基本块，最后是指令。如果函数只是一个声明，则丢弃它，因为我们想查找函数定义。当我们找到这些函数定义时，将打印它们的名称和它包含的基本块的数量。

如果编译此程序，并使用 **-help** 运行，可以查看已为你的程序准备好的 LLVM 命令行功能。之后，查找要转换为 LLVM IR 的 C 或 C++ 文件，然后将其转换并使用程序进行分析：

```
$ clang -c -emit-llvm mysource.c -o mysource.bc
$ helloworld mysource.bc
```

如果要进一步了解可从函数中提取的内容，请参阅 LLVM Doxygen 文档中关于 **llvm::Function** 类的内容，网址为 http://llvm.org/docs/doxygen/html/classllvm _1_1Function.html。作为一个练习，请尝试扩展这个例子，以打印每个函数的参数列表。

3.7 关于 LLVM 源代码的一般建议

在进一步学习 LLVM 实现之前，注意还有一些值得理解的要点，主要是针对开源软件领域的新程序员。如果你在公司内部的一个封闭源代码的项目中工作，那么你可能会从项目中比你年长的程序员那里得到很多帮助，并对许多起初听起来可能很晦涩的设计决定有更深入的了解。如果遇到问题，组件的作者可能愿意口头向你解释。其好处是，在解释的时候，他甚至可以读懂你的面部表情，弄清楚你什么时候不了解某个特定的关键点，并调整他的话语来为你提供一个更合适的解释。

但是，由于在大多数社区项目中人们都是远程工作的，因此通常无法进行面对面的沟通。所以，开源社区有更大的动机采用更强的文档机制。另一方面，即使是在英文书写的文档中明确指出所有的设计决定，文档本身也可能并不是最让人期待的东西。大部分文档中重要的部分是代码本身，从这个意义上说，编写清晰的代码是有压力的，因为你还需要帮助其他人在没有英文文档的情况理解代码。

3.7.1 将代码理解为文档

尽管 LLVM 中最重要的部分都有相应的英文文档，并且我们在本书中也引用了这些文档，但我们的最终目标是让你准备好直接阅读代码，因为这是深入了解 LLVM 基础结构的先决条件。我们将为你提供必要的基本概念，以帮助你了解 LLVM 的工作原理，并且让你从理解 LLVM 代码中享受到乐趣，能够在即使没有阅读英文文档或缺乏英文文档的情况下读懂大部分代码。即使这样做可能是有挑战性的，但当你开始这样做的时候，你就会更加深入地了解这个项目，并且越来越有信心自己去做一些改变。这样，你将成为一名了解 LLVM 内部知识的程序员，并且可以帮助邮件列表中的其他人。

3.7.2 请求社区的帮助

电子邮件列表的存在提醒你，你并不是一个人在战斗。它们是 Clang 前端的 `cfe-dev` 列表和 LLVM 核心的 `llvmdev` 列表。请花点时间从以下地址订阅两个列表：

- Clang 前端开发人员列表（`http://lists.cs.uiuc.edu/mailman/listinfo/cfe-dev`）
- LLVM 核心开发人员列表（`http://lists.cs.uiuc.edu/mailman/listinfo/llvmdev`）

项目中有很多人在努力实现你也感兴趣的事情，所以很有可能你会针对别人已经做过的事情提问。

在寻求帮助之前，请先自己动脑思考，并尝试在没有帮助的情况下理解代码，看看自己能飞得多高，并尽力拓展你的知识。如果遇到一些令你感到困惑的事情，可以向列表发出一封电子邮件，清楚说明你已经探索过这个问题但没有结果，然后再寻求帮助。通过遵循这些准则，你将有更好的机会获取问题的最佳答案。

3.7.3 应对更新：使用 SVN 日志作为文档

LLVM 项目在不断变化，实际上，你可能会发现一个非常常见的情况是，你经常需要更新 LLVM 版本，并发现充当与 LLVM 库接口的软件部分出现问题。在尝试再次读取代码以查看其更改情况之前，请使用合适的代码修订版本。

为了实际看看这么做如何有效，让我们练习将前端 Clang 从 3.4 更新到 3.5。假设你为实例化 `BugType` 对象的静态分析器编写了一段代码：

```
BugType *bugType = new BugType("This is a bug name",
                               "This is a bug category name");
```

这个对象用来生成你自己的检查器（更多细节请参阅第 9 章），用于报告特定种类的错误。现在，让我们将整个 LLVM 和 Clang 代码库更新到 3.5 版本，并编译这些代码行。我们将得到以下输出：

```
error: no matching constructor for initialization of
      'clang::ento::BugType'
   BugType *bugType = new BugType("This is a bug name",
                      ^          ~~~~~~~~~~~~~~~~~~~~~
```

发生此错误是因为 **BugType** 构造函数从一个版本更改为另一个版本。如果你很难确定如何使你的代码适应新版本，则需要访问更改日志，这是一个重要的文档，它会记录特定时期的代码更改情况。幸运的是，对于使用代码修订系统的每个开源项目，我们都可以通过查询代码修订服务器来获取影响特定文件的提交消息，从而轻松获得更改日志。在 LLVM 的情况下，甚至可以使用浏览器通过 http://llvm.org/viewvc 访问 ViewVC 来这样做。

在这里，我们需要查看定义这个构造方法的头文件中有什么变化。通过查看 LLVM 源代码树，可以在 **include/clang/StaticAnalyzer/Core/BugReporter/BugType.h** 找到该文件。

> 如果你正在使用文本模式的编辑器，请务必使用一个能帮助你在 LLVM 源代码中导航的工具。例如，花点时间看看如何在编辑器中使用 CTAGS。你将很容易在 LLVM 源代码树中找到定义了你感兴趣的类的文件。如果你固执地不想使用 CTAGS 或其他任何帮助浏览大型 C/C++ 项目的工具（例如 Visual Studio IntelliSense 或 Xcode），你可以随时使用诸如 `grep -re "keyword" *` 这样的命令，如果在项目的根文件夹发出该命令，则可以下列出所有包含该关键字的文件。通过使用智能关键字，你可以轻松找到定义文件。

要查看影响该特定头文件的提交邮件，可以访问 http://llvm.org/viewvc/llvm-project/cfe/trunk/include/clang/StaticAnalyzer/Core/BugReporter/BugType.h?view=log，然后将在浏览器中看到日志。现在，我们看到了在编写本书时三个月前发生的特定修订，当时 LLVM 正在更新到 v3.5：

```
Revision 201186 - (view) (download) (annotate) - [select for diffs]
Modified Tue Feb 11 15:49:21 2014 CST (3 months, 1 week ago) by alexfh
File length: 2618 byte(s)
Diff to previous 198686 (colored)
Expose the name of the checker producing each diagnostic message.

Summary: In clang-tidy we'd like to know the name of the checker
producing each diagnostic message. PathDiagnostic has BugType and
Category fields, which are both arbitrary human-readable strings, but we
need to know the exact name of the checker in the form that can be used
in the CheckersControlList option to enable/disable the specific checker.
This patch adds the CheckName field to the CheckerBase class, and sets it
in the CheckerManager::registerChecker() method, which gets them from the
CheckerRegistry.  Checkers that implement multiple checks have to store
the names of each check in the respective registerXXXChecker method.

Reviewers: jordan_rose, kremenek  Reviewed By: jordan_rose  CC: cfe-
commits

Differential Revision: http://llvm-reviews.chandlerc.com/D2557
```

这个提交邮件是非常全面的，解释了 **BugType** 构造函数改变的所有原因：以前，用两个字符串实例化这个对象并不足以知道哪个检查器发现了一个特定的错误。因此，现在必须通过传递你的检查器对象的实例来实例化对象，该对象将存储在 **BugType** 对象中，并且可以很容易发现每个错误是由哪个检查器产生的。

现在，我们更改我们的代码以符合以下经过更新的接口。我们假设这个代码是作为 **Checker** 类的函数成员的一部分运行的，通常在实现静态分析器检查器的情况下均是如此。因此，**this** 关键字应该返回一个 **Checker** 对象：

```
BugType *bugType = new BugType(this, "This is a bug name",
                              "This is a bug category name");
```

3.7.4 结束语

当你听说 LLVM 项目有很好的文档资源时，不要指望能找到一个精确描述所有代码细节的英文页面。这意味着，当你依赖于阅读代码、接口、注释和提交邮件时，你将能够理解 LLVM 项目，并跟进最新的变化。不要忘记通过练习修改源代码去了解原理，这意味着你需要准备好你的 CTAGS 去开始探索！

3.8 总结

在本章中，我们从历史的视角向你介绍了 LLVM 项目中使用的设计决策，并概述了其中最重要的项目。我们还展示了如何以两种不同的方式使用 LLVM 组件：首先，使用编译器驱动程序，这是一个高级工具，可以在单个命令中执行整个编译；其次，使用单独的 LLVM 独立工具。除了在磁盘上存储中间结果（这会减慢编译速度）之外，这些工具还允许我们通过命令行与 LLVM 库的特定片段进行交互，从而更好地控制编译过程，它们是了解 LLVM 如何工作的绝佳方式。我们还展示了 LLVM 中使用的几种 C++ 编码风格，并解释了应该如何对待 LLVM 代码文档，以及如何通过社区寻求帮助。

在下一章中，我们将详细介绍 Clang 前端的实现及其库文件。

前 端

在生成指定的机器码之前，编译器的前端负责将源代码转换为编译器的中间表示。由于不同的编程语言具有不同的语法和语义范畴，前端通常要么处理一种语言，要么处理一组相似的语言。就 Clang 而言，它可以处理 C、C++ 和 Objective-C 源代码。

本章介绍以下主题：

- 如何将程序与 Clang 库链接和使用 libclang
- Clang 诊断和 Clang 前端阶段
- 用 libclang 的例子进行词法、语法和语义分析
- 如何使用 C++ Clang 库编写一个简化的编译器驱动程序

4.1 Clang 简介

Clang 项目是 LLVM 官方框架中最为人熟知的编译器前端，可以支持 C、C++ 和 Objective-C 编程语言。读者可以通过网址 **http://clang.llvm.org** 访问 Clang 的官方网站，本书的第 1 章介绍了 Clang 的配置、构建和安装。

与 LLVM 这一名称有多重含义并会引起混淆相似，Clang 也可能意指三种不同实体：

1. 前端（在 Clang 库中实现）。

2. 编译器驱动程序（在 clang 命令和 Clang 驱动程序库中实现）。

3. 实际的编译器（在 clang -cc1 命令中实现）。clang -cc1 中的编译器不仅是由 Clang 库实现的，而且还广泛使用其他 LLVM 库来实现编译器的中间部分、后端以及集成的汇编器。

在本章中，我们主要关注 Clang 库和 LLVM 的 C 系列前端。为了更好地理解驱动程序和编译器的工作原理，我们首先分析 clang 编译器驱动程序的命令行调用：

```
$ clang hello.c -o hello
```

在解析命令行参数之后，Clang 驱动程序通过使用 -cc1 选项来生成另一个自身实例，以调用其内部编译器。通过在编译器驱动程序中使用 -Xclang<option>，可以将特定的参数传递给该命令行工具。该工具与驱动程序不同，它与 GCC 命令行的调用接口区别较大。例如，clang -cc1 工具有一个特殊的选项，可打印 Clang 抽象语法树（AST）。可以使用以下命令激活该选项：

```
$ clang -Xclang -ast-dump hello.c
```

也可以直接调用 clang -cc1，而不是驱动程序：

```
$ clang -cc1 -ast-dump hello.c
```

这里需要指出的是，编译器驱动程序的任务之一是用所有必要的参数来初始化编译器的调用。使用 −### 标志来运行驱动程序可以看见它用哪些参数调用 clang −cc1 编译器。例如，如果手动调用 clang −cc1，还需要通过 −I 标志来提供所有系统头文件位置。

4.1.1　前端操作

clang −cc1 工具的一个重要特点（也是其容易被混淆的地方）是它不仅实现了编译器的前端，而且还通过 LLVM 库实例化所有其他 LLVM 组件，以执行 LLVM 支持的所有编译功能。因此，可以说 clang −cc1 几乎实现了完整的编译器。

通常在编译目标是 x86 机器码时，clang −cc1 会在生成目标文件（.o 文件）后停止工作，因为 LLVM 链接器仍处于实验阶段，未被集成。在生成目标文件后，控制权被交还给编译器驱动程序，由其调用外部工具来链接整个项目。

使用 −### 标志可以显示由 Clang 驱动程序调用的程序列表，如下所示：

```
$ clang hello.c -###
clang version 3.4 (tags/RELEASE_34/final 211335)
Target: i386-pc-linux-gnu
Thread model: posix
 "clang" "-cc1" (...parameters) "hello.c" "-o" "/tmp/hello-dddafc1.o"
 "/usr/bin/ld" (...parameters) "/tmp/hello-ddafc1.o" "-o" "hello"
```

我们省略了驱动程序使用的完整参数列表。第一行显示 clang −cc1 从 C 源文件到目标代码的编译和导出过程，最后一行表明 Clang 仍然依赖于系统的链接器来完成编译过程。

在内部，对 clang −cc1 的每个调用都由一个相应的主前端操作来控制。完整的操作集定义在源文件 include/clang/Frontend/FrontendOptions.h 中。表 4-1 包含几个例子，描述了 clang −cc1 工具可能执行的各种任务。

表 4-1　操作及说明

操作	说明	操作	说明
ASTView	解析 AST 并在 Graphviz 中查看	FixIt	解析任何 Fixit 并应用于源码
EmitBC	产生 LLVM 位码 .bc 文件	PluginAction	运行一个插件操作
EmitObj	产生特定于目标的 .o 文件	RunAnalysis	运行一个或多个源码分析

选项 −cc1 会触发 cc1_main 函数的执行（要了解详细信息，可查看源码：tools/driver/cc1_main.cpp）。例如，当通过 clang hello.c -o hello 来间接调用 −cc1 时，此函数会初始化指定的目标机器码的信息，并设置其诊断基础设施，还会执行 EmitObj 操作。该操作是在 FrontendAction 的一个子类 CodeGenAction 中实现的。该代码将实例化所有 Clang 和 LLVM 组件，并协调指挥这些组件构建目标文件。

不同前端操作的存在使 Clang 除了可以执行整个编译过程之外，还可以执行诸如静态分析之类的其他编译阶段。通过 −target 命令行参数，可以为 clang 指定编译目标，根据不同的编译目标，`clang` 加载不同的 `ToolChain` 对象，并执行和编译目标对应的前端操作，使用相应的外部工具完成编译过程。例如，某个目标机器码可以使用 GNU 汇编器和 GNU 链接器完成编译，而另一个可以使用 LLVM 集成汇编器和 GNU 链接器。关于 Clang 对目标使用哪些外部工具，如果读者有疑问，可以随时使用 `-###` 来打印驱动程序命令。我们将在第 8 章讨论有关不同目标的更多内容。

4.1.2　库

从这里开始，我们主要阐述作为编译器前端的 Clang 中所包含的一系列库，暂时忽略其作为驱动程序和编译器应用程序的部分。在这个意义上，Clang 被设计成由几个库组成的模块化结构。`libclang`（http://clang.llvm.org/doxygen/group_CINDEX.html）是提供给外部 Clang 用户的最重要的接口之一，它通过 C API 提供强大的前端功能。它包括几个 Clang 库，这些库也可以单独使用并一起链接到用户自己的项目中。

与本章最相关的库的列表如下：

- `libclangLex`：该库用于预处理和词法分析，处理宏、令牌和 pragma 构造。
- `libclangAST`：该库为构建、操作和遍历抽象语法树（AST）增加了其他功能。
- `libclangParse`：该库用于使用词法分析阶段的结果进行逻辑解析。
- `libclangSema`：该库用于语义分析，语义分析为 AST 验证提供操作。
- `libclangCodeGen`：该库使用编译目标的信息来生成 LLVM IR 代码。
- `libclangAnalysis`：该库包含用于静态分析的资源。
- `libclangRewrite`：该库用于支持代码重写，并为构建代码重构工具提供基础架构（第 10 章将提供更多细节）。
- `libclangBasic`：该库提供一组实用程序，包括内存分配抽象、源代码位置和诊断等。

使用 libclang

本章将通篇介绍 Clang 前端的各个部分，并使用 `libclang` C 接口给出示例。即使它不是能直接访问 Clang 内部类的 C++ API，但它的一大优点是其稳定性。由于许多用户依赖该 API，Clang 团队在设计时考虑到了与之前版本的向后兼容性。但是，除了使用该 C 接口，用户还可以随时使用常规 C++ LLVM 接口，就像在第 3 章的示例中使用常规 C++ LLVM 接口读取位码函数名称一样。

在你的 LLVM 安装文件夹中，需要检查在 `include` 子目录下是否有 `clang-c` 子文件夹，这是 `libclang` C 头文件所在的位置。在运行本章的例子之前，需要包含 `Index.h` 头文件（Clang C 接口的主入口点）。最初，开发人员创建这个接口是为了帮助诸如 Xcode 这样的集成开发环境实现 C 源文件导航、代码快速修复、代码完成和索引等功能，这也是主头文件命名为 `Index.h` 的原因。我们还将在本章最后说明如何使用 Clang 与 C++ 接口。

在第 3 章的示例中，我们使用 `llvm-config` 来构建 LLVM 库列表。与该示例不同，Clang 库没有类似的工具。读者可以将第 3 章中的 `Makefile` 更改为以下列表来链接到

libclang。与上一章相同，请记住手动插入制表符，以确保 Makefile 正常工作。这是一个通用的 Makefile 例子，因此请注意 llvm-config --libs 的调用未使用任何参数，这将返回完整的 LLVM 库列表。

```
LLVM_CONFIG?=llvm-config

ifndef VERBOSE
QUIET:=@
endif

SRC_DIR?=$(PWD)
LDFLAGS+=$(shell $(LLVM_CONFIG) --ldflags)
COMMON_FLAGS=-Wall -Wextra
CXXFLAGS+=$(COMMON_FLAGS) $(shell $(LLVM_CONFIG) --cxxflags)
CPPFLAGS+=$(shell $(LLVM_CONFIG) --cppflags) -I$(SRC_DIR)

CLANGLIBS = \
  -Wl,--start-group\
  -lclang\
  -lclangFrontend\
  -lclangDriver\
  -lclangSerialization\
  -lclangParse\
  -lclangSema\
  -lclangAnalysis\
  -lclangEdit\
  -lclangAST\
  -lclangLex\
  -lclangBasic\
  -Wl,--end-group
LLVMLIBS=$(shell $(LLVM_CONFIG) --libs)

PROJECT=myproject
PROJECT_OBJECTS=project.o

default: $(PROJECT)

%.o : $(SRC_DIR)/%.cpp
	@echo Compiling $*.cpp
	$(QUIET)$(CXX) -c $(CPPFLAGS) $(CXXFLAGS) $<

$(PROJECT) : $(PROJECT_OBJECTS)
	@echo Linking $@
	$(QUIET)$(CXX) -o $@ $(CXXFLAGS) $(LDFLAGS) $^ $(CLANGLIBS)
$(LLVMLIBS)

clean::
	$(QUIET)rm -f $(PROJECT) $(PROJECT_OBJECTS)
```

如果你正在使用动态库并将 LLVM 安装在非默认位置，请记住，除了配置 PATH 环境变量之外，动态链接器和加载程序还需要知道 LLVM 共享库的安装位置。否则，当运行项目时，如果项目存在共享链接库，它将找不到所请求的共享链接库。

请以下列方式配置库路径：

```
$ export
  LD_LIBRARY_PATH=$(LD_LIBRARY_PATH):/your/llvm/installation/lib
```

请用你的 LLVM 完整安装路径替代这里的 `/your/llvm/installation/lib`。

4.1.3　理解 Clang 诊断

诊断是编译器与其用户交互的重要部分。诊断是编译器向用户发出的信息，以指示错误、警告或建议。Clang 有非常好的编译诊断功能，能打印可读性很好的 C++ 错误报告。在其内部，Clang 按照种类来划分诊断信息：每个不同的前端阶段有不同的种类及其对应的诊断集。例如，在 `include/clang/Basic/DiagnosticParseKinds.td` 文件中，Clang 定义了解析阶段的相关诊断信息。

Clang 还根据问题的严重性对诊断进行分类，分为五类：`NOTE`、`WARNING`、`EXTENSION`、`EXTWARN` 和 `ERROR`。这些不同的严重性通过枚举类型 `Diagnostic::Level` 来表示。

通过在文件 `include/clang/Basic/Diagnostic*Kinds.td` 中添加新的 TableGen 定义，并增加用于检查对应的触发条件的代码，可以引入新的诊断。LLVM 源代码中所有 `.td` 文件都是使用 TableGen 语言编写的。

在 LLVM 的编译系统中，有些编译工作是机械重复的，因此 LLVM 使用 TableGen 这一工具为这些机械重复工作自动生成 C++ 代码。该工具的想法来源于 LLVM 后端，因为 LLVM 后端有大量可以基于对编译目标机器的描述而生成的代码，现在该想法被用到整个 LLVM 项目中。TableGen 的设计目的在于通过记录这一直观的数据结构来表示信息。例如，`DiagnosticParseKinds.td` 文件包含用于表示诊断信息的记录的定义：

```
def err_invalid_sign_spec : Error<"'%0'
  cannot be signed or unsigned">;
def err_invalid_short_spec : Error<"'short %0' is invalid">;
```

在此示例中，`def` 是用于定义新记录的 TableGen 关键字。在这些记录结构中，哪些字段是必需的完全取决于所使用的 TableGen 后端，并且一种生成文件的类型对应一个特定的后端。TableGen 的输出始终是一个 `.inc` 文件，该文件可以作为头文件加入其他 LLVM 源文件中。在上述例子中，TableGen 需要生成 `DiagnosticsParseKinds.inc` 文件，并通过宏定义来解释每个诊断。

`err_invalid_sign_spec` 和 `err_invalid_short_spec` 是记录标识符，而 `Error` 是一个 TableGen 类。请注意，这里的语义与 C++ 略有不同，也不一一对应于 C++ 实体。与 C++ 不同，每个 TableGen 类都是一个记录模板，用于定义其他记录可以继承的信息字段。然而，与 C++ 一样，TableGen 也有类的层次结构。

类似于模板的语法用于基于 `Error` 类指定这些定义的参数，该 `Error` 类接收单个字符串作为参数。从该类派生的所有定义都是类型为 ERROR 的诊断信息，并且该特定信息被编码在类参数中，例如 `"'short %0' is invalid"`。虽然 TableGen 的语法非常简单，但由于 TableGen 条目中编码的信息量很大，可能会让读者感到困惑。如果理解有困难，请参考 `http://llvm.org/docs/TableGen/LangRef.html`。

读取 Clang 诊断信息

这里我们提供一个 C++ 示例，它使用 libclang C 接口读取和转储 Clang 在读取给定源文件时产生的所有诊断信息。

```cpp
extern "C" {
#include "clang-c/Index.h"
}
#include "llvm/Support/CommandLine.h"
#include <iostream>

using namespace llvm;

static cl::opt<std::string>
FileName(cl::Positional, cl::desc("Input file"), cl::Required);

int main(int argc, char** argv)
{
  cl::ParseCommandLineOptions(argc, argv, "Diagnostics Example");
  CXindex index = clang_createIndex(0, 0);
  const char *args[] = {
    "-I/usr/include",
    "-I."
  };
  CXTranslationUnit translationUnit = clang_parseTranslationUnit
    (index, FileName.c_str(), args, 2, NULL, 0,
    CXTranslationUnit_None);
  unsigned diagnosticCount = clang_getNumDiagnostics(translationUnit);
  for (unsigned i = 0; i < diagnosticCount; ++i) {
    CXDiagnostic diagnostic = clang_getDiagnostic(translationUnit, i);
    CXString category = clang_getDiagnosticCategoryText(diagnostic);
    CXString message = clang_getDiagnosticSpelling(diagnostic);
    unsigned severity = clang_getDiagnosticSeverity(diagnostic);
    CXSourceLocation loc = clang_getDiagnosticLocation(diagnostic);
    CXString fName;
    unsigned line = 0, col = 0;
    clang_getPresumedLocation(loc, &fName, &line, &col);
    std::cout << "Severity: " << severity << " File: "
            << clang_getCString(fName) << " Line: "
            << line << " Col: " << col << " Category: \""
            << clang_getCString(category) << "\" Message: "
            << clang_getCString(message) << std::endl;
    clang_disposeString(fName);
    clang_disposeString(message);
    clang_disposeString(category);
    clang_disposeDiagnostic(diagnostic);
  }
  clang_disposeTranslationUnit(translationUnit);
  clang_disposeIndex(index);
  return 0;
}
```

在将 libclang C 头文件包含进该 C++ 源代码之前，我们使用 extern "C" 环境来允许 C++ 编译器将该头文件编译为 C 代码。

我们重复使用上一章提到的 **cl** 命名空间来帮助解析程序的命令行参数。然后使用 **libclang** 接口中的几个函数（**http://clang.llvm.org/doxygen/group__CINDEX. html**）。

首先，我们通过调用 **clang_createIndex()** 函数创建一个索引（它是 **libclang** 使用的顶层上下文结构）。该索引接收两个整数编码的布尔值作为参数：如果要从**预编译头文件（PCH）**中排除声明，则第一个参数为真；如果要显示诊断，则第二个参数为真。因为我们想自己显示诊断信息，所以将两个参数都设为 **false**（**0**）。

接下来，我们要求 Clang 通过 **clang_parseTranslationUnit()**（参见 **http:// clang.llvm.org/doxygen/group__CINDEX__TRANSLATION__UNIT.html**）解析翻译单元。它接收要解析的源文件的名称作为参数（通过检索 **FileName** 全局变量）。此变量与用来启动工具的字符串参数相对应。此外，我们还需要指定用来指示 **include** 文件位置的两个参数，你可以自由调整这些参数以适应自己的系统。

> 要实现自己的 Clang 工具，最难的部分在于缺乏驱动程序的参数猜测能力，Clang 提供了足够的参数来处理系统中的源文件。但如果你正在创建一个 Clang 插件，那就不用担心了。要解决这个问题，可以使用第 10 章中讨论的编译命令数据库，该数据库给出了用于处理要分析的每个输入源文件的准确参数集。在这种情况下，我们可以使用 CMake 生成此数据库。但是，在本书的例子中，我们自己提供这些参数。

在解析所有信息，并将这些信息放进 **CXTranslationUnit** C 数据结构之后，我们将通过实现一个循环来遍历 Clang 生成的所有诊断信息，并将其转储到屏幕。为此，我们首先使用 **clang_getNumDiagnostics()** 来检索解析此文件时生成的诊断信息的数目，并确定循环的边界（参见 **http://clang.llvm.org/doxygen/group__CINDEX__DIAG. html**）。

之后，对于每一个循环迭代，我们用 **clang_getDiagnostic()** 检索当前的诊断，用 **clang_getDiagnosticCategoryText()** 检索描述此诊断类型的字符串，用 **clang_ getDiagnosticSpelling()** 检索要向用户展示的消息，用 **clang_getDiagnostic Location()** 检索诊断发生时准确的代码位置。我们还使用 **clang_getDiagnosticSeverity()** 来检索表示诊断严重性的各种情况（**NOTE**、**WARNING**、**EXTENSION**、**EXTWARN** 或 **ERROR**）。但为了简单起见，我们将其转换成无符号值，并将其打印为数字。

由于这是一个缺少 C++ 字符串类的 C 接口，当处理字符串时，函数通常会返回一个特殊的 **CXString** 对象，该对象需要调用 **clang_getCString()** 来访问内部 **char** 指针以便将其打印出来，之后用 **clang_disposeString()** 删除它。

请记住，你输入的源文件可能包括其他文件，这就需要诊断引擎同时记录除行和列之外的文件名。三重属性集（文件、行和列）允许你定位要引用代码的哪一部分。一个特殊的对象 **CXSourceLocation** 用来表示这个三重属性集。要将其转换为文件名、行和列号，必

须使用 `clang_getPresumedLocation()` 函数，并将 `CXString` 和 `int` 作为按引用传递的参数进行相应填充。

完成后，通过 `clang_disposeDiagnostic()`、`clang_disposeTranslationUnit()` 和 `clang_disposeIndex()` 删除对象。

下面让我们用 `hello.c` 文件测试一下：

```
int main() {
  printf("hello, world!\n")
}
```

这个 C 源文件有两个错误：缺少正确的头文件，缺少分号。下面我们构建自己的项目，并运行它来查看 Clang 将为我们提供哪些诊断信息：

```
$ make
$ ./myproject hello.c
Severity: 2 File: hello.c Line: 2 Col: 9 Category: "Semantic Issue"
Message: implicitly declaring library function 'printf' with type 'int
(const char *, ...)'
Severity: 3 File: hello.c Line: 2 Col: 24 Category: "Parse Issue"
Message: expected ';' after expression
```

我们看到这两条诊断信息是由前端的不同阶段产生的，涉及语义和解析（语法），我们将在下一节深入探讨每个阶段。

4.2 Clang 前端阶段介绍

要将源代码转换为 LLVM IR 位码，源代码必须经过几个中间步骤。图 4-1 说明了这些步骤，它们也是本节的主题。

图 4-1

4.2.1 词法分析

前端的第一个步骤负责处理源代码的文本输入，具体来说是将语言结构拆分成一组单词和记号，并删除诸如注释、空格和制表符之类的字符。每个单词或记号都必须是编程语言子集的一部分，并且保留关键字会被转换为内部编译器表示形式。保留关键字被定义在 `include/clang/Basic/TokenKinds.def` 中。例如，下面的 `TokenKinds.def` 摘录内容显示了 C/C++ 语言常用的 `while` 保留字和 `<` 符号的定义：

```
TOK(identifier)        // abcde123
// C++11 String Literals.
TOK(utf32_string_literal) // U"foo"
…
```

```
PUNCTUATOR(r_paren,             ")")
PUNCTUATOR(l_brace,             "{")
PUNCTUATOR(r_brace,             "}")
PUNCTUATOR(starequal,           "*=")
PUNCTUATOR(plus,                "+")
PUNCTUATOR(plusplus,            "++")
PUNCTUATOR(arrow,               "->")
PUNCTUATOR(minusminus,          "--")
PUNCTUATOR(less,                "<")
…
KEYWORD(float                   , KEYALL)
KEYWORD(goto                    , KEYALL)
KEYWORD(inline                  , KEYC99|KEYCXX|KEYGNU)
KEYWORD(int                     , KEYALL)
KEYWORD(return                  , KEYALL)
KEYWORD(short                   , KEYALL)
KEYWORD(while                   , KEYALL)
```

该文件上的定义会填充 tok 命名空间，这样，无论编译器何时需要在词法处理后检查保留字是否存在，都可以通过使用该命名空间来访问它们。例如，{、<、goto 和 while 构造被枚举元素 tok::l_brace、tok::less、tok::kw_goto 和 tok::kw_while 访问。

以下面 min.c 文件中的 C 代码为例：

```
int min(int a, int b) {
  if (a < b)
    return a;
  return b;
}
```

每个记号包含一个 SourceLocation 类的实例，用于表示程序源代码中的一个位置。请记住，虽然 C 使用对应的 CXSourceLocation，但二者都指的是相同的数据。我们可以使用以下 clang -cc1 命令行输出词法分析中的所有记号及其 SourceLocation 结果：

```
$ clang -cc1 -dump-tokens min.c
```

例如，前面加粗显示的 if 语句的输出结果为：

```
if 'if' [StartOfLine] [LeadingSpace] Loc=<min.c:2:3>
l_paren '(' [LeadingSpace] Loc=<min.c:2:6>
identifier 'a' Loc=<min.c:2:7>
less '<' [LeadingSpace] Loc=<min.c:2:9>
identifier 'b' [LeadingSpace] Loc=<min.c:2:11>
r_paren ')' Loc=<min.c:2:12>
return 'return' [StartOfLine] [LeadingSpace] Loc=<min.c:3:5>
identifier 'a' [LeadingSpace] Loc=<min.c:3:12>
semi ';' Loc=<min.c:3:13>
```

请注意，每个语言结构的前缀都是它的类型："）"的前缀是 r_paren，"<"的前缀是 less，不匹配保留字的字符串的前缀是 identifier，等等。

4.2.1.1 演示词法错误

下面以 lex-err.c 源代码为例：

```
int a = 08000;
```

上述代码的错误在于八进制常数的拼写错误：一个八进制常数不能超过七位数字，这会触发下述语法错误：

```
$ clang -c lex.c
lex.c:1:10: error: invalid digit '8' in octal constant
int a = 08000;
         ^
1 error generated.
```

现在，我们运行一个前在提到的相同例子：

```
$ ./myproject lex.c
Severity: 3 File: lex.c Line: 1 Col: 10 Category: "Lexical or
Preprocessor Issue" Message: invalid digit '8' in octal constant
```

可以看到，在这里我们的项目将它定义成一个词法问题，这正是我们所希望看到的。

4.2.1.2 编写使用词法分析器的 libclang 代码

下面展示的例子使用 libclang 中的 LLVM 词法分析器来产生源代码文件的前 60 个字符流对应的记号：

```
extern "C" {
#include "clang-c/Index.h"
}
#include "llvm/Support/CommandLine.h"
#include <iostream>

using namespace llvm;

static cl::opt<std::string>
FileName(cl::Positional ,cl::desc("Input file"),
        cl::Required);

int main(int argc, char** argv)
{
  cl::ParseCommandLineOptions(argc, argv, "My tokenizer\n");
  CXIndex index = clang_createIndex(0,0);
  const char *args[] = {
    "-I/usr/include",
    "-I."
  };
  CXTranslationUnit translationUnit = clang_
parseTranslationUnit(index, FileName.c_str(),
                                                         args,
2, NULL, 0, CXTranslationUnit_None);
  CXFile file = clang_getFile(translationUnit, FileName.c_str());
  CXSourceLocation loc_start = clang_getLocationForOffset
(translationUnit, file, 0);
  CXSourceLocation loc_end = clang_getLocationForOffset
(translationUnit, file, 60);
  CXSourceRange range = clang_getRange(loc_start, loc_end);
  unsigned numTokens = 0;
```

```
    CXToken *tokens = NULL;
    clang_tokenize (translationUnit, range, &tokens, &numTokens);
    for (unsigned i = 0; i < numTokens; ++i) {
      enum CXTokenKind kind = clang_getTokenKind(tokens[i]);
      CXString name = clang_getTokenSpelling(translationUnit,
tokens[i]);
      switch (kind) {
      case CXToken_Punctuation:
        std::cout << "PUNCTUATION(" << clang_getCString(name) << ") ";
        break;
      case CXToken_Keyword:
        std::cout << "KEYWORD(" << clang_getCString(name) << ") ";
        break;
      case CXToken_Identifier:
        std::cout << "IDENTIFIER(" << clang_getCString(name) << ") ";
        break;
      case CXToken_Literal:
        std::cout << "COMMENT(" << clang_getCString(name) << ") ";
        break;
      default:
        std::cout << "UNKNOWN(" << clang_getCString(name) << ") ";
        break;
      }
      clang_disposeString(name);
    }
    std::cout << std::endl;
    clang_disposeTokens (translationUnit, tokens, numTokens);
    clang_disposeTranslationUnit(translationUnit);
    return 0;
}
```

为了顺利构建上述代码，我们先用相同的样板代码初始化命令行参数，并调用上一个例子中的 **clang_createIndex()** 和 **clang_parseTranslationUnit()**。与之前例子的不同之处在于，这里我们不需要查询诊断信息，而是准备 **clang_tokenize()** 函数的参数，该函数将运行 Clang 词法分析器并为我们返回一个记号流。为此，我们必须构建一个 **CXSourceRange** 对象，来指定要运行词法分析器的源代码范围（起始地址和结束地址）。该对象可以由两个 **CXSourceLocation** 对象组成，分别对应起始地址和结束地址。我们可以使用 **clang_getLocationForOffset()** 创建它们，对于使用 **clang_getFile()** 获取的 **CXFile**，该方法将返回 **CXSourceLocation** 对象以表示其具体的偏移量。

要通过两个 **CXSourceLocation** 对象构建 **CXSourceRange** 对象，需要使用 **clang_getRange()** 函数。通过该函数，可以用两个通过引用传递的重要参数来调用 **clang_tokenize()**。两个参数分别为：一个是指向 **CXToken** 的指针，它将存储记号流；另一个是能够返回流中记号数量的无符号类型。根据这个数量，就可以构建一个循环结构，并遍历所有记号。

对于每个记号（token），我们通过 **clang_getTokenKind()** 获得它的种类，并通过 **clang_getTokenSpelling()** 获得与之对应的代码片段。然后，我们使用 **switch** 结构打印相应的文本信息，文本信息取决于记号种类以及与该记号对应的代码片段。你可以在下面的示例中看到结果。

我们在项目中使用以下代码作为输入：

```c
#include <stdio.h>
int main() {
  printf("hello, world!");
}
```

运行我们的记号分析器后，可以得到以下输出：

```
PUNCTUATION(#) IDENTIFIER(include) PUNCTUATION(<) IDENTIFIER(stdio)
  PUNCTUATION(.) IDENTIFIER(h) PUNCTUATION(>) KEYWORD(int)
  IDENTIFIER(main) PUNCTUATION(() PUNCTUATION()) PUNCTUATION({)
  IDENTIFIER(printf) PUNCTUATION(() COMMENT("hello, world!")
  PUNCTUATION()) PUNCTUATION(;) PUNCTUATION(})
```

4.2.1.3 预处理

C/C++ 预处理器在进行任何语义分析之前使用，负责通过处理以 # 开头的预处理指令来扩展宏，或包括头文件，或者跳过部分代码。预处理器与词法分析器紧密相关，并连续相互作用。因为它在前端早期工作，并且在语义分析尝试提取代码含义之前发生，所以可以使用宏来做一些有趣的事，比如用宏扩展来改变函数声明。请注意，这也允许我们对编程语言语法做很大的改进。如果你愿意，甚至可以像图 4-2 这样编码。

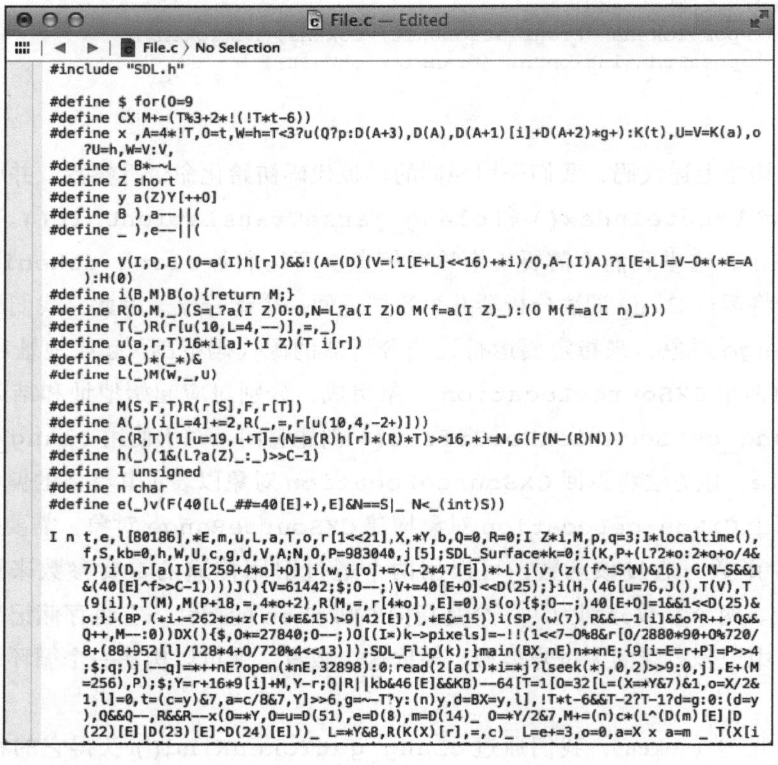

图　4-2

这是第 22 届国际模糊 C 代码大赛（IOCCC）获奖者之一 Adrian Cable 的代码，这里我们依据 Creative Commons Attribution-ShareAlike 3.0 许可证复制参赛者的源代码。该段代码实现了一个 8086 模拟器。如果想了解如何解析此代码，请阅读 10.3.3 节。要扩展宏，还可以使用 **-E** 选项来运行编译器驱动程序，使用该选项将只运行预处理器然后中断编译，不执行进一步的分析。

预处理器允许将源代码转换为无法理解的文本，这其实也是在警告我们要谨慎地使用宏。除此之外，词法分析器会对记号流做预处理，以处理诸如宏和编译指示（pragma）之类的预处理指令。预处理器使用一个符号表来存放定义的宏，一旦宏被实例化，保存在符号表中的记号将替换当前记号。

如果安装了 Clang 外部工具（见第 2 章），则可以在命令提示符下运行 **pp-trace**。这个工具可以显示预处理器的活动。

以下面 **pp.c** 为例：

```
#define EXIT_SUCCESS 0
int main() {
  return EXIT_SUCCESS;
}
```

如果使用 **-E** 选项运行编译器驱动程序，将看到以下输出：

```
$ clang -E pp.c -o pp2.c && cat pp2.c
...
int main() {
  return 0;
}
```

如果运行 **pp-trace** 工具，将看到以下输出：

```
$ pp-trace pp.c
...
- Callback: MacroDefined
  MacroNameTok: EXIT_SUCCESS
  MacroDirective: MD_Define
- Callback: MacroExpands
  MacroNameTok: EXIT_SUCCESS
  MacroDirective: MD_Define
  Range: ["/examples/pp.c:3:10", "/examples/pp.c:3:10"]
  Args: (null)
- Callback: EndOfMainFile
```

在开始预处理实际文件之前，我们省略了 **pp-trace** 转储的内置宏的长列表。实际上，如果你想知道编译器驱动程序在构建源程序时默认定义了哪些宏，该列表是非常有用的。**pp-trace** 工具是通过重写预处理器回调函数来实现的，这意味着，你可以在你的工具中实现每次预处理程序运行时都会调用的功能。

在我们的例子中，它执行了两次操作：读取 **EXIT_SUCCESS** 宏定义，然后在第 3 行中展开它。如果实现了 **MacroDefined** 回调，**pp-trace** 工具还会打印出你的工具将接收的参数。该工具很小，如果你希望实现预处理器回调，第一步最好是阅读它的源代码。

4.2.2 语法分析

在词法分析把源代码解析成记号之后，编译器会进行语法分析，并将记号组合在一起形成表达式、语句和函数体等。语法分析负责根据一组记号的代码布局决定把它们组合在一起是否合理。但是这个过程不涉及代码的含义分析，就如同英文中的语法分析只关心句子的结构是否正确，并不关心句子的含义。这种分析过程也称为解析，它的输入为一个记号流，输出为抽象语法树（AST）。

4.2.2.1 了解 Clang AST 节点

AST 节点表示声明、语句或类型。因此，有三个核心类来表示 AST 节点：`Decl`、`Stmt` 和 `Type`。在 Clang 中，每个 C 或 C++ 语言结构由 C++ 类表示，该类必须从这些核心类继承而来。图 4-3 展示了该类层次结构的一部分。在这个例子中，`IfStmt` 类（表示一个完整的 `if` 语句体）直接继承 `Stmt` 类。另一方面，`FunctionDecl` 和 `VarDecl` 类（用于保存函数和变量的声明或定义）从多个类继承，并且只能间接地到达 `Decl` 类。

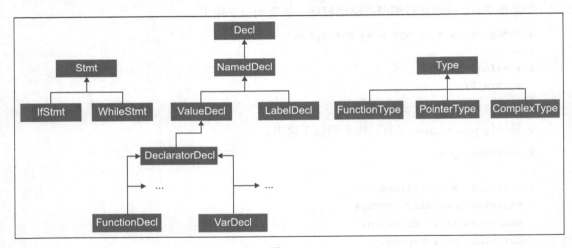

图　4-3

读者可以通过每个类的 Doxygen 页面查看完整的图表。例如对于 `Stmt` 类，其 Doxygen 页面位于 `http://clang.llvm.org/doxygen/classclang_1_1Stmt.html`，读者可以点击子类来找到它们的直接派生类。

抽象语法树中最顶层的节点是 `TranslationUnitDecl` 类。它是所有其他 AST 节点的根，代表整个翻译单元。以 4.2.1 节的 `min.c` 源代码为例，这里我们使用 `-ast-dump` 开关来打印其 AST 节点：

```
$ clang -fsyntax-only -Xclang -ast-dump min.c
TranslationUnitDecl …
|-TypedefDecl … __int128_t '__int128'
```

```
|-TypedefDecl … __uint128_t 'unsigned __int128'
|-TypedefDecl … __builtin_va_list '__va_list_tag [1]'
`-FunctionDecl … <min.c:1:1, line:5:1> min 'int (int, int)'
  |-ParmVarDecl … <line:1:7, col:11> a 'int'
  |-ParmVarDecl … <col:14, col:18> b 'int'
  `-CompoundStmt … <col:21, line:5:1>
...
```

注意最顶层的翻译单元声明 `TranslationUnitDecl` 以及由 `FunctionDecl` 表示的 min 函数声明。`CompoundStmt` 声明包含其他语句和表达式，使用以下命令可以查看如图 4-4 所示的 min.c 的函数体 AST 视图：

```
$ clang -fsyntax-only -Xclang -ast-view min.c
```

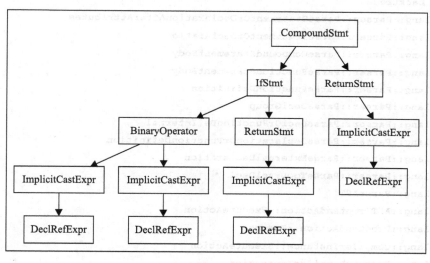

图　4-4

其中，`CompoundStmt` 类对应的 AST 节点包含 if 和 return 语句，分别由 `IfStmt` 类和 `ReturnStmt` 类表示。每次使用 a 和 b 都会生成一个 C 语言标准要求的 int 类型的 `Implicit CastExpr` 表达式。

`ASTContext` 类包含翻译单元的完整 AST。可以通过 `ASTContext::getTranslationUnitDecl()` 接口获得顶层的 `TranslationUnitDecl` 实例，通过它可以访问 AST 中的任意节点。

4.2.2.2　通过调试器了解解析器操作

LLVM 的解析器将处理和消费在词法分析阶段生成的记号集，在此过程中，一旦一组必需的记号聚合在一起，就会生成一个相应的 AST 节点。例如，每当解析器找到记号 `tok::kw_if` 时，就会调用 `ParseIfStatement` 函数，并消费 if 体中的所有记号，同时为它们生成所有必需的 AST 子节点和 `IfStmt` 根节点。请参阅 `lib/Parse/ParseStmt.cpp`（第 212 行）文件中的代码段，如下所示：

```
…
    case tok::kw_if: // C99 6.8.4.1: if-statement
      return ParseIfStatement(TrailingElseLoc);
    case tok::kw_switch:  // C99 6.8.4.2: switch-statement
      return ParseSwitchStatement(TrailingElseLoc);
…
```

通过从调试器 gdb 转储该函数调用的 backtrace，可以更好地了解 Clang 如何在 min.c 中到达 ParseIfStatement 方法：

```
$ gdb clang
$ b ParseStmt.cpp:213
$ r -cc1 -fsyntax-only min.c
...
213        return ParseIfStatement(TrailingElseLoc);
(gdb) backtrace
#0  clang::Parser::ParseStatementOrDeclarationAfterAttributes
#1  clang::Parser::ParseStatementOrDeclaration
#2  clang::Parser::ParseCompoundStatementBody
#3  clang::Parser::ParseFunctionStatementBody
#4  clang::Parser::ParseFunctionDefinition
#5  clang::Parser::ParseDeclGroup
#6  clang::Parser::ParseDeclOrFunctionDefInternal
#7  clang::Parser::ParseDeclarationOrFunctionDefinition
#8  clang::Parser::ParseExternalDeclaration
#9  clang::Parser::ParseTopLevelDecl
#10 clang::ParseAST
#11 clang::ASTFrontendAction::ExecuteAction
#12 clang::FrontendAction::Execute
#13 clang::CompilerInstance::ExecuteAction
#14 clang::ExecuteCompilerInvocation
#15 cc1_main
#16 main
```

解析器首先执行 ParseAST() 函数，通过 Parser::ParseTopLevelDecl() 读取顶层声明，再开始该翻译单元的解析。然后，解析器处理所有后续的 AST 节点并消费相关联的记号，这个过程中也负责将每个新的 AST 节点链接到其父 AST 节点。当所有记号消费完后，LLVM 的执行流程返回到 ParseAST() 中。之后，解析器的使用者可以从顶层的 TranslationUnitDecl 访问所有 AST 节点。

4.2.2.3 解析器错误实例

以 parse.c 中的以下 for 语句为例：

```
void func() {
  int n;
  for (n = 0 n < 10; n++);
}
```

代码中的错误在于 n=0 之后缺少一个分号。下面是编译时 Clang 输出的诊断信息：

```
$ clang -c parse.c
parse.c:3:14: error: expected ';' in 'for' statement specifier
  for (n = 0 n < 10; n++);
             ^
1 error generated.
```

现在来运行我们的诊断项目：

```
$ ./myproject parse.c
Severity: 3 File: parse.c Line: 3 Col: 14 Category: "Parse Issue"
Message: expected ';' in 'for' statement specifier
```

由于本示例中的所有记号都是正确的，所以词法分析可以成功完成，不会产生诊断信息。然而，在将记号分组到一起来查看它们在构建 AST 时是否有意义时，解析器注意到 for 结构缺少分号。在这种情况下，我们的诊断类别是"Parse Issue"（解析问题）。

4.2.2.4　编写遍历 Clang AST 的代码

libclang 接口允许通过一个指向当前 AST 的某个节点的游标对象来遍历 Clang AST。使用 clang_getTranslationUnitCursor() 函数可以获得最顶层的游标。

在本示例中，我们将编写一个工具来输出 C 或 C++ 源文件中包含的所有 C 函数或 C++ 方法的名称：

```cpp
extern "C" {
#include "clang-c/Index.h"
}
#include "llvm/Support/CommandLine.h"
#include <iostream>

using namespace llvm;
static cl::opt<std::string>
FileName(cl::Positional, cl::desc("Input file"), cl::Required);

enum CXChildVisitResult visitNode (CXCursor cursor, CXCursor parent,
                                   CXClientData client_data) {
  if (clang_getCursorKind(cursor) == CXCursor_CXXMethod ||
      clang_getCursorKind(cursor) == CXCursor_FunctionDecl) {
    CXString name = clang_getCursorSpelling(cursor);
    CXSourceLocation loc = clang_getCursorLocation(cursor);
    CXString fName;
    unsigned line = 0, col = 0;
    clang_getPresumedLocation(loc, &fName, &line, &col);
    std::cout << clang_getCString(fname) << ":"
              << line << ":"<< col << " declares "
              << clang_getCString(name) << std::endl;
    return CXChildVisit_Continue;
  }
  return CXChildVisit_Recurse;
}

int main(int argc, char** argv)
{
  cl::ParseCommandLineOptions(argc, argv, "AST Traversal Example");
```

```
CXindex index = clang_createIndex(0, 0);
const char *args[] = {
  "-I/usr/include",
  "-I."
};
CXTranslationUnit translationUnit = clang_parseTranslationUnit
  (index, FileName.c_str(), args, 2, NULL, 0,
  CXTranslationUnit_None);
CXCursor cur = clang_getTranslationUnitCursor(translationUnit);
clang_visitChildren(cur, visitNode, NULL);
clang_disposeTranslationUnit(translationUnit);
clang_disposeIndex(index);
return 0;
}
```

这个例子中最重要的函数是 **clang_visitChildren()**，它以递归的方式访问其参数游标的所有子节点，并在每次访问时调用一个回调函数。我们通过定义这个回调函数来开始我们的代码，并把它命名为 **visitNode()**。此函数必须返回一个 **CXChildVisitResult** 枚举的成员值，该值只有三种可能：

- 当我们想要 **clang_visitChildren()** 通过访问当前所在节点的子节点来继续其 AST 遍历时，返回 **CXChildVisit_Recurse**。
- 当我们希望它跳过当前所在节点的子节点继续访问时，返回 **CXChildVisit_ Continue**。
- 当我们不希望 **clang_visitChildren()** 再访问更多的节点时，返回 **CXChildVisit_Break**。

我们定义的回调函数接收三个参数：代表当前正在访问的 AST 节点的游标；代表该节点的父节点的游标；一个 **CXClientData** 对象，它是对 void 指针的 **typedef** 定义。该指针允许传递我们希望跨回调调用维护其状态的任何数据结构，这对用户构造自己的分析非常有用。

> 虽然此代码结构可用于代码分析，但如果需要采用诸如**控制流图（CFG）**这样的更为复杂的结构，则不要使用游标或 **libclang**，而应使用 Clang 插件实现该代码分析，该插件可以直接使用 Clang C++ API 从 AST 创建 CFG（参见 http://clang. llvm.org/docs/ClangPlugins.html 和 CFG::buildCFG 方法）。通常，从 AST 进行代码分析比使用 CFG 进行分析更为困难。还可以阅读第 9 章，它解释了如何构建强大的 Clang 静态分析。

我们的示例忽略了 client_data 和 parent 参数，只是通过 clang_getCursorKind() 函数简单地询问当前的游标是指向 C 函数声明（**CXCursor__FunctionDecl**），还是指向 C++ 方法（**CXCursor_CXXMethod**）。如果确定正在访问正确的游标，则使用两个函数从游标提取信息：用 **clang_getCursorSpelling()** 函数获取与此 AST 节点对应的代码片段，用 **clang_getCursorLocation()** 函数获取与之关联的 **CXSourceLocation**

对象。之后，使用实现诊断项目时所使用的相似方式打印信息，并且在函数最后返回 **CXChildVisit_Continue**。这样选择的原因是我们确定没有嵌套的函数声明，因此通过访问这个游标的子游标来继续遍历是没有意义的。

如果该游标不是我们期望的，只需简单地通过返回 **CXChildVisit_Recurse** 来继续执行 AST 递归遍历。

在实现 **visitNode** 回调函数之后，剩下的代码就变得简单了。我们使用初始样板代码来解析命令行参数，并解析输入文件。之后，用最顶层游标和回调函数调用 **visitChildren()**。最后一个参数是不会用到的客户端数据，设置为 NULL。

我们将在以下输入文件中运行此项目：

```
#include <stdio.h>
int main() {
  printf("hello, world!");
}
```

输出结果为：

```
$ ./myproject hello.c
hello.c:2:5 declares main
```

该项目还会打印声明函数的 **stdio.h** 头文件中的每一行信息，该信息数量巨大，但为了简洁起见，我们在这里省略了。

4.2.2.5　使用预编译头文件序列化 AST

可以将 Clang AST 序列化并保存在以 PCH 为扩展名的文件中。此功能可以避免重复处理不同项目源文件中的相同头文件，从而加快编译速度。当选择使用 PCH 文件时，所有头文件都预编译为单个 PCH 文件，并且在编译翻译单元时，预编译头文件中的信息会被惰性获取（即只有在用到时才获取）。

例如，为了生成 C 语言的 PCH 文件，应该使用与 GCC 中用于生成预编译头文件相同的语法，即使用 **-x c-header** 标志，如下所示：

```
$ clang -x c-header myheader.h -o myheader.h.pch
```

要使用新的 PCH 文件，应该这样使用 **-include** 标志：

```
$ clang -include myheader.h myproject.c -o myproject
```

4.2.3　语义分析

语义分析借助于符号表来确保代码是否违反编程语言的类型系统。该表主要存储了标识符（符号）与其各自类型之间的映射。一种直观的类型检查方法是在解析之后执行它，具体做法是在从符号表中收集有关类型的信息的同时遍历 AST。

但是 Clang 并不采取这种方法。相反，它在生成 AST 节点的同时执行类型检查。让我们回到 **min.c** 解析示例。在那种情况下，**ParseIfStatement** 函数调用语义动作 **ActOnIfStmt** 来执行 **if** 语句的语义检查，从而相应地发送诊断信息。

在 `lib/Parse/ParseStmt.cpp` 的第 1082 行中，可以观察到控制权的转移以允许语义分析发生：

```
…
return Actions.ActOnIfStmt(IfLoc, FullCondExp, …);
…
```

为了辅助执行语义分析，`DeclContext` 基类包含每个作用域的第一个到最后一个 `Decl` 节点的引用。这就简化了语义分析，因为若要执行名称引用的符号查找，并检查符号类型和符号是否实际存在，语义分析引擎可以通过查看从 `DeclContext` 派生的 AST 节点来查找符号声明。像这样的 AST 节点示例有 `TranslationUnitDecl`、`FunctionDecl` 和 `LabelDecl`。

针对 `min.c` 示例，可以使用 Clang 输出声明的上下文，如下所示：

```
$ clang -fsyntax-only -Xclang -print-decl-contexts min.c
[translation unit] 0x7faf320288f0
        <typedef> __int128_t
        <typedef> __uint128_t
        <typedef> __builtin_va_list
        [function] f(a, b)
                <parameter> a
                <parameter> b
```

请注意，只有在 `TranslationUnitDecl` 和 `FunctionDecl` 内部的声明才会显示在结果上，因为只有它们是从 `DeclContext` 派生的节点。

语义错误实例

以下 `sema.c` 文件包含使用标识符 a 的两个定义：

```
int a[4];
int a[5];
```

之所以上面的代码有错误，是因为两个不同的变量使用了相同的名称。语义分析必须检查到这样的错误，而 Clang 会以如下方式报告该问题：

```
$ clang -c sema.c
sema.c:3:5: error: redefinition of 'a' with a different type
int a[5];
    ^
sema.c:2:5: note: previous definition is here
int a[4];
    ^
1 error generated.
```

如果运行诊断项目，会得到以下输出：

```
$ ./myproject sema.c
Severity: 3 File: sema.c Line: 2 Col: 5 Category: "Semantic Issue"
Message: redefinition of 'a' with a different type: 'int [5]' vs 'int
[4]'
```

4.2.4　生成 LLVM IR 代码

在进行组合的解析和语义分析之后，`ParseAST` 函数调用 `HandleTranslationUnit` 方法来触发有兴趣消费最终 AST 的任何客户端。如果编译器驱动程序使用 `CodeGenAction` 前端动作，则该客户端将是 `BackendConsumer`，它将遍历 AST，同时生成 LLVM IR 代码，该代码能实现与树中所表示的代码完全相同的行为。翻译为 LLVM IR 的过程是从顶层声明 `TranslationUnitDecl` 开始的。

如果继续使用之前的 `min.c` 示例，编译器将通过函数 `EmitIfStmt` 把 `lib/CodeGen/CGStmt.cpp`（第 130 行）中的 `if` 语句转换为 LLVM IR。通过调试器 `backtrace`，可以看到从 `ParseAST` 函数到 `EmitIfStmt` 的调用路径：

```
$ gdb clang
(gdb) b CGStmt.cpp:130
(gdb) r -cc1 -emit-obj min.c
...
130   case Stmt::IfStmtClass: EmitIfStmt(cast<IfStmt>(*S));
break;
(gdb) backtrace
#0  clang::CodeGen::CodeGenFunction::EmitStmt
#1  clang::CodeGen::CodeGenFunction::EmitCompoundStmtWithoutScope
#2  clang::CodeGen::CodeGenFunction::EmitFunctionBody
#3  clang::CodeGen::CodeGenFunction::GenerateCode
#4  clang::CodeGen::CodeGenModule::EmitGlobalFunctionDefinition
#5  clang::CodeGen::CodeGenModule::EmitGlobalDefinition
#6  clang::CodeGen::CodeGenModule::EmitGlobal
#7  clang::CodeGen::CodeGenModule::EmitTopLevelDecl
#8  (anonymous namespace)::CodeGeneratorImpl::HandleTopLevelDecl
#9  clang::BackendConsumer::HandleTopLevelDecl
#10 clang::ParseAST
```

随着代码被翻译成 LLVM IR，我们完成了前端步骤。如果继续执行常规流程，将使用 LLVM IR 来优化 LLVM IR 代码，并且后端开始生成目标代码。如果你想为自己的语言实现一个前端，可以阅读 Kaleidoscope 前端教程：`http://llvm.org/docs/tutorial`。在下一节中，我们将介绍如何编写一个简化的 Clang 驱动程序，该驱动程序将前面讨论过前端阶段合并在一起。

4.3　完整的例子

我们将借助本节的例子向你介绍 Clang C++ 接口，而不再依赖 `libclang` 库的 C 接口。通过使用内部 Clang C++ 类，我们将创建一个程序，将词法分析器、解析器和语义分析应用于输入源文件，因此，我们将有机会做一个简单的 `FrontendAction` 对象所做的工作。读者可以继续使用本章开头介绍的 Makefile。但是，我们建议关闭编译器标志 `-Wall-Wextra`，因为它将为 Clang 头文件生成与未使用的参数相关的大量警告。

此示例的源代码如下所示：

```
#include "llvm/ADT/IntrusiveRefCntPtr.h"
#include "llvm/Support/CommandLine.h"
#include "llvm/Support/Host.h"
#include "clang/AST/ASTContext.h"
#include "clang/AST/ASTConsumer.h"
#include "clang/Basic/Diagnostic.h"
#include "clang/Basic/DiagnosticOptions.h"
#include "clang/Basic/FileManager.h"
#include "clang/Basic/SourceManager.h"
#include "clang/Basic/LangOptions.h"
#include "clang/Basic/TargetInfo.h"
#include "clang/Basic/TargetOptions.h"
#include "clang/Frontend/ASTConsumers.h"
#include "clang/Frontend/CompilerInstance.h"
#include "clang/Frontend/TextDiagnosticPrinter.h"
#include "clang/Lex/Preprocessor.h"
#include "clang/Parse/Parser.h"
#include "clang/Parse/ParseAST.h"
#include <iostream>

using namespace llvm;
using namespace clang;

static cl::opt<std::string>
FileName(cl::Positional, cl::desc("Input file"), cl::Required);

int main(int argc, char **argv)
{
    cl::ParseCommandLineOptions(argc, argv, "My simple front end\n");
    CompilerInstance CI;
    DiagnosticOptions diagnosticOptions;
    CI.createDiagnostics();

    IntrusiveRefCntPtr<TargetOptions> PTO(new TargetOptions());
    PTO->Triple = sys::getDefaultTargetTriple();
    TargetInfo *PTI = TargetInfo::CreateTargetInfo(CI.
getDiagnostics(), PTO.getPtr());
    CI.setTarget(PTI);
    CI.createFileManager();
    CI.createSourceManager(CI.getFileManager());
    CI.createPreprocessor();
    CI.getPreprocessorOpts().UsePredefines = false;
    ASTConsumer *astConsumer = CreateASTPrinter(NULL, "");
    CI.setASTConsumer(astConsumer);

    CI.createASTContext();
    CI.createSema(TU_Complete, NULL);
    const FileEntry *pFile = CI.getFileManager().getFile(FileName);
    if (!pFile) {
      std::cerr << "File not found: " << FileName << std::endl;
      return 1;
    }
    CI.getSourceManager().createMainFileID(pFile);
```

```
CI.getDiagnosticsClient().BeginSourceFile(CI.getLangOpts(), 0);
ParseAST(CI.getSema());
// Print AST statistics
CI.getASTContext().PrintStats();
CI.getASTContext().Idents.PrintStats();

return 0;
}
```

上述代码对从命令行指定的输入源文件运行词法分析器、解析器和语义分析。最后，它会打印经过解析的源代码和 AST 统计信息。此代码的执行步骤如下：

1. `CompilerInstance` 类负责管理处理编译的整个基础架构（请参阅 http:// clang.llvm.org/doxygen/classclang_1_1CompilerInstance.html）。第一步是实例化该类并将其保存到 `CI`。

2. `clang -cc1` 工具通常将实例化一个特定的 `FrontendAction` 对象，该对象将执行上述代码示例中包含的所有步骤。由于我们只是介绍这些步骤，因此未使用 `Frontend Action` 类，而是自己配置 `CompilerInstance`。我们使用 `CompilerInstance` 方法来创建诊断引擎，并通过从系统获取目标三元组来设置当前目标。

3. 实例化三项新资源：文件管理器、源代码管理器和预处理器。第一个是读取源文件所必需的，而第二个负责管理在词法分析器和解析器中使用的 `SourceLocation` 实例。

4. 创建一个 `ASTConsumer` 引用并将其推送给 `CI`。这将允许前端客户端自定义最终的 AST（在解析和语义分析之后产生）的消费方式。例如，如果我们希望此驱动程序生成 LLVM IR 代码，则必须提供一个特定的代码生成 `ASTConsumer` 实例（称为 `BackendConsumer`），这正是例子中 `CodeGenAction` 设置其 `CompilerInstance` 的 `ASTConsumer` 时所做的事情。这个例子包含头文件 `ASTConsumers.h`，该文件提供各种各样可供我们实验的消费者，我们通过 `CreateASTPrinter()` 调用创建一个消费者，它仅仅将 AST 打印输出。如果你有兴趣，请花一些时间实现自己的 `ASTConsumer` 子类，以执行任何感兴趣的前端分析（可参考 `lib/Frontend/ASTConsumers.cpp` 中的实现示例）。

5. 创建一个由解析器使用的新 `ASTContext` 对象和由语义分析使用的 `Sema` 对象，并将它们推送给我们的 `CI` 对象。我们还初始化诊断消费者（在这种情况下，我们的标准消费者也只将诊断信息打印到屏幕上）。

6. 调用 `ParseAST` 执行词法和语法分析，这将通过调用 `HandleTranslationUnit` 函数来调用我们的 `ASTConsumer`。如果在任何前端阶段出现严重错误，Clang 都会打印诊断信息并中断处理流程。

7. 将 AST 统计数据打印到标准输出。

在下面的文件中测试这个简单的前端工具：

```
int main() {
  char *msg = "Hello, world!\n";
  write(1, msg, 14);
```

```
        return 0;
    }
```

生成的结果如下：

```
$ ./myproject test.c
int main() {
    char *msg = "Hello, world!\n";
    write(1, msg, 14);
    return 0;
}
*** AST Context Stats:
  39 types total.
        31 Builtin types
        3 Complex types
        3 Pointer types
        1 ConstantArray types
        1 FunctionNoProto types
Total bytes = 544
0/0 implicit default constructors created
0/0 implicit copy constructors created
0/0 implicit copy assignment operators created
0/0 implicit destructors created

Number of memory regions: 1
Bytes used: 1594
Bytes allocated: 4096
Bytes wastes: 2502 (includes alignment, etc)
```

4.4　总结

在本章中，我们描述了 Clang 前端。首先解释了 Clang 前端库、编译器驱动程序和 `clang -cc1` 工具中的实际编译器之间的区别。还谈到诊断，并介绍了一个小的 `libclang` 程序来输出它们。

接下来，通过展示 Clang 如何实现各个阶段，介绍了前端的所有步骤：词法分析器、解析器、语义分析和代码生成。在本章最后，介绍了如何编写一个激活所有前端阶段的简单编译器驱动程序。如果读者有兴趣阅读更多关于 AST 的资料，可以查看 http://clang. llvm.org/docs/IntroductionToTheClangAST.html。

关于 Clang 设计的详细信息，建议先阅读 http://clang.llvm.org/docs/Internals Manual.html，然后再深入了解实际的源代码。

在下一章中，我们将介绍编译流程的下一步：LLVM 中间表示。

LLVM 中间表示

LLVM 中间表示（IR）是连接前端和后端的桥梁，它使得 LLVM 可以解析多种源语言，并为多个目标生成代码。前端产生 IR，而后端消费它。IR 也是在 LLVM 中执行大多数与目标无关的优化的地方。本章将介绍以下主题：

- LLVM IR 的特点
- LLVM IR 语言语法
- 如何编写一个生成 LLVM IR 的工具
- LLVM IR 流程结构
- 如何写自己的 IR 流程

5.1 概述

选择编译器 IR 的决策非常重要，它决定了优化过程将拥有多少信息来使代码运行得更快。一方面，非常高层级的 IR 允许优化器轻松地提取原始源代码的相关信息。另一方面，低层的 IR 更加贴近目标机器，这样编译器更容易为特定的硬件生成相应的代码，并有更可能利用目标机器的特性。但是 IR 的选择也不能过于底层。首先，当编译器将程序转换为更接近机器指令的表示时，将程序片段映射到源代码会变得越来越困难。其次，如果编译器的 IR 设计采用与特定目标机器非常相似的表示，将不利于为其他具有不同结构的机器生成代码。

这种设计权衡导致了对编译器的不同选择。例如，某些编译器仅支持一种特定的目标机器架构，不能支持为多个目标生成代码。这种编译器的典型代表是 Intel C++ 编译器 icc，它在整个编译过程中使用专门为目标架构定制的 IR，从而可以提升编译器在单一架构上的编译效率。但如果编译器的目的是支持多个目标，则为每个架构编写一个生成代码的编译器是低效率的解决方案，最理想的方案是设计一个在各种目标上都能良好执行的编译器，比如 GCC 和 LLVM 这样的编译器。

对于这些称为"可重定向编译器"的项目，需要协调多个目标的代码生成，而这面临更多的挑战。应对这些挑战最为关键的一项技术是使用通用的中间表示（IR），在这里，不同的后端能共享对源程序的相同理解，然后再将该 IR 代码转换为相应的机器代码。使用通用的 IR 也允许不同的后端目标代码生成器受益于与目标代码无关的相同优化，但是这也会给 IR 的设计带来一定的复杂度，因为 IR 需要保留一定的抽象层级，以避免过度依赖某个特定的机器。与此同时，由于较高级的抽象会妨碍编译器针对目标机器进行特定的优化，因此高质量的可重定向编译器也会使用其他 IR 来执行更低级别的优化。

LLVM 项目开始于一个比 Java 字节码更低抽象级别的 IR，这也是其缩写低级虚拟机（Low Level Virtual Machine）的由来。该项目的起初想法是探索低层级的优化方法，并采用链接时优化。链接时优化是通过将 IR 写入磁盘来实现的，与字节码的表示类似。字节码允许用户在同一文件中合并多个模块，然后应用过程间优化。以这种方式，代码优化可以作用于多个编译单元，如同它们在同一个模块中一样。

在第 3 章中，我们提到 LLVM 现在既不是 Java 竞争对手，也不是一个虚拟机，而且它还有其他的中间表示来提升效率。例如，除了依赖 LLVM IR 来进行目标无关优化之外，如果程序使用 `MachineFunction` 和 `MachineInstr` 类来表示，则每个后端代码生成器还可能进行目标相关的代码优化，这两个类直接使用了目标机器指令来表示源程序。

另一方面，`Function` 和 `Instruction` 类是目前为止最重要的类，因为它们代表多个编译目标间共享的通用 IR。该 IR 是 LLVM 的官方中间表示，而且大多数（但不是全部）是目标无关的。由于 LLVM 中也有其他中间层级去描述程序，在技术上也可以称之为 IR，为了避免混淆，我们不把它们称为 LLVM IR。在本书中，LLVM IR 这个术语专指 `Instruction` 类所代表的不同后端共享的中间表示。这个界定也被 LLVM 的官方文档采用。

LLVM 项目从一系列围绕 LLVM IR 的工具展开，这证明优化器的是成熟的，用于本层的优化器数量是合理的。IR 有三种等价的表达形式：

1. 内存表示（`Instruction` 类等）
2. 被压缩的磁盘表示（位码文件）
3. 人工可读文本的磁盘表示（LLVM 汇编码文件）

LLVM 提供的工具和库使你能处理以上所有形式的 IR，并且这些工具能够对 IR 进行不同表示形式的转换，同时应用优化，如图 5-1 所示。

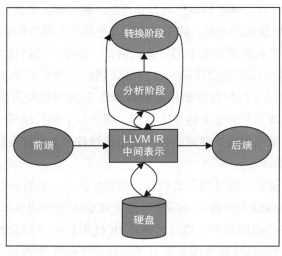

图　5-1

理解 LLVM IR 对编译目标的依赖

LLVM IR 被设计成尽可能地与编译目标无关，但它仍然对编译目标有一定的依赖性。造成该依赖性的一个普遍承认的原因是 C/C++ 语言固有的目标依赖性质。要理解这一点，可以将在 Linux 系统中使用标准 C 头文件作为例子：程序会从 Linux 头文件专用文件夹 `bits` 中隐式导入一些头文件。此文件夹包含目标相关的头文件，这些文件中有一些宏定义会强迫某些实体具有特定的类型，以便与该内核的**系统调用**期望的类型相匹配。在导入头文件之后，当前端解析源代码时，（例如）还需要对 `int` 类型使用不同的大小，以匹配运行此代码的目标机器。

因此，库头文件和 C 的类型都已经是依赖目标的，这使得要产生可以在之后被转换成其他目标的 IR 变得很困难。如果仅考虑依赖目标的 C 标准库头文件，则给定编译单元的解析 AST 甚至在被转换为 LLVM IR 之前就已经是依赖目标的。此外，前端在生成 IR 代码时，需使用与编译目标 ABI 相匹配的类型大小、调用惯例和特殊库调用等。尽管如此，LLVM IR 还是非常灵活的，具备抽象地应对不同的编译目标的能力。

5.2　操作 IR 格式的基本工具示例

之前我们提到 LLVM IR 可以用两种格式存储在磁盘上：位码和汇编文本。我们现在将学习如何使用它们，以 `sum.c` 源代码为例：

```
int sum(int a, int b) {
  return a+b;
}
```

要使 Clang 生成位码，可以使用以下命令：

```
$ clang sum.c -emit-llvm -c -o sum.bc
```

要生成汇编文本，可以使用以下命令：

```
$ clang sum.c -emit-llvm -S -c -o sum.ll
```

还可以汇编上述 LLVM IR 汇编文本，创建相应的位码：

```
$ llvm-as sum.ll -o sum.bc
```

相反，要从位码转换为 IR 汇编文本，可以使用反汇编程序：

```
$ llvm-dis sum.bc -o sum.ll
```

通过 llvm 提取工具 `llvm-extract`，可以提取 IR 函数、全局变量，还可以删除 IR 模块中的全局变量。例如，使用以下命令可以从 `sum.bc` 中提取 `sum` 函数：

```
$ llvm-extract -func=sum sum.bc -o sum-fn.bc
```

在此特定示例中，`sum.bc` 和 `sum-fn.bc` 没有任何变化，因为 `sum` 已经是此模块中的唯一函数。

5.3　LLVM IR 语法介绍

观察 LLVM IR 汇编码文件 `sum.ll`：

```
target datalayout = "e-p:64:64:64-i1:8:8-i8:8:8-i16:16:16-
   i32:32:32-i64:64:64-f32:32:32-f64:64:64-v64:64:64-v128:128:128-
     a0:0:64-s0:64:64-f80:128:128-n8:16:32:64-S128"
target triple = "x86_64-apple-macosx10.7.0"

define i32 @sum(i32 %a, i32 %b) #0 {
entry:
  %a.addr = alloca i32, align 4
  %b.addr = alloca i32, align 4
  store i32 %a, i32* %a.addr, align 4
  store i32 %b, i32* %b.addr, align 4
  %0 = load i32* %a.addr, align 4
  %1 = load i32* %b.addr, align 4
  %add = add nsw i32 %0, %1
  ret i32 %add
}

attributes #0 = { nounwind ssp uwtable ... }
```

整个 LLVM 文件的内容（无论是汇编码还是位码）被视为定义一个 LLVM 模块。模块是 LLVM IR 顶层数据结构。每个模块包含一系列函数，每个函数由包含一系列指令的一系列基本块组成。模块还包含用于支持该模型的外围实体，如全局变量、目标数据布局、外部函数原型以及数据结构声明。

LLVM 局部变量与汇编语言中的寄存器类似，可以用任何以 % 符号开头的名称命名。因此，%add = add nsw i32 %0, %1 这一指令将执行两个局部变量 %0 和 %1 的加法，并将结果置于新的局部变量 %add 中。用户可以自由地给这些值命名，甚至可以只使用数字。通过这个简短的例子，我们已经可以看到 LLVM 如何表达其基本属性：

- 它使用**静态单赋值（SSA）**形式。请注意，该形式下每个变量都不会被重新赋值，每个变量只有唯一一条定义它的赋值语句。每次使用一个变量都可以立即回溯到负责其定义的唯一指令。使用 SSA 形式导致"使用定义链"（use-def 链，即可以达到使用处的所有定义/赋值语句的集合）的生成变得非常简单，这个简化操作具有巨大的价值。使用定义链是经典优化（如常量传播和冗余表达式消除）的前提条件，如果 LLVM 没有使用 SSA 形式，则需要运行单独的数据流分析来计算使用定义链。

- 代码被组织成三地址指令。数据处理指令有两个源操作数，并将结果放在不同的目标操作数中。

- 有无穷多的寄存器。请注意，LLVM 局部变量可以使用以 % 符号开始的任意名称，例如 %0、%1 等从零开始的数字，它对局部变量的最大数量没有限制。

target datalayout 构造包含有关目标机器（**target host**）中描述的目标三元组（**target tripple**）的字节顺序和类型大小等信息。有些优化需要知道目标的特定数据布局才能完成正确的代码转换。下面是一个布局声明的示例：

```
target datalayout = "e-p:64:64:64-i1:8:8-i8:8:8-i16:16:16-
   i32:32:32-i64:64:64-f32:32:32-f64:64:64-v64:64:64-v128:128:128-
     a0:0:64-s0:64:64-f80:128:128-n8:16:32:64-S128"
target triple = "x86_64-apple-macosx10.7.0"
```

我们可以从该字符串中提取以下信息：

- 目标机器是装有 macOSX 10.7.0 的 x86_64 处理器。它具有小端字节序，由 target datalayout 构造中第一个字母（小写字母 e）表示。大端字节序的表示需要使用大写字母 E。

- 格式类型的信息由如下格式表示：<size>:<abi>:<preferred>。在上述示例中，"p:64:64:64"表示 64 位宽的指针，abi 和首选对齐设置为 64 位边界。ABI 对齐指定了一种类型所需的最小对齐方式，尽管首选对齐方式在有益的情况下可以被指定为一个更大的值。32 位整数类型"i32:32:32"的大小为 32 位宽、32 位的 abi 和首选对齐方式等。

函数声明严格遵循相应的 C 语法：

```
define i32 @sum(i32 %a, i32 %b) #0 {
```

此函数返回 i32 类型的值，并具有两个 i32 参数：%a 和 %b。本地标识符始终需要 % 前缀，而全局标识符使用 @。LLVM 支持多种类型，但最重要的类型如下：

- iN 形式的任意大小的整数，常见的例子是 i32、i64 和 i128。
- 浮点类型，如 32 位单精度浮点数 float 和 64 位双精度浮点数 double。
- 向量类型的格式为 <<#elements> x <elementtype>>。包含四个 i32 元素的向量被写为 <4 x i32>。

函数声明中的 #0 记号映射到一组函数属性，这与 C/C++ 函数和方法中使用的属性非常类似。这组属性被定义在文件末尾：

```
attributes #0 = { nounwind ssp uwtable "less-precise-
    fpmad"="false" "no-frame-pointer-elim"="true" "no-frame-pointer-
    elim-non-leaf"="true" "no-infs-fp-math"="false" "no-nans-fp-
        math"="false" "unsafe-fp-math"="false" "use-soft-
            float"="false" }
```

例如，上述例子中的 nounwind 属性表示函数或者方法未抛出异常，而 ssp 属性告诉代码生成器使用栈粉碎保护器（stack smash protector）来增加该代码的安全性，以防止攻击。

函数的主体部分明确划分为多个基本块（basic block, BB），而每个新的基本块开始处都有一个标签。标签与基本块的关系就如同变量标识符与指令。如果一个基本块省略了标签声明，则 LLVM 汇编器会自动使用自己的命名机制为其生成一个标签声明。每个基本块都包含一系列指令，在第一条指令处有一个入口点，在最后一条指令处有一个出口点。这样，当代码跳转到对应于基本块的标签时，我们就可以知道它将执行这个基本块中的所有指令，直到最后一条指令，之后跳转到另一个基本块来改变控制流。基本块及其关联的标签需要符合以下条件：

- 每个基本块都需要以一个结束符指令结尾，结束符一般为跳转到另一个基本块或从该函数返回。
- 第一个基本块称为入口基本块，它在 LLVM 函数中的地位很特殊，不能作为任何分支指令的目标。

示例中的 LLVM 文件 `sum.11` 只有一个基本块，因为它没有跳转、循环或调用。函数的开始使用 `entry` 标签，而使用返回指令 `ret` 结束：

```
entry:
  %a.addr = alloca i32, align 4
  %b.addr = alloca i32, align 4
  store i32 %a, i32* %a.addr, align 4
  store i32 %b, i32* %b.addr, align 4
  %0 = load i32* %a.addr, align 4
  %1 = load i32* %b.addr, align 4
  %add = add nsw i32 %0, %1
  ret i32 %add
```

`alloca` 指令在当前函数的堆栈帧中保留一定的空间。空间的大小由元素类型的大小决定，它遵循特定的对齐方式。第一条指令 `%a.addr=alloca i32, align 4` 分配一个按 4 字节对齐的 4 字节堆栈元素。指向该堆栈元素的指针被存储在本地变量 `%a.addr` 中。`alloca` 指令通常用于表示本地（自动）变量。

`%a` 和 `%b` 参数通过 `store` 指令存储在堆栈地址 `%a.addr` 和 `%b.addr` 中。这些值通过 `load` 指令从相同的内存地址加载回来，并在 `%add=add nsw i32%0,%1` 加法中使用。最后，函数返回加法结果 `%add`。`nsw` 标识指定此加法操作具有 "`no signed wrap`"，这表示已知指令是无溢出的，从而允许进行一些优化。如果你对 `nsw` 标志背后的历史感兴趣，可以扩展阅读 Dan Gohman 的 LLVMdev 贴子：

`http://lists.cs.uiuc.edu/pipermail/llvmdev/2011-November/045730.html`。

实际上，示例中的 `load` 和 `store` 指令是多余的，`add` 指令可以直接使用函数参数。Clang 默认使用 `-O0`（无优化），不必要的加载和存储不会被删除。如果我们用 `-O1` 编译，结果会是一个更加简单的代码：

```
define i32 @sum(i32 %a, i32 %b) ... {
entry:
  %add = add nsw i32 %b, %a
  ret i32 %add
}
...
```

在编写测试目标后端的小程序时，直接使用 LLVM 汇编码非常方便，这也是学习基本 LLVM 概念的方法之一。但是，库仍然是前端程序员构造 LLVM IR 的推荐接口，这是下一节的主题。可以从 `http://llvm.org/docs/LangRef.html` 找到有关 LLVM IR 汇编语法的完整参考。

LLVM IR 内存模型介绍

LLVM IR 在内存中的表示形式与之前呈现的 LLVM 语言语法紧密关联。表示 IR 的 C++ 类的头文件位于 `include/llvm/IR`。以下列出最重要的类：

● `Module` 类聚合了整个编译过程中使用的所有数据，它是 LLVM 术语中 "模块" 的同义词。它声明了 `Module::iterator`，可以用于快速遍历该模块中的所有函数。你可以通过 `begin()` 和 `end()` 方法获得这些迭代器。该类的完整接口可以通过下列网址查看：

- `http://llvm.org/docs/doxygen/html/classllvm_1_1Module.html`

- `Function` 类包含与函数定义或声明有关的所有对象。在声明的情况下（使用 `isDeclaration()` 方法来检查它是否是声明），它只包含函数原型。在两种情况下，它都包含函数参数列表，可以通过 `getArgumentList()` 方法或 `arg_begin()` 与 `arg_end()` 方法获得此列表。可以使用 `Function::arg_iterator` 定义类型来遍历它们。如果 `Function` 对象表示一个函数定义，并且通过 `for (Function::iterator i = function.begin(), e = function.end(); i != e; ++ i)` 来遍历其内容，将跨其基本块执行遍历。该类的完整接口可以通过如下地址查看：

- `http://llvm.org/docs/doxygen/html/classllvm_1_1Function.html`

- `BasicBlock` 类封装了一系列 LLVM 指令，可通过 `begin()` / `end()` 进行访问。用户可以使用 `getTerminator()` 方法直接访问其最后一条指令，或者是通过一些方法访问 CFG（control flow graph，控制流图）。例如，当基本块只有一个前导基本块时，可以通过 `getSinglePredecessor()` 访问前一个基本块。但是，如果它包含多个前导基本块，则需要自己计算其前导基本块列表，通过遍历基本块并检查其终止指令的目标，可以获得该列表。该类的完整接口可以通过如下地址查看：

- `http://llvm.org/docs/doxygen/html/classllvm_1_1BasicBlock.html`

- `Instruction` 类表示 LLVM IR 中最小的基本单元，即一条指令。它有一些快速获取指令高层次信息的方法，比如 `asAssociative()`、`isCommutative()`、`isIdempotent()` 或 `isTerminator()`。指令的操作码可以用 `getOpcode()` 来获取，它返回的是 `llvm::Instruction` 枚举的成员，代表 LLVM IR 操作码。通过 `op_begin()` 和 `op_end()` 方法，可以遍历它的操作数，这两个方法从下面会提到的 `User` 超类继承而来。该类的完整接口可以通过如下地址查看：

- `http://llvm.org/docs/doxygen/html/classllvm_1_1Instruction.html`

接下来介绍 LLVM IR 中由 SSA 形式带来的最强大的两个类：`Value` 和 `User` 类。通过它们，可以轻松访问 use-def 和 def-use 链。在 LLVM IR 内存形式中，从 `Value` 继承的类意味着该类定义了可以被其他指令使用的结果，而 `User` 的子类则意味着该类使用一个或多个 `Value` 接口。`Function` 和 `Instruction` 同时是 `Value` 和 `User` 的子类，而 `BasicBlock` 仅仅是 `Value` 的子类。为了理解这一点，我们来深入分析这两个类：

- `Value` 类定义了 `use_begin()` 和 `use_end()` 方法，用于遍历 `User`，从而为访问

它的 **def-use** 链提供了简单方法。对于每个 **Value** 类，还可以通过 **getName()** 方法访问其名称。这符合任何 LLVM 变量都可以具有与其相关的明确标识这一情况。例如，**%add1** 可以定义一个加法指令的结果，**BB1** 可以定义一个基本块，**myfunc** 可以标识一个函数。**Value** 也有一个强大的方法，称为 **replaceAllUsesWith(Value*)**，它可以遍历该值的所有使用者，并用其他值取代它。这是一个很好的 SSA 表示形式的例子，使得你可以轻松地替换指令，并快速编写优化。该类的完整接口可以通过如下地址查看：

- **http://llvm.org/docs/doxygen/html/classllvm_1_1Value.html**
- **User** 类具有 **op_begin()** 和 **op_end()** 方法，它们允许快速访问它使用的所有 **Value** 接口。请注意，这个关系对应的是 **use-def** 链。用户也可以使用名为 **replaceUsesOfWith(Value *From, Value *To)** 的方法来替换它使用的任何值。该类的完整接口可以通过如下地址查看：
  - **http://llvm.org/docs/doxygen/html/classllvm_1_1User.html**

5.4 编写自定义的 LLVM IR 生成器

可以使用 LLVM IR 生成器 API 以编程方式为 **sum.ll** 构建 IR（在 **-O0** 优化级别创建，即不进行优化）。在这一节，我们将逐步阐述该过程。首先来看所需的头文件：

- **#include <llvm/ADT/SmallVector.h>**：该头文件定义模板类 **SmallVector<>**，当元素数量不大时，可以构建高效的向量数据结构。请参阅 **http://llvm.org/docs/ProgrammersManual.html** 以获取关于 LLVM 数据结构的帮助。
- **#include <llvm/Analysis/Verifier.h>**：它提供一个重要的程序验证分析，即检查当前的 LLVM 模块是否与 IR 语法规则相符。
- **#include <llvm/IR/BasicBlock.h>**：它是声明 **BasicBlock** 类的头文件，该类是我们已经介绍过的重要的 IR 实体。
- **#include <llvm/IR/CallingConv.h>**：这个头文件定义在函数调用中使用的一组 ABI 规则，比如函数参数的存储位置。
- **#include <llvm/IR/Function.h>**：这个头文件声明 **Function** 类，也是一个重要的 IR 实体。
- **#include <llvm/IR/Instructions.h>**：这个头文件声明 **Instruction** 类的所有子类，这是 IR 的基本数据结构。
- **#include <llvm/IR/LLVMContext.h>**：这个头文件存储 LLVM 库的所有全局作用范围的数据，它允许多线程版本在每个线程中使用不同的上下文。
- **#include <llvm/IR/Module.h>**：这个头文件声明 **Module** 类，它是 IR 层次结构中的顶层实体。
- **#include <llvm/Bitcode/ReaderWriter.h>**：这个头文件包含用于读取和写入 LLVM 位码文件的代码。

- `#include <llvm/Support/ToolOutputFile.h>`：这个头文件声明一个用于帮助我们写入输出文件的类。

在这个例子中，我们也从 `llvm` 命名空间中导入符号：

```
using namespace llvm;
```

之后我们分步骤编写代码：

1. 要编写的第一段代码是定义一个名为 `makeLLVMModule` 的新辅助函数，它返回指向 `Module` 实例的指针，该 `Module` 实例是包含所有其他 IR 对象的顶层实体：

```
Module *makeLLVMModule() {
  Module *mod = new Module("sum.ll", getGlobalContext());
  mod->setDataLayout("e-p:64:64:64-i1:8:8-i8:8:8-i16:16:16-
    i32:32:32-i64:64:64-f32:32:32-f64:64:64-v64:64:64-
      v128:128:128-a0:0:64-s0:64:64-f80:128:128-
        n8:16:32:64-S128");
  mod->setTargetTriple("x86_64-apple-macosx10.7.0");
```

如果我们将三元组和数据布局对象放入我们的模块中，将使依赖此信息的代码优化成为可能，但是这需要匹配在 LLVM 后端中使用的用于表示三元组和数据布局的字符串。不过，如果不关心依赖于布局的代码优化，并打算明确指定将在后端使用的目标，则可以将这些内容从模块中移出。要创建模块，可以通过 `getGlobalContext()` 获取当前 LLVM 上下文，并定义模块的名称。这里我们使用示例文件的名称 `sum.ll` 作为模块名称，但你可以选择其他模块名称。上下文是 `LLVMContext` 类的一个实例，为了保证线程安全，必须使用该实例，因为多线程 IR 的生成必须按每个线程对应一个上下文来完成。此外，`setDataLayout()` 和 `setTargetTriple()` 函数允许我们设置相应的字符串，以定义模块的数据布局和目标三元组。

2. 为了声明求和函数，首先定义如下函数签名：

```
SmallVector<Type*, 2> FuncTyArgs;
FuncTyArgs.push_back(IntegerType::get(mod->getContext(),
  32));
FuncTyArgs.push_back(IntegerType::get(mod->getContext(),
  32));
FunctionType *FuncTy = FunctionType::get(
  /*Result=*/ IntegerType::get(mod->getContext(), 32),
  /*Params=*/ FuncTyArgs, /*isVarArg=*/ false);
```

上面代码中的 `FunctionType` 对象指定了一个函数，该函数返回一个 32 位整数类型，没有可变参数，并有两个 32 位整数参数。

3. 接下来我们使用 `Function::Create()` 静态方法创建一个函数，这需要使用之前创建的函数类型 `FuncTy`、链接类型和模块实例。`GlobalValue::ExternalLinkage` 枚举成员意味着该函数可以被其他模块（编译单元）引用：

```
Function *funcSum = Function::Create(
  /*Type=*/ FuncTy,
  /*Linkage=*/ GlobalValue::ExternalLinkage,
  /*Name=*/ "sum", mod);
funcSum->setCallingConv(CallingConv::C);
```

4. 接下来，我们需要存储参数的 **Value** 指针，以便以后使用它们。为此，我们使用函数参数的迭代器。**int32_a** 和 **int32_b** 两个函数参数分别指向第一个和第二个参数。我们还设置了每个参数的名称，这是可选的，因为 LLVM 可以提供临时名称：

```
Function::arg_iterator args = funcSum->arg_begin();
Value *int32_a = args++;
int32_a->setName("a");
Value *int32_b = args++;
int32_b->setName("b");
```

5. 在开始函数体之前，我们用 **entry** 标签（或值名称）创建第一个基本块，并在 **labelEntry** 中存储它的指针。创建该基本块需要传递对其所在函数的引用，如下面代码所示：

```
BasicBlock *labelEntry = BasicBlock::Create(mod-
  >getContext(), "entry", funcSum, 0);
```

6. 这时，**entry** 基本块已经准备好添加指令。我们向基本块添加两条 **alloca** 指令，以创建一个 4 字节对齐的 32 位堆栈元素。在指令的构造函数中，需要传递对其所在基本块的引用。默认情况下，新的指令被插入基本块的末尾，如下所示：

```
// Block entry (label_entry)
AllocaInst *ptrA = new AllocaInst(IntegerType::get(mod-
  >getContext(), 32), "a.addr", labelEntry);
ptrA->setAlignment(4);
AllocaInst *ptrB = new AllocaInst(IntegerType::get(mod-
  >getContext(), 32), "b.addr", labelEntry);
ptrB->setAlignment(4);
```

或者，也可以使用名为 **IRBuilder<>** 的辅助模板类来构建 IR 指令（请参阅 http://llvm.org/docs/doxygen/html/classllvm_1_1IRBuilder. html）。但是，这里没有使用该模板类，这是为了呈现原始接口。如果你想使用它，只需要引入 **lllm/IR/IRBuilder.h** 头文件，并用 LLVM 上下文对象实例化它，然后调用 **SetInsertPoint()** 方法来定义想要放置新指令的地方。之后，只需调用任意指令创建方法，比如 **CreateAlloca()**。

7. 我们使用 **alloca** 指令返回的指针 **ptrA** 和 **ptrB** 将 **int32_a** 和 **int32_b** 函数参数存储到堆栈位置中。虽然存储指令在以下代码中由 **st0** 和 **st1** 引用，但是这些指针在这个例子中从不使用，因为存储指令没有返回结果。第三个 **StoreInst** 参数指定这是否是一个非静态存储区，在此示例中为 **false**：

```
StoreInst *st0 = new StoreInst(int32_a, ptrA, false,
  labelEntry);
st0->setAlignment(4);
StoreInst *st1 = new StoreInst(int32_b, ptrB, false,
  labelEntry);
st1->setAlignment(4);
```

8. 我们还创建静态加载指令，从堆栈位置 **ld0** 和 **ld1** 中将值加载回来。然后将这些值用作加法指令的参数执行加法，并将加法结果 **addRes** 设置为 **sum** 函数的返回值。接下来，**makeLLVMModule** 函数返回 LLVM IR 模块和我们刚创建的 **sum** 函数：

```
LoadInst *ld0 = new LoadInst(ptrA, "", false,
  labelEntry);
ld0->setAlignment(4);
LoadInst *ld1 = new LoadInst(ptrB, "", false,
  labelEntry);
ld1->setAlignment(4);
BinaryOperator *addRes =
  BinaryOperator::Create(Instruction::Add, ld0, ld1,
    "add", labelEntry);
ReturnInst::Create(mod->getContext(), addRes,
  labelEntry);

return mod;
}
```

> 每个指令创建函数都有很多的变化形式。请参阅 **include/llvm/IR** 中的头文件或 **doxygen** 文档来检查所有可能的选项。

9. 为了使 IR 生成器程序成为一个独立的工具，它还需要一个 **main()** 函数。在 **main()** 函数中，我们通过调用 **makeLLVMModule** 创建一个模块，并使用 **verifyModule()** 验证 IR 构造。如果验证失败，**PrintMessageAction** 枚举成员将错误消息设置为 **stderr**。最后，通过 **WriteBitcodeToFile** 函数将模块的位码写入磁盘，如下面的代码所示：

```
int main() {
  Module *Mod = makeLLVMModule();
  verifyModule(*Mod, PrintMessageAction);
  std::string ErrorInfo;
  OwningPtr<tool_output_file> Out(new tool_output_file(
"./sum.bc", ErrorInfo,
                             sys:fs::F_None));
  if (!ErrorInfo.empty()) {
    errs() << ErrorInfo << '\n';
    return -1;
  }
  WriteBitcodeToFile(Mod, Out->os());
  Out->keep(); // Declare success
  return 0;
}
```

5.4.1　构建和运行 IR 生成器

构建上述 IR 生成器可以使用第 3 章中提到的相同 Makefile。Makefile 中最关键的部分是 **llvm-config —libs** 调用，它定义了我们的项目将要链接的 LLVM 库。在这个项目中，我们将使用 **bitwriter** 组件，而不是在第 3 章中使用的 **bitreader** 组件。因此，请将 **llvm-config** 调用更改为 **llvm-config —libsbitwriter core support**。要构建、运行并检查生成的 IR，请使用以下命令：

```
$ make && ./sum && llvm-dis < sum.bc
...
define i32 @sum(i32 %a, i32 %b) {
entry:
  %a.addr = alloca i32, align 4
  %b.addr = alloca i32, align 4
  store i32 %a, i32* %a.addr, align 4
  store i32 %b, i32* %b.addr, align 4
  %0 = load i32* %a.addr, align 4
  %1 = load i32* %b.addr, align 4
  %add = add i32 %0, %1
  ret i32 %add
}
```

5.4.2   使用 C++ 后端编写代码来生成 IR 构造

第 6 章将详细介绍的 llc 工具有一项有趣的功能，可以帮助生成 IR。llc 工具能够从给定 LLVM IR 文件生成对应的 C++ 源代码，该 C++ 代码也可以生成相同的 IR 文件。这使得用于构建 IR 的 API 更加易于使用，因为你可以通过现有的 IR 文件来学习如何构建复杂的 IR 表达式。LLVM 通过 C++ 后端来实现这一点，主要的工具是带有 -march=cpp 参数的 llc 工具：

```
$ llc -march=cpp sum.bc -o sum.cpp
```

读者打开 sum.cpp 文件可以观察到生成的 C++ 代码与在前一节编写的代码非常相似。

 为所有目标配置 LLVM 时，默认会包含 C++ 后端。但是，如果在配置期间指定了目标，则还需要手动包含 C++ 后端。例如，使用 cpp 后端名称来包含 C++ 后端：--enable-targets=x86,arm,mips,cpp。

5.5   在 IR 层执行优化

程序一旦翻译成 LLVM IR，就可以进行各种与目标无关的代码优化。这些代码优化可以在每个函数或者每个模块上进行，后者可以进行跨函数的代码优化。为了增强过程间优化的影响，用户可以使用 llvm-link 工具将多个 LLVM 模块链接成一个模块。这使得优化器能够作用于更大的范围，有时也称为链接时优化，因为编译器需要支持编译单元边界外的代码优化。LLVM 用户可以访问所有这些优化，还可以使用 opt 工具分别调用它们。

5.5.1   编译时优化和链接时优化

opt 工具使用与 Clang 编译器中相同的一组优化标志：-O0、-O1、-O2、-O3、-Os 和 -Oz。Clang 也支持 -O4，但 opt 不支持。-O4 标志是使用链接时优化（-flto）的 -O3 的同义词，但正如之前所解释的，在 LLVM 中启用链接时优化取决于输入文件的组织方式。

每个编译标志都会激活不同的代码优化流程，每个流程都包含一组按特定顺序执行的优化。Clang 手册文件中的说明如下：

"-Ox 标志：指定要使用的优化级别。-O0 表示'无优化'：该级别编译速度最快，并生成与原始代码行为最接近、便于调试的代码。-O2 是一个适中的优化级别，它实现大部分优化。-Os 与 -O2 类似，它运用额外的优化减少代码大小。-Oz 也类似于 -Os（因此也类似于 -O2），它进一步优化了代码的大小。-O3 与 -O2 相似，不同之处在于它支持的编译需要较长时间才能完成，或者可能生成更大的代码（以便使程序运行得更快）。在受支持的平台上，-O4 支持链接时优化；目标文件以 LLVM 位码文件格式存储，整个程序的优化在链接时完成。-O1 在某些地方介于 -O0 和 -O2 之间。"

通过启动 opt 工具，可以使用上述任何一个预定义的优化，opt 的处理对象是位码文件。例如，以下示例使用 opt 优化位码 sum.bc：

```
$ opt -O3 sum.bc -o sum-O3.bc
```

也可以使用一个标志来激活标准的编译时优化：

```
$ opt -std-compile-opts sum.bc -o sum-stdc.bc
```

或者，可以使用一组标准的链接时优化：

```
$ llvm-link file1.bc file2.bc file3.bc -o=all.bc
$ opt -std-link-opts all.bc -o all-stdl.bc
```

opt 工具也支持单独的代码优化流程（pass）。其中一个非常重要的 LLVM 流程是 mem2reg，它会将 allocs 指令提升为 LLVM 局部变量，如果这些指令在转换为局部变量时有多个赋值语句，则有可能将其转换为 SSA 形式。这种情况下，转换涉及 phi 函数的使用（请参阅 http://llvm.org/doxygen/classllvm_1_1PHINode.html），这些函数在生成 SSA 形式的 LLVM IR 时是必不可少的，但很难自行构建。因此，我们建议先依赖于 alloca、load 和 store 指令编写次优代码，然后再使用 mem2reg 优化进行 SSA 版本的代码生成，这正是我们在前一节中对 sum.c 文件进行的优化。在下面的例子中，我们首先运行 mem2reg，然后计算模块中每种指令的数量，注意，命令的参数顺序很重要：

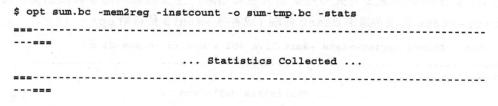

```
$ opt sum.bc -mem2reg -instcount -o sum-tmp.bc -stats
===-------------------------------------------------------------------
---===
                   ... Statistics Collected ...
===-------------------------------------------------------------------
---===

1 instcount - Number of Add insts
1 instcount - Number of Ret insts
1 instcount - Number of basic blocks
2 instcount - Number of instructions (of all types)
```

```
1 instcount - Number of non-external functions
2 mem2reg - Number of alloca's promoted
2 mem2reg - Number of alloca's promoted with a single store
```

上述例子使用 −stats 标志来强制 LLVM 打印关于每个流程的统计信息。否则，指令计数流程完成后默认不输出指令的数量。

我们还可以使用 −time-passes 标志来统计每次优化需要的执行时间：

```
$ opt sum.bc -time-passes -domtree -instcount -o sum-tmp.bc
```

通过下述链接可以找到 LLVM 分析、变换和辅助流程的完整列表：`http://llvm.org/docs/Passes.html`。

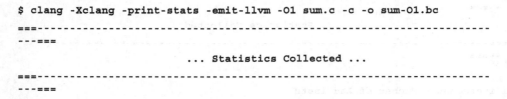 编译器中的优化顺序性问题是指对代码进行优化的顺序对最后生成的代码性能有很大的影响，并且每个程序都有不同的最优顺序使得最后的运行效果最好。这里想指出的是，预定义的一系列优化（使用 −Ox 标志）可能不是程序的最佳选择。你可以做一个简单的验证实验：运行两次 opt −O3 优化代码，观察最后性能与只运行一次 −O3 相比有多少不同（不一定更好）。

5.5.2 发现最佳编译器流程

代码优化通常由分析流程（analysis pass）和变换流程（transform pass）组成。前者进行属性和优化空间相关的分析，同时产生后者需要的数据结构。两者都是 LLVM 编译流程，并且相互依赖。

在我们的 sum.ll 例子中，−O0 的优化级别导致最终代码使用了 alloca、load 和 store 指令。然而，−O1 级别的优化通过 mem2reg 消除了这些冗余指令。但是，如果你不知道 mem2reg 是重要的，那么应该如何寻找对程序性能有影响的流程？为了理解这一点，我们调用无优化版本 sum-O0.ll 和优化版本 sum-O1.ll。要构建后者，可以使用 −O1 优化标志：

```
$ opt -O1 sum-O0.ll -S -o sum-O1.ll
```

但是，如果想获得更多有关哪些变换流程对结果产生实际影响的细粒度信息，可以将 −print-stats 选项传递给 clang 前端（或者将 −stats 传递给 opt）：

```
$ clang -Xclang -print-stats -emit-llvm -O1 sum.c -c -o sum-O1.bc
===-------------------------------------------------------------------
---===
                      ... Statistics Collected ...
===-------------------------------------------------------------------
---===


1 cgscc-passmgr - Maximum CGSCCPassMgr iterations on one SCC
1 functionattrs - Number of functions marked readnone
```

```
2 mem2reg      - Number of alloca's promoted with a single store
1 reassociate  - Number of insts reassociated
1 sroa         - Maximum number of partitions per alloca
2 sroa         - Maximum number of uses of a partition
4 sroa         - Number of alloca partition uses rewritten
2 sroa         - Number of alloca partitions formed
2 sroa         - Number of allocas analyzed for replacement
2 sroa         - Number of allocas promoted to SSA values
4 sroa         - Number of instructions deleted
```

上述输出表明，mem2reg 和 sroa（聚合体的标量替换）都参与了删除多余的 allocas 指令。我们可以单独运行 sroa 以了解其工作流程：

```
$ opt sum-O0.ll -stats -sroa -o sum-O1.ll
=================================================================
---===
                    ... Statistics Collected ...
=================================================================
---===


1 cgscc-passmgr - Maximum CGSCCPassMgr iterations on one SCC
1 functionattrs - Number of functions marked readnone
2 mem2reg       - Number of alloca's promoted with a single store
1 reassociate   - Number of insts reassociated
1 sroa          - Maximum number of partitions per alloca
2 sroa          - Maximum number of uses of a partition
4 sroa          - Number of alloca partition uses rewritten
2 sroa          - Number of alloca partitions formed
2 sroa          - Number of allocas analyzed for replacement
2 sroa          - Number of allocas promoted to SSA values
4 sroa          - Number of instructions deleted
```

注意，即使没有在命令行中显式指定，sroa 也会使用 mem2reg。如果只激活 mem2reg 流程，也会看到相同的改进：

```
$ opt sum-O0.ll -stats -mem2reg -o sum-O1.ll
=================================================================
---===
                    ... Statistics Collected ...
=================================================================
---===


2 mem2reg - Number of alloca's promoted
2 mem2reg - Number of alloca's promoted with a single store
```

5.5.3　流程间的依赖关系

变换流程（transform pass）和分析流程（analysis pass）有两种主要的依赖关系：

- 显式依赖：变换流程请求分析流程，这时，流程管理器会自动调度其依赖的分析流程，并让它在变换流程之前运行。如果你尝试运行一个依赖于其他流程的流程，管理器会自动将所有必要的流程安排到它之前运行。**循环信息**（Loop Info）和**支配树**（Dominator Tree）是向其他流程提供信息的分析例子。支配树是一种重要的数据结构，SSA 构建算法利用它决定在哪里放置 phi 函数。以 mem2reg 为例，当它在实现中请求 domtree 时，这两个流程就建立了依赖关系：

```
DominatorTree &DT = getAnalysis<DominatorTree>(Func);
```

- 隐式依赖：某些变换或分析流程依赖于 IR 代码以使用特定的语句或者模式。即使 IR 只有数量极大的其他方式来表示相同的计算，通过这种方式编译器仍然可以进行快速识别。这种关系称为隐式依赖。例如，某个流程已经被明确设计为在另一个变换流程之后才能进行，该流程可能会偏向于遵循特定模式的代码（来自之前的流程）。在这种情况下，因为这种细微的依赖关系存在于变换流程而不是分析流程上，所以需要通过命令行工具（clang 或 opt）或者使用流程管理器以正确的顺序手动将其添加到流程队列。如果传入的 IR 没有使用该流程所能识别的代码模式，该流程将无法匹配代码，并会静默地跳过代码转换。给定优化级别中的流程集合已经是独立的，不会出现依赖问题。

可以使用 opt 工具获取有关流程管理器如何调度流程以及正在使用哪些依赖流程的相关信息。例如，可以使用以下命令打印单独调用 mem2reg 时所使用的流程的完整列表：

```
$ opt sum-O0.ll -debug-pass=Structure -mem2reg -S -o sum-O1.ll
Pass Arguments:  -targetlibinfo -datalayout -notti -basictti -x86tti
-domtree -mem2reg -preverify -verify -print-module
Target Library Information
Data Layout
No target information
Target independent code generator's TTI
X86 Target Transform Info
  ModulePass Manager
    FunctionPass Manager
      Dominator Tree Construction
      Promote Memory to Register
      Preliminary module verification
      Module Verifier
    Print module to stderr
```

在 Pass Arguments 列表中，可以看到流程管理器在执行 mem2reg 之前执行了哪些额外的流程。例如，流程管理器自动执行了 domtree 流程。上述输出还详细说明了用于运行每个流程的结构：紧跟在 ModulePass 管理器之后的流程作用于每个模块，而 FunctionPass 管理器下面的流程作用于每个函数。我们还可以看到流程的执行顺序，例如"Promote Memory to Register"流程在它的依赖项"Dominator Tree Construction"流程之后运行。

5.5.4 了解流程 API

`Pass` 类是实现代码优化的主要资源。但它不能直接使用，而只能通过知名的子类来使用它。实现流程时，应该选择能让你的流程性能最佳的合适粒度的最佳子类，例如每个函数、每个模块、每个循环或者每个强连通的组件等。这种子类的常见例子如下：

- `ModulePass`：这是最通用的流程；它作用于整个模块，没有特定的函数顺序。它允许模块内的函数删除和其他变化，不为其使用者担保任何属性。通常需要编写一个从 `ModulePass` 继承的类，并重载 `runOnModule()` 方法。
- `FunctionPass`：这个子类允许一次处理一个函数，没有特定的顺序。它是最流行的流程类型，而且它禁止改变外部函数，也不允许删除函数和全局变量。在使用它时，需要写一个重载 `runOnFunction()` 方法的子类。
- `BasicBlockPass`：该子类作用于每个基本块。`FunctionPass` 类中禁用的修改同样适用于此类。它也禁止更改或删除外部基本块。需要编写一个从 `BasicBlockPass` 继承的类，并重载它的 `runOnBasicBlock()` 方法。

如果被分析的单元（模块、函数和基本块）保持不变，则重载的入口点 `runOnModule()`、`runOnFunction()` 和 `runOnBasicBlock()` 返回一个布尔值 `false`，否则返回值为 `true`。可以从 `http://llvm.org/docs/WritingAnLLVMPass.html` 找到关于 `Pass` 子类的完整文档。

5.5.5 自定义流程

假设我们需要计算程序中每个函数的参数个数，并输出函数名称。我们可以通过写一个自定义的编译流程来实现这些功能。首先，我们需要选择正确的 `Pass` 子类。这个例子中 `FunctionPass` 较为合适的，因为我们不依赖于函数顺序，也不需要删除任何东西。

我们命名流程为 `FnArgCnt` 并将其放置在 LLVM 源代码树下：

```
$ cd <llvm_source_tree>
$ mkdir lib/Transforms/FnArgCnt
$ cd lib/Transforms/FnArgCnt
```

`FnArgCnt.cpp` 文件位于 `lib/Transforms/FnArgCnt`，它需要包含流程实现，代码如下：

```
#include "llvm/IR/Function.h"
#include "llvm/Pass.h"
#include "llvm/Support/raw_ostream.h"

using namespace llvm;

namespace {
  class FnArgCnt : public FunctionPass {
  public:
    static char ID;
    FnArgCnt() : FunctionPass(ID) {}

    virtual bool runOnFunction(Function &F) {
```

```
        errs() << "FnArgCnt --- ";
        errs() << F.getName() << ": ";
        errs() << F.getArgumentList().size() << '\n';
        return false;
      }
    };
  }

  char FnArgCnt::ID = 0;
  static RegisterPass<FnArgCnt> X("fnargcnt", "Function Argument
    Count Pass", false, false);
```

首先，我们包含必要的头文件并从 llvm 命名空间导入符号：

```
#include "llvm/IR/Function.h"
#include "llvm/Pass.h"
#include "llvm/Support/raw_ostream.h"

using namespace llvm;
```

接下来，我们声明 FnArgCnt 类（FunctionPass 子类），并在 runOnFunction() 方法中实现其主要功能。我们可以从每个函数上下文中打印函数名称和它接收的参数数量。由于该类对所分析的函数没有做任何修改，因此该方法返回 false。该子类的代码如下：

```
namespace {
  struct FnArgCnt : public FunctionPass {
    static char ID;
    FnArgCnt() : FunctionPass(ID) {}

    virtual bool runOnFunction(Function &F) {
      errs() << "FnArgCnt --- ";
      errs() << F.getName() << ": ";
      errs() << F.getArgumentList().size() << '\n';
      return false;
    }
  };
}
```

上述代码中的 ID 由 LLVM 内部确定，以区分不同的流程，它可以用任何值初始化：

```
char FnArgCnt::ID = 0;
```

最后，我们处理这个流程的注册机制，下面的代码在流程加载时向流程管理器注册刚刚写好的流程。

```
static RegisterPass<FnArgCnt> X("fnargcnt", "Function Argument
  Count Pass", false, false);
```

第一个参数 fnargcnt 是流程名称，可以被 opt 工具用于识别并执行该流程，而第二个参数对应于该流程的扩展名。第三个参数表示该流程是否改变了当前的 CFG，最后一个参数只有在它实现了一个分析流程时才返回 true。

使用 LLVM 构建系统构建和运行自定义的流程

为了编译和安装流程，我们需要在源代码目录下新建一个 Makefile。与之前的项目不同，我们不再构建一个独立的工具，而是将这个 Makefile 集成在 LLVM 构建系统中。由于该子 MakeFile 依赖于 LLVM 项目的主 MakeFile，而在主 MakeFile 中已经定义了大量的规则，因此这些规则不需要在子 MakeFile 中重复定义，其内容比独立 Makefile 简单得多。请参阅以下代码：

```
# Makefile for FnArgCnt pass

# Path to top level of LLVM hierarchy
LEVEL = ../../..

# Name of the library to build
LIBRARYNAME = LLVMFnArgCnt

# Make the shared library become a loadable module so the tools can
# dlopen/dlsym on the resulting library.
LOADABLE_MODULE = 1

# Include the makefile implementation stuff
include $(LEVEL)/Makefile.common
```

Makefile 中的注释非常详细，并使用 LLVM 中通用的 Makefile 创建一个共享库。通过这种架构，我们的流程可以与其他标准流程一起安装，并直接通过 opt 加载，但在这之前需要重新构建 LLVM。

此外，我们也希望我们的流程被编译到 LLVM 的对象存储目录中，因此需要将我们的流程包含在 `Transforms` 目录下的 `Makefile` 中。在 `lib/Transforms/Makefile` 中，需要改变 `PARALLEL_DIRS` 变量以包含 `FnArgCnt` 流程：

```
PARALLEL_DIRS = Utils Instrumentation Scalar InstCombine IPO
   Vectorize Hello ObjCARC FnArgCnt
```

根据第 1 章的说明，需要重新配置 LLVM 项目：

```
$ cd path-to-build-dir
$ /PATH_TO_SOURCE/configure --prefix=/your/installation/folder
```

现在，从对象目录进入新的流程目录并运行 make：

```
$ cd lib/Transforms/FnArgCnt
$ make
```

共享库将放置在目录 **Debug+Asserts/lib** 中的构建树下。用户需要将 **Debug+Asserts** 替换为自己所需的配置模式，例如，如果是最后的发布版本，则替换为 **Release**。现在，我们可以调用 **opt** 执行自定义好的流程（以 Mac OS X 系统为例）：

```
$ opt -load <path_to_build_dir>/Debug+Asserts/lib/LLVMFnArgCnt.dylib
-fnargcnt < sum.bc >/dev/null
FnArgCnt --- sum: 2
```

在 Linux 系统中，我们需要使用适当的共享库扩展名（.so）。上述输出显示 **sum.bc** 模块只有一个带有两个整数参数的函数，符合我们的预期。

另外一种方式是重新构建整个 LLVM 系统并重新安装它。这将安装一个新的 opt 可执行文件，它无须额外的 **-load** 命令行参数就能识别我们的自定义流程。

使用自己的 Makefile 构建和运行新流程

对 LLVM 构建系统的依赖让人烦恼，比如需要重新配置整个 LLVM 项目，或重新构建所有 LLVM 工具。本小节介绍如何通过创建一个独立的 Makefile 文件来避免这些烦琐的工作。该 Makefile 可以像之前构建项目一样编译 LLVM 源代码树之外的流程。建立自己的 Makefile 需要额外的工作，但是这使得我们的代码能够独立于 LLVM 源代码树。

这里将要介绍的 Makefile 建立于在第 3 章中用于构建示例工具的独立 Makefile 基础之上。与其不同之处在于我们不再构建一个工具，而是一个基于流程的代码，并可以通过 **opt** 工具按需加载的共享库。

我们首先为该项目创建一个不在 LLVM 源代码树内的单独文件夹。我们把包含有流程实现代码的 **FnArgCnt.cpp** 文件放在这个文件夹中。其次，我们创建如下 Makefile：

```
LLVM_CONFIG?=llvm-config

ifndef VERBOSE
QUIET:=@
endif

SRC_DIR?=$(PWD)
LDFLAGS+=$(shell $(LLVM_CONFIG) --ldflags)
COMMON_FLAGS=-Wall -Wextra
CXXFLAGS+=$(COMMON_FLAGS) $(shell $(LLVM_CONFIG) --cxxflags)
CPPFLAGS+=$(shell $(LLVM_CONFIG) --cppflags) -I$(SRC_DIR)

ifeq ($(shell uname),Darwin)
LOADABLE_MODULE_OPTIONS=-bundle -undefined dynamic_lookup
else
LOADABLE_MODULE_OPTIONS=-shared -Wl,-O1
endif

FNARGPASS=fnarg.so
FNARGPASS_OBJECTS=FnArgCnt.o
default: $(FNARGPASS)

%.o : $(SRC_DIR)/%.cpp
	@echo Compiling $*.cpp
	$(QUIET)$(CXX) -c $(CPPFLAGS) $(CXXFLAGS) $<

$(FNARGPASS) : $(FNARGPASS_OBJECTS)
	@echo Linking $@
	$(QUIET)$(CXX) -o $@ $(LOADABLE_MODULE_OPTIONS) $(CXXFLAGS)
$(LDFLAGS) $^
clean::
	$(QUIET)rm -f $(FNARGPASS) $(FNARGPASS_OBJECTS)
```

与第 3 章中的示例 Makefile 相比，上述 Makefile 中的不同之处（加粗部分）在于 **LOADABLE_MODULE_OPTIONS** 变量的条件定义，该变量在链接我们的共享库的命令行中使用。它定义了一组和平台相关的编译器标志，以指示编译器输出一个共享库，而不是一个可执行文件。例如，对于 Linux，它使用 **-shared** 标志来创建共享库，同时使用 **-Wl,-O1**

标志，后面这组标志将 -O1 标志传递给 GNU 链接器 ld 命令，要求 GNU 链接器执行符号表优化，从而减少库加载时间。如果不使用 GNU 链接器，可以省略该标志。

我们还从链接器命令行中删除了 `llvm-config --libs` 的 shell 命令。这个命令被用来提供我们的项目要链接的库。我们已经确定 opt 工具已经具有所有必需的符号，因此可以省去该命令，以缩短链接时间。

接下来我们使用以下命令行构建该项目：

```
$ make
```

使用以下命令行运行在 `fnarg.so` 中构建好的流程：

```
$ opt -load=fnarg.so -fnargcnt < sum.bc > /dev/null
FnArgCnt --- sum: 2
```

5.6 总结

LLVM IR 是前端和后端之间的连接点，也是进行独立于编译目标的代码优化的地方。在本章中，我们探讨了用于操作 LLVM IR 的工具、IR 语法以及如何编写自定义 IR 代码生成器。此外，我们展示了编译流程的接口如何工作，以及如何应用优化，然后提供了如何编写自己的 IR 变换或分析流程的示例。

在下一章中，我们将讨论 LLVM 后端如何工作，以及如何构建一个能够将 LLVM IR 代码编译为指定架构的后端。

后　　端

LLVM 后端由一组代码生成分析器和变换流程（pass）组成，这些流程将 LLVM 中间表示（IR）转换为目标代码（或汇编代码）。LLVM 支持多种目标平台：ARM、AArch64、Hexagon、MSP430、MIPS、Nvidia PTX、PowerPC、R600、SPARC、SystemZ、X86 和 XCore。所有这些平台的后端共享一个通用接口，该接口使用通用 API 抽象出后端任务，是独立于目标平台的代码生成器的组成部分。每个目标平台都要在代码生成器通用类的基础上进行特化，以实现该目标平台所需的所有功能。在本章中，我们将介绍许多 LLVM 后端的通用部分的内容，这些知识对有兴趣开发新后端、维护现有后端或编写后端流程的读者非常有用。本章将涵盖以下主题：

- LLVM 后端组织结构的概述
- 如何解释描述后端的各种 TableGen 文件
- LLVM 中的指令选择
- 指令调度和寄存器分配
- 代码输出
- 如何自定义后端编译流程

6.1　概述

将 LLVM IR 转换成目标汇编代码涉及几个步骤。IR 首先被转换为包含指令、函数和全局变量的对后端友好的表示形式，该表示形式随着程序在编译器后端的处理进展而变化，并逐步接近最终的目标指令。图 6-1 显示简化的从 LLVM IR 到目标代码或汇编代码的必要步骤，其中的白框代表可以进一步提高编译质量的额外的优化流程。

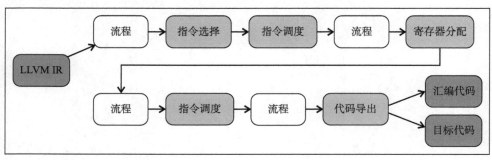

图　6-1

这个编译流程由以浅灰色框表示的不同后端阶段组成，它们也被称为超级流程，因为其内部都包含几个较小的流程。图 6-1 中灰色框与白色框的区别在于，前者表示一组对后端编译至关重要的流程，而后者表示对提高所生成代码的效率更重要的优化流程。下面列出图中所列代码生成器的不同阶段的简单描述：

- **指令选择阶段**将内存中的 IR 表示转换为指定目标的 `SelectionDAG` 节点。该阶段一开始将 LLVM IR 的三地址结构转换为**有向无环图（DAG）**形式。每个 DAG 图对应一个基本块内的指令，即每个基本块都与一个不同的 DAG 图相关联。DAG 图中的节点通常表示指令，而边则表示指令之间存在数据流依赖关系，但不仅限于此。基于 DAG 图的转换是后端中的重要环节，以便允许 LLVM 代码生成器库利用基于模式匹配的指令选择算法，此算法经过修改也作用于 DAG（不仅是树）。到此阶段结束为止，DAG 图中所有 LLVM IR 节点都会转换为目标机器节点，即每个节点代表目标机器指令，而不是 LLVM 指令。

- 在完成指令选择之后，编译器已经清楚应该使用哪些目标指令来执行每个基本块的计算，这些信息包含在 `SelectionDAG` 类中。但 DAG 图并不包含没有相互依赖关系的指令间的顺序，所以还需要返回三地址指令形式，以确定基本块内的指令顺序。**指令调度（Instruction Scheduling）**也称为**前寄存器分配调度（Pre-registeter Allocation Scheduling）**，它的第一个实例负责在尽可能多地优化指令级并行度的同时对指令进行排序。所有指令接下来将被转换为 `MachineInstr` 三地址表示形式。

- 在之前的章节中介绍过，LLVM IR 有一组无限寄存器。这个特性将一直持续到**寄存器分配（Register Allocation）**阶段之前，该阶段将无限虚拟寄存器集引用转换成特定于目标的有限寄存器集，在需要时产生溢出（spill）。

- 随后编译器运行指令调度的第二个实例，称为**后寄存器分配调度（Post-register Allocation Scheduling）**。由于此时目标机器的寄存器信息已经可用，编译器可以根据硬件资源的竞争关系和不同寄存器的访问延迟差异性进一步提升生成的代码质量。

- 最后是**代码输出（Code Emission）**阶段，它负责将 `MachineInstr` 表示的指令转换为 `MCInst` 实例。这种新的表示形式更适于汇编器和链接器，通常有两种选择：输出汇编代码或者将二进制大对象输出为特定的目标代码格式。

通过上述简要说明，可以观察到 LLVM 在整个后端流程中使用了四种不同层次的指令表示形式：内存中的 LLVM IR、SelectionDAG 节点、MachineInstr 和 MCInst。

使用后端工具

`llc` 是 LLVM 后端的主要工具。在上一章中的 `sum.bc` 位码的基础上，我们可以用下面的命令生成汇编代码：

```
$ llc sum.bc -o sum.s
```

或者，为了生成目标代码，我们使用下面的命令：

```
$ llc sum.bc -filetype=obj -o sum.o
```

使用上述命会使 `llc` 选择一个与 `sum.bc` 位码中指定的目标三元组相匹配的后端。我

们也可以使用 -march 选项覆盖并指定特定的后端。例如，使用以下命令来生成 MIPS 目标代码：

```
$ llc -march=mips -filetype=obj sum.bc -o sum.o
```

如果使用 llc -version 命令，llc 将显示 -march 支持的选项的完整列表。请注意，此列表与在 LLVM 配置期间使用的 --enable-targets 选项兼容（有关详细信息，请参阅第 1 章）。

但要注意的是，我们刚才强制 llc 使用不同的后端来为最初为 x86 编译的位码生成代码。在第 5 章中，我们解释了尽管 IR 被设计成所有后端的通用语言，但仍然具有一定的目标依赖问题。原因是 C/C++ 语言具有目标依赖的属性，所以这种依赖性也反映在 LLVM IR 上。

因此，在位码目标三元组与 -march 目标不匹配时，必须小心使用 llc。这种情况可能会导致 ABI 不匹配和生成代码质量较低等问题，并在某些情况下会导致代码生成器失败。在大多数情况下，代码生成器不会失败，只是会生成带有细小错误的代码，而这更为糟糕。

> 为了理解 IR 目标依赖在实际场景中是怎样出现的，我们来看一个例子。假设有这样一个场景：一个程序分配了一个 char 指针向量来存储不同的字符串，它使用 C 语言函数 malloc(sizeof(char*)*n) 来为该字符串向量分配内存。如果指定的前端目标是一个 32 位 MIPS 架构，则会生成一个位码，要求 malloc 分配 n 个 4 字节的内存，因为 32 位 MIPS 中的每个指针都是 4 字节。但是，如果使用此位码作为 llc 的输入，并强制它在 x86_64 体系结构上编译，则会生成不完整程序。在运行时，会发生潜在的分段错误，因为 x86_64 的每个指针均使用 8 个字节，显然我们的 malloc 调用规模过小。针对 x86_64 的正确 malloc 调用将分配 n 乘以 8 字节的空间。

6.2 后端代码结构介绍

后端实现分散在 LLVM 源代码树的不同目录中。代码生成的主要库在 lib 目录及其子文件夹 CodeGen、MC、TableGen 和 Target 中：

- CodeGen 目录包含所有通用代码生成算法的实现文件和头文件：指令选择、指令调度、寄存器分配以及它们所需的辅助分析函数。
- MC 目录包含汇编器（汇编语言分析程序）、松弛算法（反汇编器）和具体的对象文件（如 ELF、COFF、MachO 等）等低层功能的实现。
- TableGen 目录包含 TableGen 工具的完整实现，该工具用于根据 .td 文件中的高层目标描述来生成 C++ 代码。
- 每个目标都在 Target 文件夹（例如 Target/Mips）下的不同子文件夹中实现，通常包含多个 .cpp、.h 和 .td 文件。在不同目标中实现类似功能的文件通常共享相似的名称。

如果你编写了一个新的后端，你的代码将仅存在于 Target 文件夹的子文件夹中。举个例子（参见表 6-1），我们使用 Sparc 来说明 `Target/Sparc` 子文件夹的组织结构：

表 6-1　Target/Sparc 子文件夹的组织结构

文件名	描述
`SparcInstrInfo.td`	指令和格式定义寄存器和寄存器类定义
`SparcInstrFormats.td`	
`SparcRegisterInfo.td`	指令和格式定义寄存器和寄存器类定义
`SparcISelDAGToDAG.cpp`	指令选择
`SparcISelLowering.cpp`	SelectionDAG 节点降低
`SparcTargetMachine.cpp`	关于特定于目标的属性（如数据分布和 ABI）的信息
`Sparc.td`	定义机器特征、CPU 变体和扩展特征
`SparcAsmPrinter.cpp`	汇编代码输出
`SparcCallingConv.td`	ABI 定义的调用约定

由于后端通常遵守该代码组织结构，开发人员可以通过这种映射关系找到解决方案，比如很容易查看后端的某个特定问题是如何在另一个目标中实现的。例如，如果你正在 `SparcRegisterInfo.td` 中编写 Sparc 后端寄存器信息，并且想知道 x86 后端如何实现这一点，那么只需查看 `Target/X86` 文件夹中的 `X86RegisterInfo.td` 文件。

6.3　后端库介绍

`llc` 非共享代码非常少（参见 `tools/llc/llc.cpp`），与其他 LLVM 工具一样，其大部分功能都以可重用库的形式实现。`llc` 的功能由代码生成器库提供。这套代码库由目标相关部分和目标无关部分组成，这两个部分对应的库在不同的文件中，方便开发者选择想链接的部分。例如，如果在 LLVM 配置期间使用 `--enable-targets=x86,arm` 命令，则只有 x86 和 ARM 后端库链接到 `llc`。

回想一下，所有 LLVM 库都以 `libLLVM` 作为前缀。为了描述清晰，这里我们省略了此前缀。目标无关的代码生成器库包括：

- `AsmParser.a`：该库包含解析汇编文本和实现汇编程序的代码。
- `AsmPrinter.a`：该库包含打印汇编语言和实现能生成汇编文件的后端的代码。
- `CodeGen.a`：该库包含代码生成算法。
- `MC.a`：该库包含 MCInst 类及其相关代码，用于表示 LLVM 允许的最低层次程序。
- `MCDisassembler.a`：该库包含用于实现反汇编器的代码，该反汇编器用于读取目标代码并将其解码为 `MCInst` 对象。
- `MCJIT.a`：该库包含即时代码生成器的实现。
- `MCParser.a`：该库包含 `MCAsmParser` 类的接口，用于实现一个组件，以解析汇编文本并执行汇编器的部分工作。
- `SelectionDAG.a`：该库包含 `SelectionDAG` 和相关类。
- `Target.a`：该库包含的接口允许目标无关函数请求目标相关函数，尽管这个函数本身是在其他（目标相关）库中实现的。

另一方面，目标相关的库如下：

- **<Target> AsmParser.a**：该库包含 **AsmParser** 库的目标相关部分，负责实现针对目标机器的汇编器。
- **<Target> AsmPrinter.a**：该库包含打印目标指令的函数，被后端用于生成汇编文件。
- **<Target> CodeGen.a**：该库包含后端的大部分与目标相关的功能，包括特定的寄存器处理规则、指令选择和调度。
- **<Target> Desc.a**：该库包含关于低级 MC 基础结构的目标机器信息，并负责注册诸如 MCCodeEmitter 这样与目标相关的 MC 对象。
- **<Target> Disassembler.a**：该库为 **MCDisassembler** 库补充目标相关功能，以便使构建的系统能够读取字节文件并将其解码为 **MCInst** 目标指令。
- **<Target> Info.a**：该库负责在 LLVM 目标代码生成器系统中注册目标，并提供所谓的 **façade** 类，这些类允许目标无关的代码生成器库访问目标相关的功能。

在这些库名称中，需要将 **<Target>** 替换为目标名称，例如，**X86AsmParser.a** 是 X86 后端的解析器库的名称。完整的 LLVM 安装过程将在 **<LLVM_INSTALL_PATH>/lib** 目录中包含这些库。

6.4　如何使用 TableGen 实现 LLVM 后端

LLVM 使用面向记录的语言 TableGen 来描述在若干个编译阶段使用的信息。例如，在第 4 章中，我们简要地讨论了如何使用 TableGen 文件（带有 .td 扩展名）来描述前端的不同诊断过程。TableGen 最初由 LLVM 团队编写，用来帮助程序员编写 LLVM 后端。即使代码生成器库的设计强调不同编译目标之间的清晰分离（例如，使用不同的类来反映寄存器信息和指令），然而最终后端程序员还是会在不同的文件中编写使用相同目标机器信息的代码。这种方法的问题在于，尽管程序员在编写后端代码时付出了更多努力，代码中还是会出现必须手动同步的冗余信息。

例如，如果你想要更改后端处理寄存器的方法，则需要更改几个不同部分的代码：更改寄存器分配器以显示寄存器支持哪些类型；更改汇编器打印机以反映如何打印寄存器；更改汇编器解析器以反映如何在汇编语言代码中执行解析；更改反汇编器，因为需要知道寄存器如何编码。因此，后端的代码维护变得复杂。

TableGen 是作为上述问题的解决方案而创建的，它是一种声明性编程语言，用于描述充当目标信息核心存储库的文件。它的主要目的是想在一个单独的位置声明目标机器相关信息（例如，在 **<Target>InstrInfo.td** 中存储关于机器指令的描述信息），然后使用一个 TableGen 后端利用该描述信息完成某些特定功能，比如生成给予模式匹配的指令选择算法，因为用户自行实现该算法是一个异常烦琐的过程。

现在 TableGen 被广泛用于描述目标机器的各种信息，包括指令格式、指令、寄存器、模式匹配 DAG 图、指令选择匹配顺序、调用惯例和目标 CPU 属性（受支持的**指令集架构**

（ISA）特性和处理器系列）等。

 使处理器完整和自动地生成后端、模拟器和硬件综合描述文件一直是计算机体系结构领域学者们追求的目标，目前仍然是一个开放的问题。典型的方法是将所有的机器信息放入类似于 TableGen 的声明性描述语言中，然后使用工具来得到用于评估和测试处理器架构所需的各种软件（和硬件）。显而易见，这项工作非常具有挑战性，生成的工具质量仍稍逊于开发者实现的版本。LLVM 中使用 TableGen 的目的是要帮助程序员实现较小的代码编码工作量，但仍然把用 C++ 代码实现任何定制逻辑的控制权完全交给程序员。

6.4.1 TableGen 语言

TableGen 语言由用于生成记录的定义和类组成。定义语句 def 用于实例化来自关键字 class 和 multiclass 的记录。这些记录由 TableGen 后端进一步处理，以便为代码生成器、Clang 诊断过程、Clang 驱动程序选项和静态分析器检查程序等生成特定的信息。因此，记录仅用于存储信息，其实际含义由后端决定。

我们通过一个简单的例子来说明 TableGen 是如何工作的。假设你想为某个处理器架构定义 ADD 和 SUB 指令，其中 ADD 有以下两种形式：一种是所有操作数都是寄存器，另外一种是操作数是寄存器和立即数。

而 SUB 指令只有第一种形式。请参阅 insns.td 文件中的以下示例代码：

```
class Insn<bits <4> MajOpc, bit MinOpc> {
  bits<32> insnEncoding;
  let insnEncoding{15-12} = MajOpc;
  let insnEncoding{11} = MinOpc;
}
multiclass RegAndImmInsn<bits <4> opcode> {
  def rr : Insn<opcode, 0>;
  def ri : Insn<opcode, 1>;
}
def SUB : Insn<0x00, 0>;
defm ADD : RegAndImmInsn<0x01>;
```

Insn 类表示常规指令，RegAndImmInsn 多类表示具有上述形式的指令。def SUB 构造语句用于定义 SUB 记录，而 defm ADD 构造语句用于定义两个记录：ADDrr 和 ADDri。通过使用 llvm-tblgen 工具，可以处理 .td 文件并检查生成的记录：

```
$ llvm-tblgen -print-records insns.td
------------- Classes -----------------
class Insn<bits<4> Insn:MajOpc = { ?, ?, ?, ? }, bit Insn:MinOpc = ?> {
  bits<5> insnEncoding = { Insn:MinOpc, Insn:MajOpc{0},
  Insn:MajOpc{1}, Insn:MajOpc{2}, Insn:MajOpc{3} };
  string NAME = ?;
}
------------- Defs -----------------
```

```
def ADDri { // Insn ri
  bits<5> insnEncoding = { 1, 1, 0, 0, 0 };
  string NAME = "ADD";
}
def ADDrr { // Insn rr
  bits<5> insnEncoding = { 0, 1, 0, 0, 0 };
  string NAME = "ADD";
}
def SUB { // Insn
  bits<5> insnEncoding = { 0, 0, 0, 0, 0 };
  string NAME = ?;
}
```

也可以在 `llvm-tblgen` 工具中使用 TableGen 后端，通过输入 `llvm-tblgen --help` 可以列出所有的后端选项。请注意，我们的示例未使用特定于 LLVM 的领域，无法用于某个特定的后端。有关 TableGen 语言方面的更多信息，请参阅 `http://llvm.org/docs/TableGenFundamentals.html`。

6.4.2 代码生成器 .td 文件介绍

如前所述，代码生成器广泛使用 TableGen 记录来表示特定于目标的信息。我们在本小节中介绍用于代码生成的 TableGen 文件。

6.4.2.1 Target 属性

`<Target>.td` 文件（例如，`X86.td`）定义后端所支持的 ISA 功能和处理器系列。例如，`X86.td` 定义 AVX2 扩展：

```
def FeatureAVX2 : SubtargetFeature<"avx2", "X86SSELevel", "AVX2",
                                   "Enable AVX2 instructions",
                                   [FeatureAVX]>;
```

`def` 关键字基于记录类类型 `SubtargetFeature` 定义记录 `FeatureAVX2`。最后一个参数是已经在该文件中定义过的其他扩展功能的列表。因此，具有 AVX2 扩展功能的处理器包含所有的 AVX（上一代）指令。

此外，我们还可以定义处理器的类型，并包含它提供的 ISA 扩展或功能：

```
def : ProcessorModel<"corei7-avx", SandyBridgeModel,
                     [FeatureAVX, FeatureCMPXCHG16B, ...,
                     FeaturePCLMUL]>;
```

`<Target>.td` 文件还可以包括所有其他 `.td` 文件，并且作为记录特定目标信息的主要文件。`llvm-tblgen` 工具必始终使用它来获取目标机器的 `TableGen` 记录。例如，使用以下命令可以输出 x86 的所有记录：

```
$ cd <llvm_source>/lib/Target/X86
$ llvm-tblgen -print-records X86.td -I ../../../include
```

`X86.td` 文件包含但不限于 TableGen 用于生成 `X86GenSubtargetInfo.inc` 文件

的部分信息，通常在一个 .td 文件和一个单独的 .in 文件之间没有直接的映射关系。要理解这一点，需要明白 <Target>.td 是一个重要的最高层次文件，它通过 TableGen 的 include 指令引入其他所有文件。因此在生成 C++ 代码时，TableGen 总是会解析所有后端 .td 文件，这使得你可以根据需要将记录随意放在任何合适的位置。因此即使 X86.td 引入所有其他后端 .td 文件，该文件的内容（不包括 include 指令）也会与 Subtarget x86 子类的定义保持一致。

如果查看实现 x86Subtarget 类的 X86Subtarget.cpp 文件，就会发现一条 #include "X86GenSubtargetInfo.inc" 的 C++ 预处理器指令，这是将 TableGen 生成的 C++ 代码嵌入常规代码库中的方法。这个特定的 include 文件包含处理器特征常量、描述处理器特征的字符串以及其他相关资源。

6.4.2.2　寄存器

寄存器和寄存器类被定义于 <Target> RegisterInfo.td 文件中。在稍后定义指令时，寄存器类被用于将指令的操作数与特定的寄存器组关联起来。例如，X86RegisterInfo.td 中定义了 16 位寄存器，其常用方式如下：

```
let SubRegIndices = [sub_8bit, sub_8bit_hi], ... in {
  def AX : X86Reg<"ax", 0, [AL,AH]>;
  def DX : X86Reg<"dx", 2, [DL,DH]>;
  def CX : X86Reg<"cx", 1, [CL,CH]>;
  def BX : X86Reg<"bx", 3, [BL,BH]>;
...
```

let 结构用于定义一个额外的字段（在上述例子中是 SubRegIndices），该字段被放置在以 "{" 开始和以 "}" 结尾的环境所包含的所有记录中。从 X86Reg 类派生出的 16 位寄存器的定义用于存放每个寄存器的名称 / 编号和一个 8 位子寄存器列表。16 位寄存器的寄存器类定义的代码如下：

```
def GR16 : RegisterClass<"X86", [i16], 16,
                         (add AX, CX, DX, ..., BX, BP, SP,
                          R8W, R9W, ..., R15W, R12W, R13W)>;
```

GR16 寄存器类包含所有 16 位寄存器及其各自寄存器的首选分配顺序。每个寄存器类名在 TableGen 处理后需要加上后缀 RegClass，例如 GR16 成为 GR16RegClass。TableGen 会生成寄存器和寄存器类定义、用于获取其相关信息的函数实现、汇编器所需的二进制编码以及它们的 DWARF（Linux 调试记录格式）信息。可以使用 llvm-tblgen 检查 TableGen 生成的代码：

```
$ cd <llvm_source>/lib/Target/X86
$ llvm-tblgen -gen-register-info X86.td -I ../../../include
```

另外，也可以检查在 LLVM 构建过程中生成的 C++ 文件 <LLVM_BUILD_DIR>/lib/Target/X86/X86GenRegisterInfo.inc。该文件包含在 X86RegisterInfo.cpp 中用于帮助定义 X86RegisterInfo 类。除这些内容以外，它还包含处理器寄存器的枚举类型，可供开发人员在调试后端时参考。例如，开发人员可以查找寄存器与数字的对应信息

（比如哪个寄存器与数字 16 对应）。

6.4.2.3　指令

指令格式在 `<Target>InstrFormats.td` 中定义，而指令在 `<Target>InstrInfo.td` 中定义。指令格式包含了二进制形式下指令中不同的编码字段，而每个指令记录都对应一条指令。可以将常见的特征（例如，相似数据处理指令的常见编码）提取出来，创建用于派生出指令记录的 TableGen 中间指令类。每个指令或指令格式都必须是定义在 include/`llvm/Target/Target.td` 中的 `Instruction` TableGen 类的直接或间接子类。下面的代码展示指令类被后端使用的相关字段：

```
class Instruction {
  dag OutOperandList;
  dag InOperandList;
  string AsmString = "";
  list<dag> Pattern;
  list<Register> Uses = [];
  list<Register> Defs = [];
  list<Predicate> Predicates = [];
  bit isReturn = 0;
  bit isBranch = 0;
...
```

`dag` 是一个特殊的 TableGen 类型，用于保存 `SelectionDAG` 节点。这些节点代表在指令选择阶段中的操作码、寄存器或常数。上述代码中各字段的描述如下：

- `OutOperandList` 字段存储结果节点，后端可以根据该字段识别代表指令结果的 DAG 节点。例如，在 MIPS ADD 指令中，该字段被定义为 `(outs GP32Opnd:$rd)`。在这个例子中：

  ❑ `outs` 是一个特殊的 DAG 节点，表示它的子节点是输出操作数。

  ❑ `GPR32Opnd` 是 MIPS 特有的 DAG 节点，用来指示一个 MIPS 32 位通用寄存器的实例。

  ❑ `$rd` 是一个用于标识节点的任意寄存器名称。

- `InOperandList` 字段保存输入节点，例如在 MIPS ADD 指令中的 `"(ins GPR32Opnd:$rs,GPR32Opnd:$rt)"`。

- `AsmString` 字段表示汇编指令的字符串，例如在 MIPS ADD 指令中的 `"add $rd, $rs, $rt"`。

- `Pattern` 是指令选择期间将用于进行模式匹配的 `dag` 对象列表。如果模式匹配成功，则指令选择阶段用该指令替换匹配的节点。例如在 MIPS ADD 指令的匹配模式为 `[(set GPR32Opnd:$rd, (add GPR32Opnd:$rs, GPR32Opns:$rt))]`，在 `[` 与 `]` 之间的代码对应于只有一个 DAG 元素的列表，该元素的定义语法与 LISP 类似。

- `Uses` 和 `Defs` 字段分别代表执行此指令时隐式使用和定义的寄存器的列表。例如，RISC 处理器架构的返回指令隐式地使用返回地址寄存器，而调用指令隐式地定义返回地址寄存器。

- **Predicates** 字段存储在指令选择阶段尝试匹配指令之前被检查的先决条件的列表。如果该先决条件检查失败，则不进行模式匹配。例如，某个谓词可能声明该指令只对一个特定的子目标有效。如果运行带有某个目标三元组信息的代码生成器选择了另外一个子目标，则此谓词将评估为失败，并且不进行指令匹配。
- 其他字段包括 **isReturn** 和 **isBranch** 等，它们为代码生成器提供关于指令行为的额外信息。例如，如果 **isBranch=1**，则代码生成器可以知道该指令是分支，并且必须存在于每个基本块的末尾。

在下面的代码块中，可以看到 **SparcInstrInfo.td** 中 **XNORrr** 指令的定义。它使用 **F3_1** 格式（在 **SparcInstrFormats.td** 中定义），该格式涵盖了 SPARC V8 处理器架构手册中的部分 F3 格式：

```
def XNORrr : F3_1<2, 0b000111,
  (outs IntRegs:$dst), (ins IntRegs:$b, IntRegs:$c),
    "xnor $b, $c, $dst",
  [(set i32:$dst, (not (xor i32:$b, i32:$c)))]>;
```

XOORrr 指令有两个 **IntRegs**（代表 SPARC 32 位整型寄存器类的目标相关 DAG 节点）源操作数和一个 **IntRegs** 结果，如在 **OutOperandList=(outs IntRegs:$dst)** 和 **InOperandList=(ins IntRegs:$b, IntRegs:$c)** 中所见。

AsmString 汇编程序是指使用 $ 记号指定的操作数：**"xnor $b, $c, $dst"**。**Pattern** 字段的列表元素（**set i32:$dst, (not(xor i32:$b, i32:$c))**）包含应当与指令匹配的 **SelectionDAG** 节点。例如，只要 xor 指令的结果通过 not 指令被位反转并且 xor 指令的两个操作数都是寄存器，则 **XNORrr** 指令就会被匹配。

可以使用以下命令序列检查 **XNORrr** 指令记录字段：

```
$ cd <llvm_sources>/lib/Target/Sparc
$ llvm-tblgen -print-records Sparc.td -I ../../../include | grep XNORrr
-A 10
```

多个 TableGen 后端利用指令记录的信息来完成其功能，从相同的指令记录生成不同的 **.inc** 文件。这与 TableGen 创建一个核心代码仓库以便将代码生成到后端的多个部分的目标是一致的。以下每一个文件均由不同的 TableGen 后端生成：

- **<Target>GenDAGISel.inc**：该文件使用指令记录中 **patterns** 字段的信息来输出相应的代码，以选择 **SelectionDAG** 数据结构的指令。该文件包含在 **<Target>ISelDAGtoDAG.cpp** 文件中。
- **<Target>GenInstrInfo.inc**：作为众多指令描述表的一员，该文件包含用于列举目标机器中所有指令的枚举类型。该文件包含在 **<Target>InstrInfo.cpp**、**<Target>InstrInfo.h**、**<Target>MCTargetDesc.cpp** 和 **<Target>MCTargetDesc.h** 中。但是，在包含该 TableGen 生成文件之前，每个文件都会定义一组特定的宏，从而更改文件在每个上下文中的解析和使用方式。
- **<Target>GenAsmWriter.inc**：该文件包含的代码用于打印每个指令汇编码的字

符串。它包含在 `<Target>AsmPrinter.cpp` 文件中。

- `<Target>GenCodeEmitter.inc`：该文件包含用于将每个指令输出为二进制码的代码，最终被用于生成目标文件中的机器码。它包含在 `<Target>CodeEmitter.cpp` 文件中。

- `<Target>GenDisassemblerTables.inc`：该文件实现能够解码字节序列并识别它所代表的目标指令的表格和算法。它用于实现反汇编器，并包含在 `<Target>Disassembler.cpp` 文件中。

- `<Target>GenAsmMatcher.inc`：该文件实现目标指令汇编器的解析器。`<Target>AsmParser.cpp` 文件中两次引用它，每次引用对应于一组不同的预处理宏，从而改变该文件的解析方式。

6.5 指令选择阶段介绍

指令选择是将 LLVM IR 转换为代表目标指令的 SelectionDAG 节点（SDNode）的过程。第一步是从 LLVM IR 指令构建 DAG，从而创建一个其节点执行 IR 操作的 SelectionDAG 对象。然后，对这些节点执行降级、DAG 组合器和合法化阶段，使其能更容易与目标指令相匹配。然后，指令选择算法使用节点模式匹配进行 DAG 到 DAG 的转换，并将 SelectionDAG 节点转换成代表目标指令的节点。

 指令选择流程是后端代码中执行时间最长的流程之一。一项基于 SPEC CPU2006 基准测试的研究表明，指令选择流程的平均花费时间几乎占据 llc 工具（LLVM 3.0）中使用 -O2 级优化生成 x86 代码所花费时间的一半。如果有兴趣了解在所有 -O2 级别下目标无关和目标相关的流程中所花费的平均时间，可以查看 LLVM JIT 编译成本分析技术报告的附录，网址为 `http://www.ic.unicamp.BR/`～`RELTECH/2013/13-13.pdf`。

6.5.1 SelectionDAG 类

SelectionDAG 类使用 DAG 来表示每个基本块的计算，每个 SDNode 对应一个指令或操作数。图 6-2 由 LLVM 生成，描述只有一个函数和一个基本块的 sum.bc 文件的 DAG。

图 6-2 中的箭头线条代表两个操作之间具有顺序性的 use-def 关系。如果节点 B（例如，add）具有指向节点 A（例如，Constant <-10>）的箭头线条，则意味着节点 A（32 位整数 -10）定义了节点 B 所使用的变量（作为加法指令的一个操作数）。因此，A 的操作必须在 B 之前执行。黑色实线箭头的常规线条表示如 add 示例一样的数据流依赖性。蓝色虚线箭头线条表示非数据流链，强制规定两条不相关的指令之间的执行顺序，例如，如果访问相同的内存地址，则加载和存储指令必须保持其原始程序的顺序。根据上图中的蓝色虚线，我们知道 CopyToReg 操作必须在 X86ISD::RET_FLAG 之前发生。红色的线条要求确保它的相邻节点必须在一起执行，即它们之间不能执行其他任何指令。例如，上述例子中因为红

色线条的缘故，节点 CopyToReg 和 X86ISD::RET_FLAG 必须被安排在一起执行。

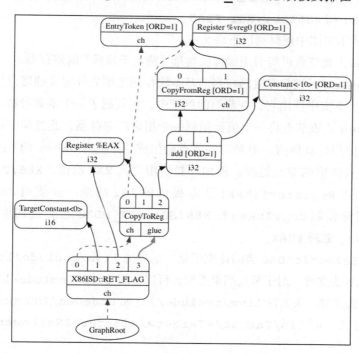

图　6-2

每个节点可以根据与消费者的关系提供不同类型的值。值不一定是具体的，也可能是一个抽象的记号。它可能是以下任何一种类型：

- 节点提供的值可以是表示整数、浮点数、向量或指针的具体值类型。数据处理节点的结果就是这个类别的一个例子，该结果是根据操作数计算出的新值。类型可以是 i32、i64、f32、v2f32（具有两个 f32 元素的向量）和 iPTR 等。当另一个节点使用这个值时，生产者与消费者关系在 LLVM 图中用常规的黑线表示。
- Other 类型是用于表示链值的抽象记号（图中的 ch）。当另一个节点使用这种类型值时，连接两者的边将在 LLVM 图中以蓝色虚线打印。
- Glue 类型代表粘连节点。当另一个节点使用 Glue 类型值时，连接两个节点的线将在 LLVM 图中以红色表示。

SelectionDAG 对象有一个表示基本块入口的特殊 EntryToken 节点，该节点对应一个类型为 Other 的值，以允许节点链使用它作为起点。SelectionDAG 对象同时还维护对 DAG 图的根节点的引用，该根节点位于最后一条指令之后，根节点和最后一条指令的关系也被编码为一条 Other 类型的值链。

在此阶段，经过诸如降级和合法化等负责使 DAG 图做好指令选择准备的预备步骤之后，目标无关和目标相关的节点可以共存。但在指令选择结束之前，所有与目标指令成功匹配的节点都将是目标相关的。在图 6-2 中，我们有以下目标无关的节点：CopyToReg、CopyFromReg、Register(%vreg0)、add 和 Constant。另外，我们有以下已经被预处理,并且是特定于目标的节点(尽管它们在指令选择之后仍然可以改变):`TargetConstant`、`Register(%EAX)` 和 `X86ISD::RET_FLAG`。

我们还可能从示例图中观察到以下语义:

- `Register`:此节点可能引用虚拟或物理(特定于目标)的寄存器。
- `CopyFromReg`:该节点复制在当前基本块作用范围之外定义的寄存器,从而允许我们在当前上下文中使用它,在前面的例子中,它复制了一个函数参数。
- `CopyToReg`:该节点将一个值复制到一个指定的寄存器,此过程中不输出任何可被其他节点使用的具体值。但是,该节点会生成(类型为 `Other` 的)链值,以便与其他不生成具体值的节点链接。例如,要使用写入 `EAX` 的值,`X86ISD::RET_FLAG`节点使用由 `Register(%EAX)` 节点提供的 `i32` 结果,并使用 `CopyToReg` 生成的链。该链强制 `CopyToReg` 在 `X86ISD::RET_FLAG` 之前被调度,因此确保用 `CopyToReg` 更新 `%EAX`。

要深入了解 `SelectionDAG` 类的详细信息,请参阅 `llvm/include/llvm/CodeGen/SelectionDAG.h` 头文件。对于节点结果类型,可以参阅 `llvm/include/llvm/CodeGen/ValueTypes.h` 头文件。头文件 `llvm/include/llvm/CodeGen/ISDOpcodes.h` 包含目标无关节点的定义,而 `lib/Target/<Target>/<Target>ISelLowering.h` 定义目标相关的节点。

6.5.2　降级

前面展示了一个图表,其中特定于目标的节点和与目标无关的节点共存。你可能对此有疑问,如果这是指令选择阶段的输入,那么为什么在 `SelectionDAG` 类中已经有一些特定于目标的节点? 为了理解这一点,我们首先来看图 6-3,该图显示指令选择之前的所有处理步骤(从左上角的 LLVM IR 步骤开始):

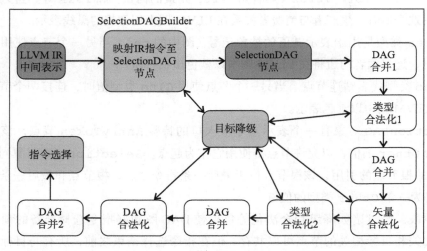

图　6-3

首先,一个 `SelectionDAGBuilder` 实例(更多细节请见 `SelectionDAGISel.cpp`)

访问每个函数，并为每个基本块创建一个 SelectionDAG 对象。在这个过程中，某些特殊的 IR 指令（如 call 和 ret）已经需要遵循特定于目标机器的习惯用法（例如，如何传递函数调用的参数以及如何从函数返回等），以便转换成 SelectionDAG 节点。解决这个问题需要用到 TargetLowering 类中的算法，这个类是一个抽象接口，每个编译目标都必须实现该类，但是它还是有许多在所有的编译目标中通用的功能。

为了实现这个抽象接口（TargetLowering 类），每个编译目标都需要声明一个名为 <Target>TargetLowering 的 TargetLowering 子类。每个目标也需要重载那些有关将高层次的目标节点降低到更低层次、更接近目标机器的函数。正如预期的那样，只有一小部分节点以这种方式降低，大部分的其他节点中则在指令选择时被匹配和替换。比如在 sum.bc 文件的 SelectionDAG 中，X86TargetLowering::LowerReturn() 方法（见 lib/Target/X86/X86ISelLowering.cpp）被用于对 IR ret 指令降级。该操作将生成 X86ISD::RET_FLAG 节点，此节点将函数结果复制到 EAX 寄存器，这是特定于编译目标（X86）的函数返回处理方式。

6.5.3　DAG 合并以及合法化

从 SelectionDAGBuilder 产生的输出 SelectionDAG 还必须经过图 6-3 所示的其他转换才能进行指令选择。指令选择之前的流程顺序如下：

- DAG 合并流程对次优的 SelectionDAG 结构进行优化，为此，它首先进行节点匹配，并尽可能使用更为简单的结构替换当前节点。例如，子图 (add(Register X),(constant 0)) 可以被直接折叠为 (Register X)。与此类似，特定于目标的合并过程可以识别节点的模式并通过合并或者折叠等方式提高其对于指定目标的指令选择质量。你可以在 lib/CodeGen/SelectionDAG/DAGCombiner.cpp 文件中找到 LLVM 常见 DAG 合并优化实现，并在 lib/Target/<Target_Name>/<Target>ISelLowering.cpp 文件中找到特定于目标的合并优化实现。函数 setTargetDAGCombine() 负责标记当前编译目标下应该合并的节点。例如，MIPS 后端试图合并加法。请参阅 lib/Target/Mips/MipsISelLowering.cpp 中的 setTargetDAGCombine（ISD::ADD）和 performADDCombine()。

 DAG 合并在每个合法化阶段后运行，以最小化 SelectionDAG 的冗余。此外，DAG 合并知道其在当前编译器所处的阶段（例如类型合法化或向量合法化之后），这些信息使得该合并过程可以更加精确。

- 类型合法化流程保证指令选择阶段只需处理合法类型。"合法类型"是指编译目标原生支持的类型。例如，对于仅支持 i32 类型的目标，操作数为 i64 的加法操作是非法的。对于这种情况，类型合法化工具 integer expansion 会将 i64 操作数拆分成两个 i32 操作数，同时插入适当的处理节点。具体而言，编译目标会事先定义好寄存器类与每个类型的对应关系，从而明确声明其所支持的类型。在此基础上，编译器必须检测和处理非法类型：标量类型可以被提升或者扩展，矢量类型可以被分割、标量化或者填充（这些处理的解释请参见 `llvm/include/llvm/Target/TargetLowering.h`）。编译目标也可以通过自定义方法来合法化类型。类型合法化流程运行两次，分别在第一次 DAG 合并后和矢量合法化后。

- 有些情况下，后端可以直接支持向量类型，这意味着它有一个相应的寄存器类，但是它可能不支持某些针对给定向量类型的特定操作。例如，具有 SSE2 的 x86 架构支持 `v4i32` 向量类型。但该架构不支持对于 `v4i32` 类型的 `ISD::OR` 操作，但仅支持 `v2i64` 类型。因此矢量合法化工具需要处理这些情况，并使用合法的类型和指令提升或扩展操作。编译目标也可以通过自定义的方式处理合法化问题。读者可以查看 `lib/Target/X86/X86ISelLowering.cpp` 的以下代码片段：

```
setOperationAction(ISD::OR, v4i32, Promote);
AddPromotedToType (ISD::OR, v4i32, MVT::v2i64);
```

> 对于某些类型，扩展将删除矢量并使用标量。这可能会导致产生不被编译目标支持的标量类型，因此还需要后续的类型合法化实例对其进行清除。

- DAG 合法化程序与矢量合法化程序具有相同的作用，但它负责处理对不支持类型（标量或矢量）的所有剩余操作。它也包含有例如提升、扩展、自定义节点处理等之前解释过的操作。例如，x86 架构不支持以下三种中的任何一种：i8 类型的带符号整数与浮点转换（`ISD::SINT_TO_FP`），这要求合法器进行提升操作；i32 类型的带符号整数除法操作（`ISD::SDIV`），这要求合法器进行扩展操作并调用相应库函数来处理除法；f32 类型的浮点数绝对值操作（`ISD::FABS`），合法器通过自定义处理程序生成具有相同效果的代码。x86 的合法器以如下方式完成这些操作（参见 `lib/Target/X86/X86ISelLowering.cpp`）：

```
setOperationAction(ISD::SINT_TO_FP, MVT::i8, Promote);
setOperationAction(ISD::SDIV, MVT::i32, Expand);
setOperationAction(ISD::FABS, MVT::f32, Custom);
```

6.5.4　DAG 到 DAG 指令选择

DAG 到 DAG 指令选择的目的是通过使用模式匹配将目标无关节点转换成目标相关节点。指令选择算法是一个局部算法，每次在 `SelectionDAG`（基本块）实例上执行。

举个例子，我们接下来将介绍在完成指令选择之后最终的 `SelectionDAG` 结构。`CopyToReg`、`CopyFromReg` 和 `Register` 节点是不变的，一直保留到寄存器分配阶段。实际上，指令选择阶段可能会产生额外的这些指令。在指令选择阶段之后，`ISD::ADD` 节点被转换为 X86 指令 `ADD32ri8`，而 `X86ISD::RET_FLAG` 指令被转换成 `RET`，如图 6-4 所示。

> 请注意，同一个 DAG 中可能出现三种类型的指令表示形式共存的情况：比如 `ISD::ADD` 的通用 LLVM ISD 节点，比如 `X86ISD::RET_FLAG` 的特定于目标的 `<Target>ISD` 节点和比如 `X86::ADD32ri8` 的目标实际指令。

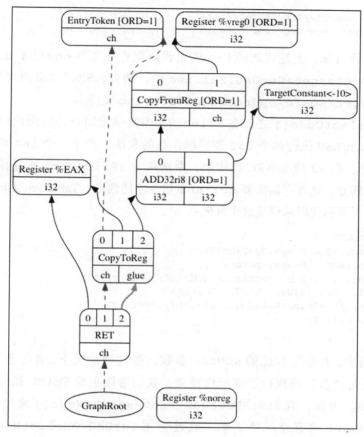

图 6-4

模式匹配

每个编译目标都通过在名为 `<Target_Name>DAGToDAGISel` 的 `SelectionDAGISel` 子类中实现 `Select` 方法来进行指令选择（例如 SPARC 中的 `SparcDAGToDAGISel::Select()`，请参阅文件 `lib/Target/Sparc/SparcISelDAGToDAG.cpp`）。该方法接收一个待匹配的 `SDNode` 作为参数，并返回表示实际指令的 `SDNode` 值，否则会发生错误。

`Select()` 方法允许以两种方式来匹配实际指令。最直接的方法是通过调用从 TableGen 模式生成的匹配代码，如以下列表的步骤 1 所示。但是，生成的匹配模式可能不足以应付某些指令的不常见行为。在这种情况下，必须使用以下列表的第 2 步所示的方法编写定制化的 C++ 匹配逻辑实现。方法细节如下：

1. `Select()` 方法调用 `SelectCode()`。TableGen 工具为每个编译目标生成 `SelectCode()` 方法，在此代码中，包含有将 ISD 和 `<Target>ISD` 节点映射到实际指令节点的 `MatcherTable` 匹配表。该匹配表是从 .td 文件（通常是 `<Target>InstrInfo.td`）中的指令定义生成的。`SelectCod()` 方法最后调用 `SelectCodeCommo()`，后者是一个与目标相关的函数，以便通过使用之前生成的匹配表来匹配节点。TableGen 有一个专门的指令选择后端来生成这些函数和匹配表：

```
$ cd <llvm_source>/lib/Target/Sparc
$ llvm-tblgen -gen-dag-isel Sparc.td -I ../../../include
```

对于每个编译目标，上述代码的 C++ 输出代码保存在文件 <build_dir>/lib/Target/<Target>/<Target>GenDAGISel.inc 中，例如，SPARC 架构对应的 <build_dir>/lib/Target/Sparc/SparcGenDAGISel.inc 文件。

2. 在调用 SelectCode() 之前在 Select() 中提供定制化的匹配代码。例如在 i32 节点类型 ISD::MULHU 执行两个 i32 类型操作数的乘法，产生一个 i64 类型结果，并返回高位 i32 部分。在 32 位 SPARC 架构中，乘法指令 SP::UMULrr 通过特殊寄存器 Y 返回结果中较高的部分，该寄存器需要 SP::RDY 指令才能读取。TableGen 无法实现该处理逻辑，因此我们用下面的代码来解决这个问题：

```
case ISD::MULHU: {
  SDValue MulLHS = N->getOperand(0);
  SDValue MulRHS = N->getOperand(1);
  SDNode *Mul = CurDAG->getMachineNode(SP::UMULrr, dl,
    MVT::i32, MVT::Glue, MulLHS, MulRHS);
  return CurDAG->SelectNodeTo(N, SP::RDY, MVT::i32,
    SDValue(Mul, 1));
}
```

在上述代码中，N 是要匹配的 SDNode 参数，在这种情况下，N 等于 ISD::MULHU。由于在 case 语句之前已经执行了规范性检查，我们继续生成 SPARC 指定的操作码以取代 ISD::MULHU。为此，我们调用 CurDAG->getMachineNode() 来创建一个带有实际指令 SP::UMULrr 的节点。接下来，通过调用 CurDAG->SelectNodeTo()，创建一个 SP::RDY 指令节点，并将所有使用的 ISD::MULHU 结果改为指向 SP::RDY 的结果。图 6-5 显示指令选择阶段前后的 SelectionDAG 结构。前面的 C++ 代码片段是 lib/Target/Sparc/SparcISelDAGToDAG.cpp 中代码的简化版本。

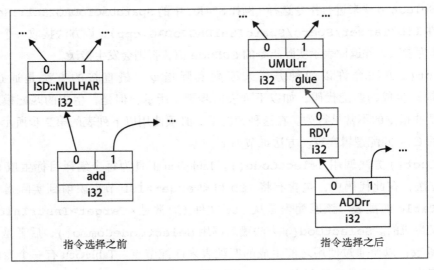

图　6-5

6.5.5　指令选择过程可视化

　　`llc` 工具中存在几个可以对 `SelectionDAG` 类在指令选择的不同阶段进行可视化的选项。可以使用这些选项生成一个类似于本章前面所显示的 `.dot` 图结构，但需要使用 dot 程序来显示它，或用 dotty 编辑它。这些工具可以从 `www.graphviz.org` 的 Graphviz 包中获取。表 6-2 展示按照执行顺序排序的所有选项：

表 6-2　选项列表

llc 选项	阶段
`-view-dag-combine1-dags`	DAG 合并 1 之前
`-view-legalize-types-dags`	合法化类型之前
`-view-dag-combine-lt-dags`	合法化类型 2 之后和 DAG 合并之前
`-view-legalize-dags`	合法化之前
`-view-dag-combine2-dags`	DAG 合并 2 之前
`-view-isel-dags`	指令选择之前
`-view-sched-dags`	指令选择之后和调度之前

6.5.6　快速指令选择

　　LLVM 还支持一种称为快速指令选择的算法（对应于 `FastISel` 类，位于 `<llvm_source>/lib/CodeGen/SelectionDAG/FastISel.cpp` 文件中）。快速指令选择牺牲代码质量换取快速的代码生成，这符合 -O0 优化级别流程的原理。速度上的增益来自避免复杂的折叠和降级逻辑。对于简单操作，该算法使用 TableGen 描述，但对于更为复杂的指令匹配，仍然需要特定于目标的处理代码。

　　-O0 流程还使用了更为快速但不是最佳的寄存器分配器和调度器，这同样是牺牲代码质量来提高编译速度。我们将在后面介绍它们。

6.6　调度器

　　在指令选择阶段之后，`SelectionDAG` 结构将具有代表实际指令的节点，这些指令能直接运行在目标处理器上。下一阶段包括对 `SelectionDAG` 节点（`SDNodes`）进行寄存器预分配调度。LLVM 提供了几个不同的调度程序，它们都是 `ScheduleDAGSDNodes` 的子类（请参阅文件 `<llvm_source>/lib/CodeGen/SelectionDAG/ScheduleDAGSDNodes.cpp`）。开发人员可以使用 `llc` 工具的 `-pre-RA-sched=<scheduler>` 选项来选择调度程序类型。`<scheduler>` 的可能值如下：

- `list-ilp`、`list-hybrid`、`source` 和 `list-burr`：这些选项引用由 `ScheduleDAGRRList` 类（参见文件 `<llvm_source>/lib/CodeGen/SelectionDAG/ScheduleDAGRRList.cpp`）实现的列表调度算法。
- `fast`：`ScheduleDAGFast` 类（在 `<llvm_source>/lib/CodeGen/SelectionDAG/ScheduleDAGFast.cpp` 中）实现次优但快速的调度器。

- vliw-td：由 ScheduleDAGVLIW 类实现的专门针对 VLIW 架构的调度程序（请参阅文件 <llvm_source>/lib/CodeGen/SelectionDAG/ScheduleDAGVLIW.cpp）。

default 选项自动为目标选择最佳预定义调度程序，而 linearize 选项不执行任何调度。这些调度程序都可能根据详细的指令执行进程表和竞争关系等信息来更好地完成指令调度任务。

> 代码生成器中有三个不同的调度程序执行方式：两个在寄存器分配之前，一个在寄存器分配之后。第一个对 SelectionDAG 节点执行，另外两个对机器指令执行，本章随后将进一步解释。

6.6.1　指令执行进程表

某些目标机器提供包括指令延迟和硬件流程信息的指令执行进程表（Instruction Itinerary）。调度程序在调度决策期间使用这些属性来最大化吞吐量并避免性能损失。这些信息在每个目标目录下的 TableGen 文件中进行描述，其文件名通常为 <Target>Schedule.td（例如，X86Schedule.td）。

LLVM 在 <llvm_source>/include/llvm/Target/TargetItinerary.td 中提供 ProcessorItineraries TableGen 类，如下所示：

```
class ProcessorItineraries<list<FuncUnit> fu, list<Bypass> bp,
                           list<InstrItinData> iid> {
  ...
}
```

编译目标可以为单一处理器架构或处理器系列定义指令的执行进程表。为此，编译目标必须提供关于执行单元（FuncUnit）、管道旁路（Bypass）和指令执行进程数据（InstrItinData）的列表。例如，ARM Cortex A8 指令的执行进程表位于 <llvm_source>/lib/Target/ARM/ARMScheduleA8.td 中，如下所示：

```
def CortexA8Itineraries : ProcessorItineraries<
  [A8_Pipe0, A8_Pipe1, A8_LSPipe, A8_NPipe, A8_NLSPipe],
  [], [
  ...
  InstrItinData<IIC_iALUi, [InstrStage<1, [A8_Pipe0, A8_Pipe1]>],
    [2, 2]>,
  ]>;
```

我们在上述代码中没有观察到旁路，但我们可以观察到该处理器的执行单元列表（A8_Pipe0、A8_Pipe1 等）以及来自 IIC_iALUi 类型的指令的执行进程表数据。这种指令类型是一种形如 reg = reg + immediate 格式的二进制指令，比如 ADDri 和 SUBri 指令。这些指令需要一个机器周期来完成涉及 A8_Pipe0 和 A8_Pipe1 执行单元的阶段，如 InstrStage<1,[A8_Pipe0,A8_Pipe1]> 中所定义。

上述代码的最后部分，列表 [2,2] 表示在输出指令之后读取或写入每个操作数所需的周期数。在上面的例子中，目标寄存器（索引 0）和源寄存器（索引 1）在 2 个周期后都可用。

6.6.2　竞争检测

竞争识别器通过使用处理器的指令执行进度表中的信息来计算竞争关系。Schedule HazardRecognizer 类是实现竞争识别器的接口，而 ScoreboardHazardRecognizer 子类实现了基于记分板的竞争识别器（请参阅文件 <llvm_source>/lib/CodeGen/Scoreboard-HazardRecognizer.cpp），它也是 LLVM 默认的竞争识别器。

在 TableGen 无法表达特定约束的情况下，可以为编译目标提供自己的竞争识别器。例如 ARM 和 PowerPC 都提供了 ScoreboardHazardRecognizer 子类。

6.6.3　调度单元

调度程序在寄存器分配之前和之后运行。但是，SDNode 指令表示形式仅在寄存器分配之前可用，而寄存器分配之后则使用 MachineInstr 类。为了处理 SDNode 和 Machine-Instrs，SUnit 类（参见文件 <llvm_source>/include/llvm/CodeGen/Schedule-DAG.h）在指令调度期间将底层指令表示抽象为调度单元。llc 工具可以通过使用选项 -view-sunit-dags 来打印调度单元。

6.7　机器指令

寄存器分配器的处理对象是由 MachineInstr 类（简称 MI，定义于 <llvm_source>/include/llvm/CodeGen/MachineInstr.h）提供的指令表示形式。在指令调度之后运行的 InstrEmitter 流程将 SDNode 格式转换为 MachineInstr 格式。顾名思义，这个表示比 IR 指令更接近实际的目标指令。与 SDNode 格式及其 DAG 形式不同，MI 格式是程序的三地址表示，就是说，它是指令序列而不是 DAG 图，这使得编译器能够有效地进行调度决策，即决定每条指令的顺序。每个 MI 指令都包含有一个操作码号码和一个操作数列表，其中操作码号码是一个只对特定后端有意义的数字。

通过使用 llc 工具中的 -print-machineinstrs 选项，可以打印所有已注册流程或特定指令之后的机器指令，使用方法为 -printmachineinstrs=<pass-name>。流程名称必须与 LLVM 源代码对应。感兴趣的读者可以在 LLVM 源代码文件夹下运行 grep，以搜索流程用来注册其名称的宏：

```
$ grep -r INITIALIZE_PASS_BEGIN *
CodeGen/PHIElimination.cpp:INITIALIZE_PASS_BEGIN(PHIElimination, "phi-
node-elimination"
(...)
```

例如，下面是 sum.bc 文件在 SPARC 架构上完成所有流程后的机器代码：

```
$ llc -march=sparc -print-machineinstrs sum.bc
Function Live Ins: %I0 in %vreg0, %I1 in %vreg1
BB#0: derived from LLVM BB %entry
    Live Ins: %I0 %I1
  %vreg1<def> = COPY %I1; IntRegs:%vreg1
  %vreg0<def> = COPY %I0; IntRegs:%vreg0
  %vreg2<def> = ADDrr %vreg1, %vreg0; IntRegs:%vreg2,%vreg1,%vreg0
  %I0<def> = COPY %vreg2; IntRegs:%vreg2
  RETL 8, %I0<imp-use>
```

MI 类包含有关指令的重要元信息：它存储该指令使用和定义的寄存器，并区分寄存器操作数和内存操作数（以及其他类型），存储指令类型（分支、返回、调用和终止符等），存储谓词（比如是否可交换等）。保留这些信息是非常重要的，即使在 MI 等较低层次也是如此，因为在 InstrEmitter 之后和代码输出之前运行的所有流程都依靠这些信息来执行分析。

6.8   寄存器分配

寄存器分配的基本任务是将数量不限的虚拟寄存器转换为物理（有限的）寄存器。由于编译目标的物理寄存器数量有限，因此需要为一些虚拟寄存器分配对应的内存地址，即溢出地址（spill slots）。然而，由于某些机器指令需要用到特定寄存器来存储结果，或者 ABI 有某些特殊规定，因此一些 MI 代码段可能在寄存器分配之前就已经使用了物理寄存器。对于这些情况，寄存器分配器需要遵守现有的分配结果，并将其他物理寄存器分配给剩余的虚拟寄存器。

LLVM 寄存器分配器的另一个重要作用是解构 IR 的 SSA 形式。直到此时，机器指令还可能包含从原始 LLVM IR 复制的 phi 指令，保留这些指令是为了支持 SSA 形式所必需的，以便帮助编译器实现特定于机器的优化。但是将 SSA 形式还原为正常形式需要使用复制指令来代替 phi 指令。而寄存器分配阶段进行的正是分配寄存器和消除冗余复制操作等任务，因此解构 SSA 必须在寄存器分配之前进行。

LLVM 有 4 个寄存器分配实现，可以使用 llc 的 -regalloc=<regalloc_name> 选项选择它们。<regalloc_name> 选项如下：pbqp、greedy、basic 和 fast。

- pbqp：该选项将寄存器分配问题映射成分区布尔二次编程（PBQP）问题。PBQP 求解程序用于将此问题的结果映射回寄存器。

- greedy：该选项提供了一个高效的全局（整个函数）寄存器分配算法，支持变量生存周期分割并最小化溢出次数。读者可以从如下链接找到关于该算法的解释：http://blog.llvm.org/2011/09/greedy-register-allocation-in-llvm-30.html。

- basic：该选项使用一个非常简单的分配器，并提供一个扩展接口。它是所有寄存器分配效率的基准线，并为开发人员实现新的寄存器分配器提供基础。可以在上面介绍 greed 算法的相同文章中了解此算法。

- fast：这个分配器算法是局部的（基于每个基本块运行），其主要思想是将变量保存在寄存器中并尽可能地多次重用。

default 分配器被映射到 4 个选项之一，并根据当前优化级别（-O 选项）进行选择。

不管选择哪种算法，寄存器分配器都实现于一个流程内，但它仍然依赖于其他分析过程，这些过程组成了分配器的基本框架。这个框架包括几个流程，我们接下来通过介绍寄存器合并器和虚拟寄存器重写过程来说明其概念。图 6-6 说明了这些流程是如何相互作用的。

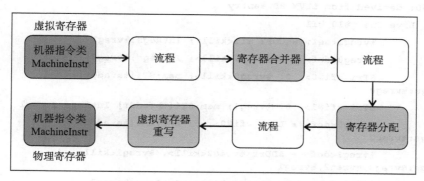

图　6-6

6.8.1　寄存器合并器

寄存器合并器通过合并代码区间来删除多余的复制指令（COPY）。该聚合是一个基于目标机器函数的流程，在 RegisterCoalescer 类中实现（请参阅 lib/CodeGen/Register Coalescer.cpp）。基于机器函数的流程与基于每个函数的 IR 流程类似，但后者采取 IR 指令的格式，而前者采取基于机器指令的格式。在聚合过程中，函数 joinAllIntervals() 遍历复制指令的工作列表。函数 joinCopy() 通过复制机器指令创建 CoalescerPair 实例，并尽可能地合并副本。

代码区间由对应开始和结束的一对程序点组成。代码区间的起始点对应一条定义某个值的指令，并一直持续到另一条指令使用该值。让我们看看在 sum.bc 位码示例中运行合并器后会发生什么。

我们使用 llc 中的 regalloc 调试选项来检查合并器的调试输出：

```
$ llc -march=sparc -debug-only=regalloc sum.bc 2>&1 | head -n30
Computing live-in reg-units in ABI blocks.
0B          BB#0 I0#0 I1#0
********* INTERVALS *********
I0 [0B,32r:0) [112r,128r:1)  0@0B-phi 1@112r
I1 [0B,16r:0)  0@0B-phi
%vreg0 [32r,48r:0)  0@32r
%vreg1 [16r,96r:0)  0@16r
%vreg2 [80r,96r:0)  0@80r
%vreg3 [96r,112r:0)  0@96r
RegMasks:
```

```
********** MACHINEINSTRS **********
# Machine code for function sum: Post SSA
Frame Objects:
  fi#0: size=4, align=4, at location[SP]
  fi#1: size=4, align=4, at location[SP]
Function Live Ins: $IO in %vreg0, $I1 in %vreg1

0B BB#0: derived from LLVM BB %entry
      Live Ins: %IO %I1
16B           %vreg1<def> = COPY %I1<kill>; IntRegs:%vreg1
32B           %vreg0<def> = COPY %IO<kill>; IntRegs:%vreg0
48B           STri <fi#0>, 0, %vreg0<kill>; mem:ST4[%a.addr]
IntRegs:%vreg0
64B           STri <fi#1>, 0, %vreg1; mem:ST4[%b.addr] IntRegs:$vreg1
80B           %vreg2<def> = LDri <fi#0>, 0; mem:LD4[%a.addr]
IntRegs:%vreg2
96B           %vreg3<def> = ADDrr %vreg2<kill>, %vreg1<kill>;
IntRegs:%vreg3,%vreg2,%vreg1
112B          %IO<def> = COPY %vreg3<kill>; IntRegs:%vreg3
128B          RETL 8, %IO<imp-use,kill>

# End machine code for function sum.
```

可以使用 –debug-only 选项为特定 LLVM 流程或组件启用内部调试消息。若
要寻找某个要调试的组件，请在 LLVM 源文件夹中运行 grep -r "DEBUG_
TYPE" *。DEBUG_TYPE 宏定义了可以激活当前文件的调试消息的标志选项，
例如，#define DEBUG_TYPE "regalloc" 被用在实现寄存器分配过程的文
件中。

请注意，我们使用 2>&1 将用于打印调试信息的标准错误输出重定向到标准输出。之
后，我们将标准输出（以及调试信息）定向到 head -n30，以便仅打印输出的前 30 行。因为
调试信息可能非常冗长，我们可以通过这种方式控制终端显示的信息量。

我们首先检查 ** MACHINEINSTRS ** 输出，这是合并器流程的所有输入机器指令，
使用 -print-machine-insts=phi-node-elimination 选项将获得同样的输出，因
为该选项输出所有在 phi 节点消除流程（在合并器之前执行）后的机器指令。但合并器的调
试器输出为每个机器指令 MI 增加了索引信息，例如 0B、16B、32B 等。这些信息可以帮助
我们正确识别程序区间。

这些索引也被称为插槽索引，每个生存周期都会被赋予一个不同的值。字母 B 对应于
块，用于进入 / 离开基本块边界的生存周期。示例中的指令是用带字母 B 的索引打印的，因
为这是默认的位置。区间中的另外一个位置（即字母 r）意味着寄存器，它表示一个正常的
寄存器使用 / 定义位置。

通过阅读机器指令列表，可以获知分配器超流程（由若干个小流程组成）的重要元

素：%vreg0、%vreg1、%vreg2 和 %vreg3 都是需要被分配给物理寄存器的虚拟寄存器。因此，示例代码中除了已经被使用的 %I0 和 %I1 以外，最多将再使用 4 个物理寄存器。ABI 调用惯例要求将函数参数存储在这些已经使用的寄存器中。此外活跃变量分析流程在合并器之前运行，因此代码以活跃变量信息进行标注，以显示每个虚拟寄存器在哪些点被定义和结束。这些信息可以帮助合并器检测不同虚拟寄存器之间的干扰，即检测那些同时处于活跃状态并且需要放在不同物理寄存器中的虚拟寄存器。

另一方面，合并器的运行算法与寄存器分配算法的结果无关，因为它只是寻找寄存器副本。对于寄存器到寄存器的复制指令，合并器会将源寄存器与目标寄存器的生存区间合并，使它们位于同一个物理寄存器中，从而消除原始的复制操作，比如示例中在索引 16 和 32 位置的复制操作。

*** INTERVALS *** 之后紧跟的输出来自合并器所需的另一个分析过程：活跃区间分析（在 lib/CodeGen/LiveIntervalAnalysis.cpp 中实现，与活跃变量分析不同）。合并器需要知道每个虚拟寄存器的的活跃区间，以便决定对哪些区间进行合并。例如，可以从示例输出中看到虚拟寄存器的 %vreg0 活跃区间是 [32r,48r:0)。

上述区间是一个半开放的区间，其中 %vreg0 在索引 32 处定义并且在索引 48 处终止。48r 之后的数字 0 是用于标记该区间的第一次定义位置的代码，其含义打印在区间之后：0@32r。因此，这表示 0 在索引 32 处被定义。这种额外信息对于在区间被拆分后追踪其原始定义非常有用。最后，RegMasks 展示包含由大量寄存器使用的函数调用点，这也是很大的一个寄存器分配干扰源。由于示例代码中不包含任何函数调用，所以示例输出中没有 RegMask 位置。

通过观察输出的区间，可以获取以下信息：%I0 寄存器的活跃区间是 [0B, 32r:0)，%vreg0 寄存器的活跃区间是 [32r,48r:0)，而在索引 32 有一条复制指令将 %I0 复制到 %vreg0。根据这些先决条件我们可以进行寄存器合并：把活跃区间 [32r, 48r:0) 和 [0B,32r:0) 合并，并将相同的寄存器分配给 %I0 和 %vreg0。

现在，让我们打印其余的调试输出，看看发生了什么：

```
$ llc -march=sparc -debug-only=regalloc sum.bc
...
entry:
16B %vreg1<def> = COPY %I1; IntRegs:%vreg1
    Considering merging %vreg1 with %I1
    Can only merge into reserved registers.
32B %vreg0<def> = COPY %I0; IntRegs:%vreg0
    Considering merging %vreg0 with %I0
    Can only merge into reserved registers.
64B %I0<def> = COPY %vreg2; IntRegs:%vreg2
    Considering merging %vreg2 with %I0
    Can only merge into reserved registers.
....
```

我们看到，如同刚刚解释的那样，合并器考虑将 %vreg0 与 %I0 结合起来。但是，当其中一个寄存器（%I0）是一个物理寄存器时，它运行了特殊的规则。涉及物理寄存器的合并必须保留该物理寄存器，即其不能再分配给其他活跃区间。但示例代码并未保留 %I0 寄存器，因此合并器放弃了合并这个寄存器的机会，因为过早将 %I0 分配给整个区间可能对整个程序不一定有利，合并器将最后的决定权交给后续寄存器分配阶段。

因此，sum.bc 程序中没有寄存器合并的机会。尽管合并器尝试将虚拟寄存器与函数参数寄存器合并，但是它失败了，因为在这个阶段它只能将虚拟寄存器与保留的（而不是常规可分配的）物理寄存器合并。

6.8.2 虚拟寄存器重写

寄存器分配流程为每个虚拟寄存器选择物理寄存器。之后，VirtRegMap 负责保存寄存器分配的结果，因此它包含从虚拟寄存器到物理寄存器的映射。接下来，虚拟寄存器重写流程（由 <llvm_source>/lib/CodeGen/VirtRegMap.cpp 中实现的 VirtRegRewriter 类表示）使用 VirtRegMap 并将虚拟寄存器引用替换为物理寄存器引用，同时生成相应的溢出代码。此外，reg = COPY reg 的剩余自身拷贝也被删除。接下来让我们通过例子了解分配阶段和重写阶段的工作流程，我们使用 -debug-only=regalloc 选项处理 sum.bc 文件。首先，基于 greedy 算法的寄存器分配程序输出以下文本：

```
...
assigning %vreg1 to %I1: I1
...
assigning %vreg0 to %I0: I0
...
assigning %vreg2 to %I0: I0
```

虚拟寄存器 1、0 和 2 分别分配给物理寄存器 %I1、%I0 和 %I0。打印 VirtRegMap 的内容将获得相同的输出，如下所示：

```
[%vreg0 -> %I0] IntRegs
[%vreg1 -> %I1] IntRegs
[%vreg2 -> %I0] IntRegs
```

然后，重写器将所有虚拟寄存器替换为物理寄存器并删除自身拷贝：

```
> %I1<def> = COPY %I1
Deleting identity copy.
> %I0<def> = COPY %I0
Deleting identity copy.
...
```

可以看到，即使合并器无法删除该拷贝，寄存器分配程序也能够将相同的寄存器分配到两个活跃区间，并删除冗余的拷贝操作。最后，求和函数对应的机器指令明显减少：

```
0B BB#0: derived from LLVM BB %entry
    Live Ins: %I0 %I1
48B  %I0<def> = ADDrr %I1<kill>, %I0<kill>
80B  RETL 8, %I0<imp-use>
```

请注意, 上述代码中拷贝指令已被删除, 并且没有剩下虚拟寄存器。

> llc 程序选项 -debug 或 -debug-only=<name> 仅在 LLVM 以调试模式 (在配置时使用 --disable-optimized) 编译时才可用。可以在第 1 章中找到有关这方面内容的详细信息。

　　　寄存器分配器和指令调度器在任何编译器中都是互相对立的。寄存器分配器的任务是尽可能使用短的活跃区间, 减轻变量间的干扰, 从而减少需要的寄存器数量和溢出代码。为此分配器倾向于以串行方式调度指令 (将有依赖关系的指令尽可能放在一起), 因为这样可以减少代码的寄存器使用数量。而调度器的任务刚好相反: 为了提高指令级并行度, 它需要保持尽可能多的不相关指令, 这会使用更多寄存器来保存中间值, 并增加活跃区间之间的干扰数量。设计有效的算法来协调指令调度和寄存器分配仍是一个开放的研究问题。

6.8.3　编译目标的信息

　　在合并期间, 来自兼容的寄存器类的虚拟寄存器才能被成功合并。代码生成器从通过抽象方法获取的特定于目标的描述中获得这类信息。分配器可以在 **TargetRegisterInfo** 的子类 (例如 **X86GenRegisterInfo**) 中获取有关某个寄存器的所有信息, 这些信息包括它是否为保留寄存器、它的父寄存器类以及它是物理的还是虚拟的寄存器。

　　<Target>InstrInfo 类是另一种数据结构, 它提供寄存器分配所需的特定于目标的信息, 下面是一些例子:

- 在溢出代码生成过程中, 使用 **<Target>InstrInfo** 中的 **isLoadFromStackSlot()** 和 **isStoreToStackSlot()** 函数可以发现机器指令是否访问堆栈内存。
- 溢出代码生成程序还使用 **storeRegToStackSlot()** 和 **loadRegFromStackSlot()** 函数生成特定于目标的内存访问指令以访问堆栈。
- **COPY** 指令可能保留在重写程序之后, 因为非自身拷贝的 **COPY** 指令可能无法被合并。在这种情况下, **copyPhysReg()** 方法用于在必要时生成特定于目标的寄存器副本, 即使在不同的寄存器类中也是如此。**SparcInstrInfo::copyPhysReg()** 的一个例子如下:

```
if (SP::IntRegsRegClass.contains(DestReg, SrcReg))
  BuildMI(MBB, I, DL, get(SP::ORrr), DestReg).addReg(SP::G0)
    .addReg(SrcReg, getKillRegState(KillSrc));
...
```

BuildMI() 方法可用于生成机器指令, 它在代码生成器的所有部分都被使用。在本例中，`SP::ORrr` 指令用于将一个寄存器内容复制到另一个寄存器。

6.9 前序代码和结束代码

完整的函数包括前序代码和结束代码。前者在函数开始时设置堆栈帧和被调用者保存的寄存器，而后者在函数返回之前清除堆栈帧。在示例代码 **sum.bc** 中，下面是为 SPARC 编译目标加入前序代码和结束代码之后的机器指令：

```
%O6<def> = SAVEri %O6, -96
%I0<def> = ADDrr %I1<kill>, %I0<kill>
%G0<def> = RESTORErr %G0, %G0
RETL 8, %I0<imp-use>
```

在这个例子中，`SAVEri` 指令为前序代码，`RESTORErr` 是结束代码，二者负责堆栈帧相关的设置和清理。前序和结束代码的生成取决于编译目标，在 `<Target>FrameLowering::emitPrologue()` 和 `<Target>FrameLowering::emitEpilogue()` 函数中定义（请参阅文件 `<llvm_source>/lib/Target/<Target>/<Target> FrameLowering.cpp`）。

帧索引

LLVM 在代码生成期间使用虚拟堆栈帧，并且使用帧索引来引用堆栈元素。负责加入前序代码的程序也进行堆栈帧分配，并向代码生成器提供足够的目标特定信息，以便将虚拟帧索引替换为实际（目标特定的）堆栈引用。

`<Target>RegisterInfo` 类中的 `eliminateFrameIndex()` 函数实现了上述替换功能，它可以将所有包含堆栈访问的机器指令（通常是加载和存储）中的帧索引替换为实际的堆栈偏移量。该过程可能生成额外的指令，以处理额外的堆栈偏移计算。请参阅 `<llvm_source>/lib/Target/<Target>/<Target>RegisterInfo.cpp` 文件获取更多示例。

6.10 机器代码框架介绍

机器代码（简称 MC）类包含一个用于对函数和指令进行低层操作的完整框架。这是一个与其他后端组件不同的新框架，其目的在于帮助创建基于 LLVM 的汇编器和反汇编器。在此之前，LLVM 缺少集成汇编器，只能完成汇编语言输出之前的编译步骤，该步骤只能输出一个汇编文本文件，需要依靠外部工具来执行其余的编译过程（即汇编器和链接器）。

6.10.1 MC 指令

在 MC 框架中，机器代码指令（`MCInst`）取代了机器指令（`MachineInstr`）。定义在 `<llvm_source>/include/llvm/MC/MCInst.h` 文件中的 `MCInst` 类提供了更为轻量级的指令表示格式。与 MI 相比，`MCInst` 携带的程序信息较少。例如，`MCInst` 的实例不仅可以由后端创建，也可以从几乎没有上下文信息的二进制代码经由反汇编器创建。事实上，这也反应了汇编器与编译器的不同之处：其目标不在于代码优化，而是仅仅负责按照目标文件的格式组织指令。

MCInst 指令的操作数可以是寄存器、立即数（整数或浮点数）、表达式（由 MCExpr 表示）或其他 MCInstr 实例。表达式用来表示带标签的计算和重定位。MI 指令在代码输出的早期阶段被转换为 MCInst 实例，这是下一小节的主题。

6.10.2　代码输出

代码输出阶段发生在执行完所有寄存器分配流程以后。虽然命名可能看起来令人困惑，但代码输出从汇编打印机（AsmPrinter）流程（pass）开始。图 6-7 显示从 MI 指令到 MCInst，然后到汇编或二进制指令的所有步骤。

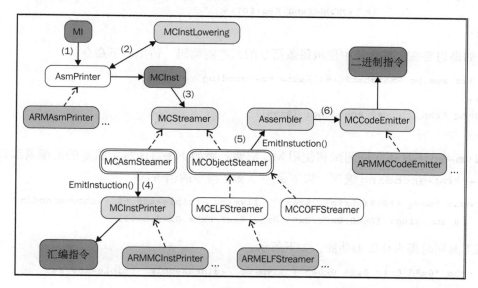

图　6-7

接下来我们逐一讲解图 6-7 中的步骤：

1. AsmPrinter 是一个机器函数流程，它首先输出函数前序部分，然后遍历所有基本块，并调用 EmitInstruction() 函数逐条处理每个基本块中的 MI 指令。每个编译目标负责提供一个重载此函数的 AsmPrinter 子类。

2. <Target>AsmPrinter::EmitInstruction() 函数接收 MI 指令作为输入，并通过 MCInstLowering 接口将其转换为 MCInst 实例，在此过程中，每个编译目标负责提供一个该接口的子类，并且有能生成这些 MCInst 实例的自定义代码。

3. 此时有两个进一步处理选项：输出汇编指令或二进制指令。MCStreamer 类处理一系列 MCInst 指令，并通过两个子类 MCAsmStreamer 和 MCObjectStreamer 将它们输出到指定目标。前者输出为汇编语言，后者输出为二进制指令。

4. 如果生成汇编指令，则需调用 MCAsmStreamer::EmitInstruction()，并使用

特定于目标的 `MCInstPrinter` 子类将汇编指令打印到文件。

5. 如果生成二进制指令，则一个特定于目标和对象的专门的 `MCObjectStreamer::EmitInstructions()` 版本将会调用目标代码的汇编器。

6. 汇编器使用专门的 `MCCodeEmitter::EncodeInstruction()` 方法，该方法能够以特定于编译目标的方式对二进制指令大对象进行编码并将其输出到文件（与 `MCInst` 实例不同）。

也可以使用 `llc` 工具打印 `MCInst` 代码段。例如，使用以下命令可以将 `MCInst` 输出到汇编注释中：

```
$ llc sum.bc -march=x86-64 -show-mc-inst -o -
...
pushq %rbp          ## <MCInst #2114 PUSH64r
                    ##   <MCOperand Reg:107>>
...
```

但如果想要在汇编注释中显示每条指令的二进制编码，请用以下命令：

```
$ llc sum.bc -march=x86-64 -show-mc-encoding -o -
...
pushq %rbp          ## encoding: [0x55]
...
```

`llvm-mc` 工具还允许测试和使用 MC 框架。例如，要打印特定指令的汇编器编码，请使用 `--show-encoding` 选项。以下是一个 x86 指令的例子：

```
$ echo "movq 48879(,%riz), %rax" | llvm-mc -triple=x86_64 --show-encoding
    # encoding: [0x48,0x8b,0x04,0x25,0xef,0xbe,0x00,0x00]
```

该工具同时提供反汇编功能，如下所示：

```
$ echo "0x8d 0x4c 0x24 0x04" | llvm-mc --disassemble -triple=x86_64
    leal 4(%rsp), %ecx
```

此外，`--show-inst` 选项可以显示反汇编或汇编指令的 `MCInst` 实例：

```
$ echo "0x8d 0x4c 0x24 0x04" | llvm-mc --disassemble -show-inst
-triple=x86_64
    leal 4(%rsp), %ecx              # <MCInst #1105 LEA64_32r
                                    #  <MCOperand Reg:46>
                                    #  <MCOperand Reg:115>
                                    #  <MCOperand Imm:1>
                                    #  <MCOperand Reg:0>
                                    #  <MCOperand Imm:4>
                                    #  <MCOperand Reg:0>>
```

MC 框架允许 LLVM 提供有别于传统文件读取程序的其他工具。例如，目前 LLVM 默认构建会安装 `llvm-objdump` 和 `llvm-readobj` 工具。两者都使用 MC 反汇编器库，并实现了与 GNU Binutils 包中类似的功能（`objdump` 和 `readelf`）。

6.11　自定义机器流程

在本节中，我们将介绍如何编写一个自定义的机器指令流程（pass），以计算在代码输出之前每个函数有多少机器指令。与 IR 流程不同，你不能使用 opt 工具来运行此流程，也不能通过命令行加载和执行该流程。机器流程由后端代码决定。因此，我们将修改现有的后端，通过运行自定义好的流程来实践性地观察和学习。我们将选取 SPARC 作为编译目标。

回想一下第 3 章中的展示可插入流程接口部分，以及本章第一幅示例图中的白色方块，我们有很多可以选择的位置以运行我们的示例流程。要使用这些方法，我们应该查找我们的后端所实现的 TargetPassConfig 子类。如果使用 grep，可以在 SparcTargetMachine.cpp 中找到它：

```
$ cd <llvmsource>/lib/Target/Sparc
$ vim SparcTargetMachine.cpp  # use your preferred editor
```

查看派生自 TargetPassConfig 的 SparcPassConfig 类，可以看到它重写了 addInstSelector() 和 addPreEmitPass()，但是可以通过重写许多其他方法在其他相应位置添加一个流程（参见链接 http://llvm.org/doxygen/html/classllvm_1_1TargetPassConfig.html）。我们将在代码输出前执行该流程，为此我们在 addPreEmitPass() 中添加如下代码：

```
bool SparcPassConfig::addPreEmitPass() {
  addPass(createSparcDelaySlotFillerPass(getSparcTargetMachine()));
  addPass(createMyCustomMachinePass());
}
```

额外添加的代码被加粗显示，它通过调用 createMyCustomMachinePass() 函数来加入我们的流程，但该函数还未被定义。我们将添加一个包含此流程代码的新文件，并在其中定义上述函数。为此，我们创建一个名为 MachineCountPass.cpp 的新文件，并向其填入以下内容：

```
#define DEBUG_TYPE "machinecount"
#include "Sparc.h"
#include "llvm/Pass.h"
#include "llvm/CodeGen/MachineBasicBlock.h"
#include "llvm/CodeGen/MachineFunction.h"
#include "llvm/CodeGen/MachineFunctionPass.h"
#include "llvm/Support/raw_ostream.h"
using namespace llvm;

namespace {
class MachineCountPass : public MachineFunctionPass {
public:
 static char ID;
  MachineCountPass() : MachineFunctionPass(ID) {}

  virtual bool runOnMachineFunction(MachineFunction &MF) {
    unsigned num_instr = 0;
    for (MachineFunction::const_iterator I = MF.begin(), E = MF.end();
```

```
         I != E; ++I) {
      for (MachineBasicBlock::const_iterator BBI = I->begin(),
        BBE = I->end(); BBI != BBE; ++BBI) {
        ++num_instr;
      }
    }
    errs() << "mcount --- " << MF.getName() << " has "
           << num_instr << " instructions.\n";
    return false;
  }
};
}

FunctionPass *llvm::createMyCustomMachinePass() {
  return new MachineCountPass();
}

char MachineCountPass::ID = 0;
static RegisterPass<MachineCountPass> X("machinecount", "Machine Count
Pass");
```

第一行定义宏 **DEBUG_TYPE**，以便通过 **-debug-only=machinecount** 标志调试流程，但此示例中并不涉及调试输出的使用。其余代码与在之前章节中为 IR 流程所写的代码非常相似。主要有以下区别：

- 在头文件中，引入了 **MachineBasicBlock.h**、**MachineFunction.h** 和 **Machine FunctionPass.h** 头文件，用于定义用来提取 **MachineFunction** 相关信息的类，并允许我们计算其中机器指令的数量。我们还使用了 **Sparc.h** 头文件，因为我们将在其中声明 **createMyCustomMachinePass()**。
- 创建一个从 **MachineFunctionPass** 而不是 **FunctionPass** 派生的类。
- 重写 **runOnMachineFunction()** 函数，而不是 **runOnFunction()** 函数，而且该函数的实现是完全不同的。我们遍历当前 **MachineFunction** 中的所有 **MachineBasicBlock** 实例。然后，对于每个 **MachineBasicBlock**，也通过使用 **begin()/end()** 用法来计算它的所有机器指令数。
- 定义函数 **createMyCustomMachinePass()**，以便在修改后的 SPARC 后端文件中创建和添加代码输出之前的流程。

由于我们已经定义了 **createMyCustomMachinePass()** 函数，所以必须在头文件中声明它。为此我们在 **Sparc.h** 文件中 **createSparcDelaySlotFillerPass()** 的旁边添加如下声明：

```
FunctionPass *createSparcISelDag(SparcTargetMachine &TM);
FunctionPass *createSparcDelaySlotFillerPass(TargetMachiine &TM);
FunctionPass *createMyCustomMachinePass();
```

现在我们可以用 LLVM 构建系统构建新的 SPARC 后端，关于 LLVM 的配置信息请参阅第 1 章。

如果已经有了一个用于构建项目的文件夹，请转到此文件夹并运行 **make** 以编译新的后端。之后，可以安装这个修改了 SPARC 后端的 LLVM 版本，或者直接在构建文件夹中运行新的 llc 程序，而无须运行 make install 命令：

```
$ cd <llvm-build>
$ make
$ Debug+Asserts/bin/llc -march=sparc sum.bc
mcount --- sum has 8 instructions.
```

可以使用以下命令查看我们的流程被加入流程通道的什么位置：

```
$ Debug+Asserts/bin/llc -march=sparc sum.bc -debug-pass=Structure
(...)
        Branch Probability Basic Block Placement
        SPARC Delay Slot Filler
        Machine Count Pass
        MachineDominator Tree Construction
        Machine Natural Loop Construction
        Sparc Assembly Printer
mcount --- sum has 8 instructions.
```

可以看到，我们的流程位于"SPARC Delay Slot Filler"之后并且在发生代码输出的"Sparc Assembly Printer"之前。

6.12　总结

在本章中，我们简要介绍了 LLVM 后端的工作原理。我们讨论了在编译期间不同的代码生成器阶段和在不同阶段发生变化的内部指令表示形式，还讨论了指令选择、调度、寄存器分配、代码输出，并向读者展示了使用 LLVM 工具体验这些过程的方法。在本章的最后，读者应该能够读懂 llc -debug 命令的输出结果（该命令打印后端活动的详细日志），并且知道后端内部发生的所有过程。如果有兴趣建立自己的后端，下一步可以参考官方教程 http://llvm.org/docs/WritingAnLLVBackend.html。如果有兴趣阅读更多关于后端设计的信息，请参阅 http://llvm.org/docs/CodeGenerator.html。

在下一章中，我们将介绍 LLVM 即时编译框架，它可以按需生成代码。

即时编译器

LLVM 即时（Just-In-Time, JIT）编译器是一个基于函数的动态翻译引擎。让我们参考原始术语来理解什么是 JIT 编译器。JIT 这个术语来自即时制造，是一种工厂根据需求制造或购买原材料，而不依赖于库存（认为库存是资源浪费）的商业战略。JIT 编译器借用了这个含义，它不将二进制文件存储在磁盘（库存）中，而是在运行时才根据需求来编译程序部件。JIT 编译器有时也称为延迟编译或惰性编译。

JIT 策略的优势来自精确感知程序运行时的计算机微体系结构，这使得 JIT 编译器可以根据这些特定信息对代码进行优化。此外，有些编译器只能在运行时才能知道它们的输入，这种情况下只能应用 JIT 系统。例如，GPU 驱动程序对着色语言进行即时编译、使用 JavaScript 的 Internet 浏览器等。在本章中，我们将探讨 LLVM JIT 系统，并涵盖以下主题：

- llvm::JIT 类及其基础结构
- 如何使用 llvm::JIT 类进行 JIT 编译
- 如何使用 GenericValue 来简化函数调用
- llvm::MCJIT 类及其基础结构
- 如何使用 llvm::MCJIT 类进行 JIT 编译

7.1 LLVM JIT 引擎的基础知识介绍

LLVM JIT 编译器是基于函数的，因为它每次编译一个函数。这定义了编译器工作的粒度，也是 JIT 系统的一个重要特性。通过按需编译函数，系统只需处理该程序调用中实际使用的函数。例如，如果一个程序有若干个函数，但是在启动时提供了错误的命令行参数，那么，基于函数的 JIT 系统将只编译打印帮助信息的函数，而不编译整个程序。

> 从理论上讲，我们可以进一步优化 JIT 系统的编译粒度，例如只编译函数具体路径的轨迹。这样的做法充分利用了 JIT 系统的优势：它能够判断在给定的输入下哪些程序路径比其他路径更值得去编译。LLVM JIT 系统并不支持基于路径的编译，但这个方向在研究中受到越来越多的关注。JIT 编译是无休止讨论的主题，需要仔细研究大量不同的权衡关系，而且很多情况下找到最优策略是非常困难的。目前，计算机科学界已经积累了大约 20 年的 JIT 编译研究经验，每年都有新的论文涌现，试图解决这个问题。

JIT 引擎的工作是在运行时编译和执行 LLVM IR 函数。在编译阶段，JIT 引擎将通过 LLVM 代码生成器使用特定于目标的二进制指令生成二进制大对象。然后，JIT 引擎返回指向已编译函数的指针，系统可以通过该指针执行原函数。

 你可以阅读一篇有趣的博客文章 `http://eli.thegreenplace.net/2014/` `01/15/some-thoughts-on-llvm-vs-libjit`，它比较了 JIT 编译的各种开源解决方案，其中分析了 LLVM 和 libjit，后者是针对 JIT 编译的一个较小的开源项目。相比于 JIT 系统，LLVM 通常被认为是一种静态编译器。因为对于 JIT 编译来说，在每个流程（pass）中花费的时间成本是很高的，这被视为程序的执行开销。但是，目前 LLVM 基础架构更加强调支持相对较慢而强大的 GCC 优化，而不是快速而普通的优化，而后者对于构建一个有竞争力的 JIT 系统非常重要。尽管如此，目前还是有一些基于 LLVM JIT 系统的成功案例，包括 Webkit JavaScript 引擎的 Fourth Tier LLVM（FTL）组件（具体参见 `http://blog.` `llvm.org/2014/07/ftl-webkits-llvm-based-jit.html`）。由于该组件仅用于运行时间较长的 JavaScript 应用程序，即使其优化速度不比其他方案更快，LLVM 依然可以发挥比较好的效果。原因是运行时间长的应用程序可以允许花费更多的时间在昂贵的优化上。要了解更多关于这种权衡关系的知识，请查看 IISWC 2013 上由 César 等人发表的《Modeling Virtual Machines Misprediction Overhead》，该工作主要研究在 JIT 系统中错误地使用低效代码生成器所造成的性能损失。当一个 JIT 系统浪费大量时间来优化只执行几次的程序片段时，就会发生这种情况。

7.1.1 介绍执行引擎

LLVM JIT 系统包含一个执行引擎以支持 LLVM 模块的执行。在 `<llvm_source>/` `include/llvm/ExecutionEngine/ExecutionEngine.h` 中声明的 `ExecutionEngine` 类用于支持 JIT 系统或解释器的执行（参见下面的信息框）。通常，执行引擎负责管理整个客户程序的执行，分析需要运行的下一个程序片段，并采取适当的方式来执行该片段。执行 JIT 编译时，必须使用执行管理器协调编译过程和运行客户程序（一次一个片段）。LLVM 的 `ExecutionEngine` 类可以运行编译管道并生成存在于内存中的代码，但是，是否执行这个代码取决于用户。

除了存储要执行的 LLVM 模块以外，该引擎还支持以下几种情况：

- 惰性编译：引擎只在函数被调用时才编译该函数。如果禁用惰性编译，执行引擎会在你请求其指针时立即编译函数。
- 编译外部全局变量：这包括对在当前 LLVM 模块范围外的实体进行符号解析和内存分配。
- 通过 `dlsym` 查找和解析外部符号：这与在运行时进行动态共享对象（DSO）加载所使用的过程相同。

LLVM 中有两个 JIT 执行引擎的实现：`llvm::JIT` 类和 `llvm::MCJIT` 类。可以通过

调用 ExecutionEngine::EngineBuilder() 方法，并传递一个 IR Module 对象作为参数，来实例化 ExecutionEngine 对象。接下来，ExecutionEngine::create() 方法会创建一个 JIT 或 MCJIT 引擎实例，这二者的实现有着显著的不同，在本章中将会清楚地说明这一点。

解释器为执行硬件平台（主机平台）本身不支持的客户代码提供了一种替代执行策略。例如，由于 x86 处理器不能直接执行 LLVM IR，所以 LLVM IR 可以被认为是 x86 平台上的客户代码。与 JIT 编译不同，解释器的任务是读取单个指令、对其解码并执行，还要在软件中模仿实际处理器的功能。即使解释器没有将时间浪费在编译客户代码上，解释器通常也要慢得多，除非编译客户代码所需的时间能抵消解释代码的高昂开销。

7.1.2　内存管理

JIT 引擎通常使用 ExecutionManager 类把编译好的二进制指令大对象写入内存。之后，程序可以跳转到已分配的内存区域来执行这些指令，该跳转过程需要调用 ExecutionManager 返回的函数指针。因此，JIT 引擎中的内存管理非常重要，特别是对于执行诸如内存分配、内存回收、为加载库提供空间以及内存访问许可处理等常见任务而言。

JIT 和 MCJIT 类都实现了从 RTDyldMemoryManager 基类派生的自定义内存管理类。任何 ExecutionEngine 客户端还可以提供一个自定义的 RTDyldMemoryManager 子类来指定不同的 JIT 组件在内存中的放置位置。可以在 <llvm_source>/include/llvm/ExecutionEngine/RTDyldMemoryManager.h 文件中找到此接口。

例如，RTDyldMemoryManager 类声明了以下方法：

- allocateCodeSection() 和 allocateDataSection()：这些方法以给定大小和对齐方式来为可执行代码和数据分配内存。内存管理客户端可以使用内部标识符参数来跟踪已分配的内存段。

- getSymbolAddress()：该方法返回当前链接库中可用符号的地址。请注意，该方法不用来获取 JIT 编译所生成的符号。你必须提供一个包含符号名称的 std::string 实例才能使用此方法。

- finalizeMemory()：该方法应该在对象加载完成和内存的权限设置好之后调用。例如，在调用此方法之前，无法运行生成的代码。该方法将转向 MCJIT 客户端而不是 JIT 客户端，本章后面将进一步解释。

JITMemoryManager 和 SectionMemoryManager 分别是 JIT 和 MCJIT 的默认子类，然而客户端可以提供自定义的内存管理实现。

7.2　llvm::JIT 框架介绍

JIT 类及其框架代表旧版引擎，并且它是通过使用 LLVM 代码生成器的不同部分实现的。在 LLVM 3.5 版本后,它将会被移除。即使该引擎基本上是目标独立的,每个编译目标也都必须为其特定的指令实现二进制指令输出步骤。

7.2.1 将二进制大对象写入内存

JIT 类使用 JITCodeEmitter(MachineCodeEmitter 的子类)输出二进制指令。MachineCodeEmitter 类用于输出与新的机器码(Machine Code,MC)框架无关的机器码,尽管它即将过时,JIT 类目前仍需使用其功能。使用该框架的局限性在于仅支持少数目标,而且并非所有目标特性都可用。

MachineCodeEmitter 类的方法支持以下任务:

- 为当前需要编译的函数分配空间(allocateSpace())。
- 将二进制大对象写入内存缓冲区(emitByte()、emitWordLE()、emitWordBE()、emitAlignment() 等)。
- 跟踪当前的缓冲区地址(即指向将输出下一条指令的地址的指针)。
- 在此缓冲区中添加相对于指令地址的重定位信息。

将字节写入内存的任务由 JITCodeEmitter 类完成,它是代码输出过程中涉及的另一个类。该类是一个 JITCodeEmitter 子类,实现了特定的 JIT 功能。虽然 JITCodeEmitter 非常简单,只能将字节写入缓冲区,但 JITEmitter 类具有以下改进:

- 先前提到的专用内存管理器 JITMemoryManager(也是下一节的主题)。
- 一个解析器(JITResolver)实例,用于跟踪并解析尚未编译函数的调用。它对于惰性函数编译是必不可少的。

7.2.2 使用 JITMemoryManager

JITMemoryManager 类(请参阅 <llvm_source>/include/llvm/ExecutionEngine/JITMemoryManager.h)实现了低层次的内存处理功能,并为上述类提供工作缓冲区。除了来自 RTDyldMemoryManager 的函数之外,它还提供特定的方法来帮助 JIT 类,例如为单个全局变量分配内存的 allocateGlobal();又如当 JIT 引擎需要存储编译生成的机器指令时,首先需要分配具有读或者写权限的可执行内存,为此它会调用 startFunctionBody() 函数。

在内部,JITMemoryManager 类使用 JITSlabAllocator 板分配器(<llvm_source>/lib/ExecutionEngine/JIT/JITMemoryManager.cpp)和 MemoryBlock 单元(<llvm_source>/include/llvm/Support/Memory.h)。

7.2.3 目标代码输出器

每个编译目标均实现一个名为 <Target>CodeEmitter 的目标机器函数流程(参见 <llvm_source>/lib/Target/<Target>/<Target>CodeEmitter.cpp),它会将二进制大对象中的所有指令进行编码,并使用 JITCodeEmitter 写入内存。例如,MipsCodeEmitter

会遍历所有函数基本块，并对每个机器指令（MI）调用 `emitInstruction()`：

```
(...)
MCE.startFunction(MF);

for (MachineFunction::iterator MBB = MF.begin(), E = MF.end();
  MBB != E; ++MBB){
MCE.StartMachineBasicBlock(MBB);
for (MachineBasicBlock::instr_iterator I = MBB->instr_begin(),
    E = MBB->instr_end(); I != E;)
      emitInstruction(*I++, *MBB);
}
(...)
```

MIPS32 是一个 4 字节固长指令集，它使得 `emitInstruction()` 函数的实现变得简单：

```
void MipsCodeEmitter::emitInstruction(MachineBasicBlock::instr_
iterator
  MI, MachineBasicBlock &MBB) {
  ...
MCE.processDebugLoc(MI->getDebugLoc(), true);
emitWord(getBinaryCodeForInstr(*MI));
++NumEmitted;  // Keep track of the # of mi's emitted
  ...
}
```

`emitWord()` 函数是 `JITCodeEmitter` 的简单封装，而 `getBinaryCodeForInstr()` 则通过读取 `.td` 文件的指令编码描述来为每个目标生成 TableGen。`<Target>CodeEmitter` 类还必须实现自定义方法来对操作数和其他特定于目标的实体进行编码。例如在 MIPS 中，`mem` 操作数必须使用 `getMemEncoding()` 函数才能被正确编码（请参阅文件 `<llvm_source>/lib/Target/Mips/MipsInstrInfo.td`）：

```
def mem : Operand<iPTR> {
  (...)
  let MIOperandInfo = (ops ptr_rc, simm16);
  let EncoderMethod = "getMemEncoding";
  (...)
}
```

因此，`MipsCodeEmitter` 必须实现 `MipsCodeEmitter::getMemEncoding()` 函数来匹配该 TableGen 描述。图 7-1 显示几个代码输出器与 JIT 框架之间的关系。

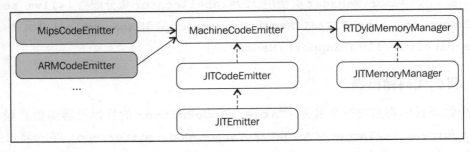

图　7-1

7.2.4　目标信息

为了支持即时编译，每个编译目标还必须提供一个 `TargetJITInfo` 子类（请参阅 `include/llvm/Target/TargetJITInfo.h`），例如 `MipsJITInfoor` 或 `X86JITInfo`。`TargetJITInfo` 类为每个编译目标需要实现的通用 JIT 功能提供了一个接口。下面的列表简单描述了这些功能：

- 为了支持执行引擎需要重新编译某个函数的情形（很可能因为该函数在编译后又被修改），每个编译目标都需实现 `TargetJITInfo::replaceMachineCodeForFunction()` 方法，用来将调用旧版函数的指令替换为调用或跳转至新版函数的指令。这个功能是支持自改功能的代码所必需的。
- `TargetJITInfo::relocate()` 方法为当前编译好的函数中每个符号打补丁，使其指向正确的内存地址，该过程类似于动态链接器的作用。
- `TargetJITInfo::emitFunctionStub()` 方法会输出一个桩函数，其功能是调用给定地址的另一个函数。每个编译目标还需为该桩函数提供以字节为大小单位和对齐方式的 `TargetJITInfo::StubLayout` 信息。这些有关编译目标的信息是 `JITEmitter` 为即将输出的桩函数进行内存空间分配的计算依据。

虽然 `TargetJITInfo` 方法的目标不是输出像函数体生成这样的常规指令，但它们仍需为桩函数的生成输出特定指令，并调用新的内存地址。但在 JIT 框架刚形成时，并没有可以依赖的接口去帮助输出在 `MachineBasicBlock` 之外的独立指令；而现在 MCJIT 框架内的 `MCInsts` 可以完成这项任务。如果没有 `MCInsts` 类，旧的 JIT 框架会强制编译目标手动完成这些指令的编码。

为了说明 `<Target>JITInfo` 的实现如何手动输出指令，可以参考 `MipsJITInfo::emit-FunctionStub()` 的代码（见 `<llvm_source>/lib/Target/Mips/MipsJITInfo.cpp`），它使用下面的代码来生成四条指令：

```
...
  // lui $t9, %hi(EmittedAddr)
  // addiu $t9, $t9, %lo(EmittedAddr)
  // jalr $t8, $t9
  // nop
  if (IsLittleEndian) {
    JCE.emitWordLE(0xf << 26 | 25 << 16 | Hi);
    JCE.emitWordLE(9 << 26 | 25 << 21 | 25 << 16 | Lo);
    JCE.emitWordLE(25 << 21 | 24 << 11 | 9);
    JCE.emitWordLE(0);
...
```

7.2.5　学习如何使用 JIT 类

JIT 是 `ExecutionEngine` 的子类，在 `<llvm_source>/lib/ExecutionEngine/JIT/JIT.h` 中声明。JIT 类是使用 JIT 基础结构编译函数方法的入口点。

`ExecutionEngine::create()` 方法使用默认的 `JITMemoryManager` 来调用 `JIT::`

`createJIT()`。之后，JIT 构造函数执行以下任务：

- 创建一个 `JITEmitter` 实例
- 初始化目标信息对象
- 添加代码生成流程
- 添加在最后运行的 `<Target>CodeEmitter` 流程

当 JIT 系统被要求编译一个函数时，JIT 引擎会持有一个 `PassManager` 对象来调用所有的代码生成和 JIT 输出流程。

为了说明这一切如何发生，下面描述如何用 JIT 编译在第 5 章和第 6 章中使用的 `sum.bc` 位码文件的函数。我们的目标是检索出 Sum 函数，并通过 JIT 系统用运行时参数计算两个不同的加法。步骤如下：

1. 首先创建一个名为 `sum-jit.cpp` 的新文件，我们需要引入 JIT 执行引擎资源：

```
#include "llvm/ExecutionEngine/JIT.h"
```

2. 引入其他用于读写 LLVM 位码、上下文接口等的头文件，并导入 LLVM 命名空间：

```
#include "llvm/ADT/OwningPtr.h"
#include "llvm/Bitcode/ReaderWriter.h"
#include "llvm/IR/LLVMContext.h"
#include "llvm/IR/Module.h"
#include "llvm/Support/FileSystem.h"
#include "llvm/Support/MemoryBuffer.h"
#include "llvm/Support/ManagedStatic.h"
#include "llvm/Support/raw_ostream.h"
#include "llvm/Support/system_error.h"
#include "llvm/Support/TargetSelect.h"

using namespace llvm;
```

3. 用 `InitializeNativeTarget()` 函数设置编译目标主机，并确保 JIT 需要使用的目标相关库已被链接。与之前类似，我们需要线程独立的上下文 `LLVMContext` 对象和 `MemoryBuffer` 对象来从磁盘读取位码文件，如下面的代码所示：

```
int main() {
  InitializeNativeTarget();
  LLVMContext Context;
  std::string ErrorMessage;
  OwningPtr<MemoryBuffer> Buffer;
```

4. 我们使用 `getFile()` 函数从磁盘读取数据，如下面的代码所示：

```
if (MemoryBuffer::getFile("./sum.bc", Buffer)) {
  errs() << "sum.bc not found\n";
  return -1;
}
```

5. `ParseBitcodeFile` 函数从 `MemoryBuffer` 中读取数据，并生成相应的 LLVM `Module` 类来表示它，如下面的代码所示：

```
Module *M = ParseBitcodeFile(Buffer.get(), Context,
                             &ErrorMessage);
if (!M) {
  errs() << ErrorMessage << "\n";
  return -1;
}
```

6. 通过使用 **EngineBuilder** 类的 **create** 方法创建一个 **ExecutionEngine** 实例，如下面的代码所示：

```
OwningPtr<ExecutionEngine> EE(EngineBuilder(M).create());
```

此方法默认创建一个 **JIT** 执行引擎，并且是 **JIT** 设置点；该方法间接调用 **JIT** 构造函数，该构造函数会创建 **JITEmitter**（它是 **PassManager**），并初始化所有代码生成和特定目标的输出流程。到这里，JIT 引擎已经知道 LLVM 模块的存在，但尚未编译任何函数。

仍然需要调用 **getPointerToFunction()** 才能编译函数，该方法会返回一个指向 JIT 编译完成的原生函数的指针。如果函数还没有被编译，则会进行 JIT 编译并返回函数指针。图 7-2 说明了编译过程。

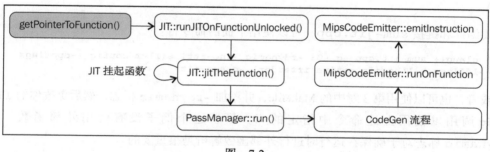

图　7-2

7. 通过 **getFunction()** 函数获取表示 **sum** 的 **Function IR** 对象：

```
Function *SumFn = M->getFunction("sum");
```

在这里，JIT 编译被触发：

```
int (*Sum)(int, int) = (int (*)(int, int))
  EE->getPointerToFunction(SumFn);
```

你需要对此函数指针进行与原函数匹配的类型转换。由于 Sum 函数具有 **define i32 @ sum(i32%a,i32%b)** 的 LLVM 原型，因此我们使用 **int(*)(int,int)** 的 C 原型。

另一个选择是通过使用 **getPointerToFunctionOrStub()** 函数而不是 **getPointerToFunction()** 以进行惰性编译。如果目标函数尚未编译并且启用了惰性编译，则会生成桩函数并返回其指针。桩函数是一个小函数，其中包含一个占位符，之后这个占位符会被填充成跳转 / 调用实际函数的指令。

8. 接下来，我们通过由 **Sum** 所指向的已完成 JIT 编译的函数来调用原始 Sum 函数，如下面的代码所示：

```
int res = Sum(4,5);
outs() << "Sum result: " << res << "\n";
```

在使用惰性编译时，Sum 会调用桩函数，后者使用一个编译回调函数对原函数进行即时编译。然后，桩函数中的占位符将被重定向到执行编译好的函数。除非在 Module 中的原始 Sum 函数改变，否则这个函数无须再被编译。

9. 再次调用 Sum 以计算下一个结果，如下面的代码所示：

```
res = Sum(res, 6);
outs() << "Sum result: " << res << "\n";
```

在惰性编译环境中，由于原始函数已经在第一个 Sum 调用中编译，所以第二个调用直接执行本地函数。

10. 前面使用 JIT 编译的 Sum 函数成功计算了两个加法。现在我们释放执行引擎分配的内存空间，其中包含函数代码。调用 `llvm_shutdown()` 函数并返回：

```
EE->freeMachineCodeForFunction(SumFn);
llvm_shutdown();
return 0;
}
```

要编译和链接 sum-jit.cpp，可以使用下面的命令行：

```
$ clang++ sum-jit.cpp -g -O3 -rdynamic -fno-rtti $(llvm-config --cppflags
--ldflags --libs jit native irreader) -o sum-jit
```

或者，也可以使用第 3 章中的 Makefile，并添加 -rdynamic 标志，然后更改你的 llvm-config 调用以使用上述命令中指定的库。尽管这个例子没有使用外部函数，但是 -rdynamic 标志对于确保在运行时进行外部函数解析是很重要的。

运行该示例并检查输出：

```
$ ./sum-jit
Sum result: 9
Sum result: 15
```

通用值类型

在前面的例子中，我们将返回的函数指针转换为正确的原型，以便用 C 风格的函数调用来调用该函数。但是，当处理具有大量签名和参数类型的多个函数时，我们需要更灵活的方式来执行函数。

执行引擎提供了调用 JIT 编译函数的另一种方式。runFunction() 方法可以编译并运行一个函数，其参数由元素为 GenericValue 类型组成的向量提供，这样就不需要事先调用 getPointerToFunction()。

GenericValue 结构被定义在 <llvm_source>/include/llvm/ExecutionEngine/GenericValue.h 中，它能够保存任何通用类型。现在我们对上一个例子进行修改，改用 runFunction() 代替 getPointerToFunction() 和指针类型转换。

首先，创建 sum-jit-gv.cpp 文件来保存这个新版本，并在顶部添加 GenericValue

头文件：

```
#include "llvm/ExecutionEngine/GenericValue.h"
```

从 **sum-jit.cpp** 中复制剩下的部分，在此基础上开始修改。在进行 **SumFn** 函数指针初始化之后，创建由 **GenericValue** 结构体构成的向量 **FnArgs**，并通过 **APInt** 接口（**<llvm_source>/include/llvm/ADT/APInt.h**）用整数值填充它。根据原始函数原型 **sum(i32%a,i32%b)**，使用两个 32 位宽的整数：

```
(...)
Function *SumFn = M->getFunction("sum");
std::vector<GenericValue> FnArgs(2);
FnArgs[0].IntVal = APInt(32,4);
FnArgs[1].IntVal = APInt(32,5);
```

使用函数参数和参数向量调用 **runFunction()**，这使得函数被 JIT 编译后执行。函数的结果也是 **GenericValue** 类型，可以根据原函数的返回类型（**i32** 类型）相应地进行访问：

```
GenericValue Res = EE->runFunction(SumFn, FnArgs);
outs() << "Sum result: " << Res.IntVal << "\n";
```

对第二个加法重复相同的过程：

```
FnArgs[0].IntVal = Res.IntVal;
FnArgs[1].IntVal = APInt(32,6);
Res = EE->runFunction(SumFn, FnArgs);
outs() << "Sum result: " << Res.IntVal << "\n";
(...)
```

7.3 llvm::MCJIT 框架介绍

MCJIT 类是 LLVM 的新型 JIT 实现。它与旧版 JIT 实现的不同之处在于使用了 MC 框架，该框架层在第 6 章中探讨过。MC 框架提供了统一的指令表示，也是汇编器、反汇编器、汇编格式打印机和 MCJIT 所共享的框架。

使用 MC 库的第一个优点是编译目标只需要指定其指令编码格式一次，之后所有的子系统将共用该信息。因此在编写 LLVM 后端时，如果为目标实现了对象代码输出功能，则 JIT 模块也会具有该功能。

llvm::JIT 框架将在 LLVM 3.5 版本之后被删除，并被 **llvm::MCJIT** 框架完全替代。那么，为什么我们要学习旧的 JIT 呢？其原因在于，尽管它们大部分实现不同，但 **ExecutionEngine** 类是通用的，并且大多数概念对两个引擎都适用。最重要的是，在 LLVM 3.4 的发行版本中，MCJIT 框架不支持如惰性编译等部分特性，所以仍不能完全替代旧版 JIT。

7.3.1 MCJIT 引擎

创建 MCJIT 引擎的方式与旧 JIT 引擎相同，都是需要调用 **ExecutionEngine::**

create()。此方法进而调用 MCJIT::createJIT() 以执行 MCJIT 构造函数。MCJIT 类在 <llvm_source>/lib/ExecutionEngine/MCJIT/MCJIT.h 中声明。createJIT() 方法和 MCJIT 构造函数的实现在文件 <llvm_source>/lib/ExecutionEngine/MCJIT/MCJIT.cpp 中。

MCJIT 构造函数将创建一个 SectionMemoryManager 实例，并将 LLVM 模块添加到其内部模块容器 OwningModuleContainer 中，然后初始化编译目标信息。

模块的状态

MCJIT 类会为在引擎构建过程中插入的初始 LLVM 模块实例指定状态，这些状态包括：

- 已添加：这些模块包含尚未编译但已经添加到执行引擎的一组模块。这个状态的存在允许模块向其他模块显露函数定义，并将它们的编译推迟到需要的时候。
- 已加载：这些模块处于 JIT 编译状态，但尚未做好执行准备。还需要执行包括重定位和内存页面的权限分配等步骤。希望在内存中重新映射 JIT 编译函数的客户端可以通过使用处于已加载状态的模块，以避免执行重新编译过程。
- 已完成：这些模块包含准备执行的函数。在这种状态下，由于重定位已经被应用，函数不能被重映射。

JIT 和 MCJIT 的一个主要区别在于模块状态。在 MCJIT 中，整个模块必须在请求符号地址（函数和其他全局变量）之前处于已完成状态。

MCJIT::finalizeObject() 函数将已添加状态下的模块转换为已加载状态，最后进入已完成状态。首先，它通过调用 generateCodeForModule() 来生成已加载的模块。接下来，所有模块都通过 finalizeLoadedModules() 函数进入已完成状态。

与旧版 JIT 不同，MCJIT::getPointerToFunction() 函数要求在被调用之前 Module 对象处于已完成状态。因此，调用它之前必须首先调用 MCJIT::finalizeObject()。

在 LLVM 3.4 版本中新添加的函数消除了此限制：getPointerToFunction() 方法被弃用，而增添了 getFunctionAddress()。该新方法会在请求符号地址之前加载和完成模块，因此不需要调用 finalizeObject()。

请注意，在旧版 JIT 中执行引擎对每个函数都进行 JIT 编译和执行。而在 MCJIT 中，整个模块（包括所有函数）必须在完成所有函数的 JIT 编译之后才能执行其中的任意函数。由于编译粒度扩大，我们不能再称其为基于函数的框架，而是一个基于模块的编译引擎。

7.3.2　MCJIT 中模块编译过程

代码生成过程发生在 Module 对象加载阶段，由 <llvm_source>/lib/ExecutionEngine/MCJIT/MCJIT.cpp 中的 MCJIT::generateCodeForModule() 方法触发。该方法执行以下任务：

- 创建一个用于保存 Module 对象的 ObjectBuffer 实例。如果 Module 对象已经被加载（编译），则使用 `ObjectCache` 接口检索该对象并避免重编译。

- 如果不存在之前的缓存，`MCJIT::emitObject()` 将执行 MC 代码输出。执行结果是一个 `ObjectBufferStream` 对象（一个支持流的 `ObjectBuffer` 子类）。
- `RuntimeDyld` 动态链接器加载上述步骤的结果 `ObjectBuffer` 对象，并且通过 `RuntimeDyld::loadObject()` 构建一个符号表。该方法会返回一个 `ObjectImage` 对象。
- 模块被标记为已加载。

7.3.2.1　对象缓冲区、缓存和映像

`ObjectBuffer` 类（`<llvm_source>/include/llvm/ExecutionEngine/ObjectBuffer.h`）实现对 `MemoryBuffer` 类（`<llvm_source>/include/llvm/Support/MemoryBuffer.h`）的封装。

`MemoryBuffer` 类被 `MCObjectStreamer` 子类用来将指令和数据输出到内存。此外，`ObjectCache` 类直接引用 `MemoryBuffer` 实例，并且能够从中获取 `ObjectBuffer`。

`ObjectBufferStream` 类是一个 `ObjectBuffer` 子类，它具有附加的标准 C++ 流操作符（例如 `>>` 和 `<<`），并简化了内存缓冲区的读/写操作的实现。

`ObjectImage` 对象（`<llvm_source>/include/llvm/ExecutionEngine/Object-Image.h`）用于存放已加载的模块，它可以直接访问 `ObjectBuffer` 和 `ObjectFile` 引用。`ObjectFile` 对象（`<llvm_source>/include/llvm/Object/ObjectFile.h`）由特定于编译目标的目标文件类型（如 ELF、COFF 和 MachO）特化。`ObjectFile` 对象能够直接从 `MemoryBuffer` 对象中检索符号、重定位和段信息。

图 7-3 说明各个类之间的关系，实线箭头表示合作关系，虚线箭头表示继承关系。

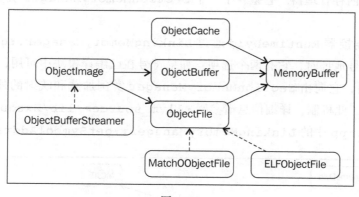

图　7-3

7.3.2.2　动态链接

由 MCJIT 加载的模块对象由 `ObjectImage` 实例表示。如前所述，它可以通过独立于目标的 `ObjectFile` 接口对内存缓冲区进行透明访问。因此，它可以处理符号、段和重定位。

MCJIT 具有用以生成 `ObjectImage` 对象的动态链接功能，该功能由 `RuntimeDyld`

类提供。该类提供了使用这些功能的公共接口，而实际的实现由根据目标文件类型特化的
`RuntimeDyldImpl` 对象提供。

因此，`RuntimeDyld::loadObject()` 方法从 `ObjectBuffer` 中生成 `ObjectImage`
对象的过程如下：首先创建一个特定于目标的 `RuntimeDyldImpl` 对象，然后调用其
`RuntimeDyldImpl::loadObject()` 方法。此过程中还会创建一个 `ObjectFile` 对象，
可以通过 `ObjectImage` 对象检索到它。图 7-4 说明了这个过程。

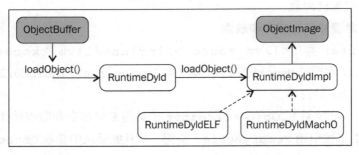

图 7-4

在模块的完成阶段，运行时 `RuntimeDyld` 动态链接器被用于解析重定位以及为模块
对象注册异常处理帧。回想一下，执行引擎的 `getFunctionAddress()` 和 `getPointer`
`ToFunction()` 方法要求引擎获得符号（函数）地址。为了解决这个问题，MCJIT 还通过 `Runtime`
`Dyld::getSymbolLoadAddress()` 方法使用 `RuntimeDyld` 来请求符号地址。

7.3.2.3　内存管理器

`LinkingMemoryManager` 类（另一个 `RTDyldMemoryManager` 子类）是 MCJIT 引
擎所使用的实际内存管理器。它整合了一个 `SectionMemoryManager` 实例，并向其发送
代理请求。

每当动态链接器 `RuntimeDyld` 通过 `LinkingMemoryManager::getSymbolAdd`
`ress()` 请求符号地址时，它有两个选项：如果符号在已编译模块中可用，则从 MCJIT 获
取该地址；否则，它向由 `SectionMemoryManager` 实例加载和映射的外部库请求该地
址。图 7-5 说明了此机制，详细信息请参阅 `<llvm_source>/lib/ExecutionEngine/`
`MCJIT/MCJIT.cpp` 中的 `LinkingMemoryManager::getSymbolAddress()`。

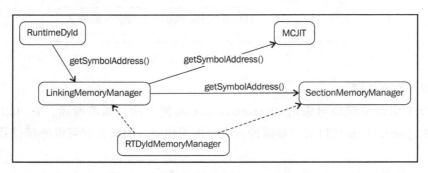

图 7-5

SectionMemoryManager 实例是一个简单的管理器。作为一个 RTDyldMemoryManager 子类，SectionMemoryManager 继承了其全部库查找方法，但它是通过直接处理低层次的 MemoryBlock 单元来实现代码和数据段的分配（详见 **<llvm_source>/include/llvm/Support/Memory.h**）。

7.3.2.4　MC 代码输出

MCJIT 通过调用 MCJIT::emitObject() 来执行 MC 代码输出，该方法执行以下任务：

- 创建一个 PassManager 对象。
- 添加一个目标布局流程，并调用 addPassesToEmitMC() 来添加所有代码生成和 MC 代码输出流程。
- 使用 PassManager::run() 方法运行所有流程。生成的代码存储在 Object BufferStream 对象中。
- 将编译好的对象添加到 ObjectCache 实例中并返回它。

MCJIT 中的代码输出过程比旧版 JIT 更加统一。因为 MCJIT 框架透明地使用现有 MC 基础架构中的所有信息，而旧版 JIT 需要手动提供自定义的输出器和目标信息。

7.3.2.5　对象终止

最后，模块对象通过 MCJIT::finalizeLoadedModules() 函数完成所有编译阶段：重定位被解析，已加载的模块将移至已完成的模块组，并调用 LinkingMemoryManager::finalizeMemory() 更改内存页面权限。在完成阶段后，MCJIT 编译的函数就可以被执行了。

7.3.3　使用 MCJIT 引擎

以下 sum-mcjit.cpp 源文件包含通过 MCJIT 框架（而不是旧版 JIT）编译 Sum 示例函数的必要代码。为了说明与之前使用的旧版 JIT 框架的相似性，我们保留了相应的代码，并通过布尔类型的 UseMCJIT 变量来判定应该使用旧版 JIT 框架，还是新版 MCJIT 框架。由于此代码与 sum-jit.cpp 示例代码非常相似，所以我们在这里不再重复描述此前已经出现过的示例代码片段。

1. 首先引入 MCJIT 头文件：

```
#include "llvm/ExecutionEngine/MCJIT.h"
```

2. 引入所有其他必要的头文件，并导入 llvm 命名空间：

```
#include "llvm/ADT/OwningPtr.h"
#include "llvm/Bitcode/ReaderWriter.h"
#include "llvm/ExecutionEngine/JIT.h"
#include "llvm/IR/LLVMContext.h"
#include "llvm/IR/Module.h"
#include "llvm/Support/MemoryBuffer.h"
#include "llvm/Support/ManagedStatic.h"
#include "llvm/Support/TargetSelect.h"
```

```
#include "llvm/Support/raw_ostream.h"
#include "llvm/Support/system_error.h"
#include "llvm/Support/FileSystem.h"
using namespace llvm;
```

3. 将 `UseMCJIT` 布尔值设置为 `true` 以测试 MCJIT 框架。将其设置为 `false` 则会使用旧版 JIT 运行此示例：

```
bool UseMCJIT = true;

int main() {
  InitializeNativeTarget();
```

4. MCJIT 需要初始化汇编解析器和输出器：

```
if (UseMCJIT) {
  InitializeNativeTargetAsmPrinter();
  InitializeNativeTargetAsmParser();
}

LLVMContext Context;
std::string ErrorMessage;
OwningPtr<MemoryBuffer> Buffer;

if (MemoryBuffer::getFile("./sum.bc", Buffer)) {
  errs() << "sum.bc not found\n";
  return -1;
}

Module *M = ParseBitcodeFile(Buffer.get(), Context,
  &ErrorMessage);
if (!M) {
  errs() << ErrorMessage << "\n";
  return -1;
}
```

5. 创建执行引擎并调用 `setUseMCJIT(true)` 函数通知引擎使用 MCJIT 框架，如下面的代码所示：

```
OwningPtr<ExecutionEngine> EE;
if (UseMCJIT)
  EE.reset(EngineBuilder(M).setUseMCJIT(true).create());
else
  EE.reset(EngineBuilder(M).create());
```

6. 旧版 JIT 框架需要引用 `Function`，该引用稍后用于检索函数指针并销毁已分配的内存：

```
Function* SumFn = NULL;
if (!UseMCJIT)
  SumFn = cast<Function>(M->getFunction("sum"));
```

7. 如前所述，MCJIT 框架已经不支持 `getPointerToFunction()`，而仅支持 `getFunction Address()`。因此，我们要对每个 JIT 类型使用正确的函数：

```
    int (*Sum)(int, int) = NULL;
    if (UseMCJIT)
      Sum = (int (*)(int, int)) EE->getFunctionAddress(std::string("
sum"));
    else
      Sum = (int (*)(int, int)) EE->getPointerToFunction(SumFn);
    int res = Sum(4,5);
    outs() << "Sum result: " << res << "\n";
    res = Sum(res, 6);
    outs() << "Sum result: " << res << "\n";
```

8. 由于 MCJIT 一次编译整个模块，所以释放存储 Sum 函数的机器码的内存空间只在旧版 JIT 中才有意义：

```
    if (!UseMCJIT)
      EE->freeMachineCodeForFunction(SumFn);

    llvm_shutdown();
    return 0;
}
```

要编译并链接 sum-mcjit.cpp，请使用以下命令：

```
$ clang++ sum-mcjit.cpp -g -O3 -rdynamic -fno-rtti $(llvm-config
--cppflags --ldflags --libs jit mcjit native irreader) -o sum-mcjit
```

或者，也可以使用第 3 章中修改后的 Makefile。运行以下示例并检查输出：

```
$ ./sum-mcjit
Sum result: 9
Sum result: 15
```

7.4   使用 LLVM JIT 编译工具

LLVM 提供了几个工具来操作 JIT 引擎，例如 lli 和 llvm-rtdyld。

7.4.1   使用 lli 工具

解释器工具（lli）通过使用本章中介绍的 LLVM 执行引擎来实现 LLVM 位码解释器和 JIT 编译器。我们来看一下源文件 sum-main.c：

```
#include <stdio.h>

int sum(int a, int b) {
  return a + b;
}

int main() {
  printf("sum: %d\n", sum(2, 3) + sum(3, 4));
  return 0;
}
```

在主函数存在时，lli 工具能够直接运行位码文件。使用 clang 生成 sum-main.bc

位码文件：

```
$ clang -emit-llvm -c sum-main.c -o sum-main.bc
```

现在，使用旧版 JIT 编译引擎通过 lli 运行位码：

```
$ lli sum-main.bc
sum: 12
```

或者，也可以使用 MCJIT 引擎：

```
$ lli -use-mcjit sum-main.bc
sum: 12
```

还有一个使用解释器的标志，通常要慢得多：

```
$ lli -force-interpreter sum-main.bc
sum:12
```

7.4.2   使用 llvm-rtdyld 工具

llvm-rtdyld 工具（<llvm_source>/tools/llvm-rtdyld/llvm-rtdyld.cpp）是一个测试 MCJIT 对象加载和链接框架的简单工具。该工具能够从磁盘读取二进制对象文件，并执行通过命令行指定的函数。它不执行 JIT 编译和执行，但允许测试和运行目标文件。

考虑以下三个 C 源代码文件：main.c、add.c 和 sub.c：

- main.c

  ```
  int add(int a, int b);
  int sub(int a, int b);

  int main() {
    return sub(add(3,4), 2);
  }
  ```

- add.c

  ```
  int add(int a, int b) {
    return a+b;
  }
  ```

- sub.c

  ```
  int sub(int a, int b) {
    return a-b;
  }
  ```

将这些源文件编译成目标文件：

```
$ clang -c main.c -o main.o
$ clang -c add.c -o add.o
$ clang -c sub.c -o sub.o
```

使用带 -entry 和 -execute 选项的 llvm-rtdyld 工具执行 main 函数：

```
$ llvm-rtdyld -execute -entry=_main main.o add.o sub.o; echo $?
loaded '_main' at: 0x104d98000
5
```

另一个选项是使用 **-printline** 选项输出带有调试信息的编译函数行信息，例如下述代码：

```
$ clang -g -c add.c -o add.o
$ llvm-rtdyld -printline add.o
Function: _add, Size = 20
  Line info @ 0: add.c, line:2
  Line info @ 10: add.c, line:3
  Line info @ 20: add.c, line:3
```

可以使用 **llvm-rtdyld** 工具查看 MCJIT 框架中的抽象对象。**llvm-rtdyld** 工具首先读取二进制对象文件列表用以生成 **ObjectBuffer** 对象，然后使用 **RuntimeDyld::loadObject()** 生成 **ObjectImage** 实例。在加载所有的目标文件后，它使用 **RuntimeDyld::resolveRelocations()** 来完成重定位的解析。它接下来通过 **getSymbolAddress()** 解析入口点，并调用函数。

llvm-rtdyld 工具还使用定制的内存管理器 **TrivialMemoryManager**。这是一个简单的 **RTDyldMemoryManager** 子类的实现，也很容易理解。

这个有用的概念验证工具可以帮助用户理解 MCJIT 框架中涉及的基本概念。

7.5　其他资源

你还可以通过在线文档和示例等其他资源了解 LLVM JIT。在 LLVM 源码树中，**<llvm_source>/examples/HowToUseJIT** 和 **<llvm_source>/examples/ParallelJIT** 包含了简单的源代码示例，这些示例对于学习 JIT 基础知识很有用。

LLVM 万花筒教程（**http://llvm.org/docs/tutorial**）中有一个专门介绍如何使用 JIT 的章节：**http://llvm.org/docs/tutorial/LangImpl4.html**。

与 MCJIT 设计和实现有关的更多信息也可以在 **http://llvm.org/docs/MCJITDesignAndImplementation.html** 找到。

7.6　总结

JIT 编译是指常见虚拟机环境中的运行时编译特性。在本章中，我们通过展示旧版 JIT 和新版 MCJIT 的这两种实现方法，探索了 LLVM 的 JIT 执行引擎。此外，我们检查和比较了这两种方法的实现细节，并提供了关于如何构建工具以使用 JIT 引擎的实例。

在下一章中，我们将介绍交叉编译、工具链以及如何创建基于 LLVM 的交叉编译器。

跨平台编译

传统的编译器将源代码转换为原生（native）可执行文件。在这种情况下，原生意味着它在与编译器相同的平台上运行，而平台包括了硬件、操作系统、**应用程序二进制接口**（**ABI**）和系统接口等多项选择的组合。这些选择定义了用户级程序可以用来与底层系统通信的机制。因此，如果你在 GNU/Linux x86 机器上使用编译器，它将生成与系统库链接的可执行文件，并且可以在相同的平台上运行。

跨平台编译是使用编译器为不同的非原生平台生成可执行文件的过程。如果你要生成的代码需要链接到与你自己的系统库不同的其他库，通常可以通过使用特定的编译标志来解决这个问题。但是，如果你打算部署的可执行文件的目标平台与你的平台不兼容（例如，使用不同的处理器体系结构、操作系统、ABI 或目标文件），则需要进行交叉编译。

在为资源有限的系统开发应用程序时，交叉编译器非常重要。例如，嵌入式系统通常由内存有限和低性能的处理器组成，但由于编译过程是 CPU 和内存密集型的，所以在这样的系统中运行编译器会很慢，并且导致研发周期很长，交叉编译器对于解决这类问题至关重要。本章将介绍以下主题：

- Clang 和 GCC 交叉编译方法的比较
- 什么是工具链
- 如何用 Clang 命令行进行交叉编译
- 如何生成并使用自定义的 Clang 进行交叉编译
- 测试目标二进制文件的常见模拟器和硬件平台

8.1 GCC 和 LLVM 对比

编译器（如 GCC）必须以特殊的配置进行构建才能支持交叉编译，此外，还需要为每个编译目标安装不同的 GCC。通常的做法是在 gcc 命令前添加目标名称作为前缀，如 arm-gcc 表示用于 ARM 的 GCC 交叉编译器。但 Clang/LLVM 允许你通过 Clang 驱动程序的命令行选项来切换编译目标，这些选项包括编译目标、库路径、头文件、链接器和汇编器等。因此一个 Clang 驱动程序适用于所有目标。但是，出于对可执行文件大小等问题的考虑，某些 LLVM 分发版本选择只支持部分编译目标。我们在第 1 章中说明了构建 LLVM 时如何选择想要支持的编译目标。

GCC 是一个更悠久且较 LLVM 更为成熟的项目，它支持超过 50 个后端，被广泛用作这些平台的交叉编译器。但是，GCC 的设计存在限制，它再次安装的驱动程序只能处理单个编译目标的软件库。这就是必须通过不同的 GCC 安装为其他目标生成代码的原因。

相比之下，Clang 驱动程序的默认构建过程会编译所有目标库并与之链接。在运行时，即使 Clang 需要知道目标的某些特性，其组件也可以通过与目标无关的接口来访问由命令行参数指定的编译目标的任何信息。这种方法使驱动程序能够灵活地避免为每个目标进行特定的 Clang 安装。

图 8-1 说明 LLVM 和 GCC 如何为不同的目标编译源代码，前者可以按需生成不同处理器的代码，而后者需要针对每个处理器使用不同的交叉编译器。

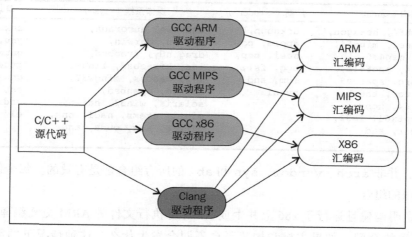

图　8-1

你也可以像 GCC 一样构建专门的 Clang 交叉编译器驱动程序。这种方式虽然需要花费时间以构建一个独立的 Clang/LLVM 安装包，但它也使命令行界面更简洁。在配置期间，用户可以为目标库、头文件、汇编器和链接器提供固定路径，从而避免每次交叉编译时都要将大量的命令行选项传递给驱动程序。

在本章中，我们将向你展示如何使用 Clang 驱动程序通过命令行选项为多个平台生成代码，以及如何生成特定的 Clang 交叉编译器驱动程序。

8.2　目标三元组介绍

我们将首先解释如下三个重要的定义：

- 构建（Build）是指构建交叉编译器的平台
- 主机（Host）是指将运行交叉编译器的平台
- 目标（Target）是指运行交叉编译器生成的可执行文件或库的平台

在标准的交叉编译器中，构建平台和主机平台是相同的。我们把构建、主机和目标平台定义成目标三元组，以便用处理器体系结构、操作系统、C 语言库类型和目标文件类型等相关信息唯一地标识各种不同的编译目标。

三元组没有严格的格式，例如，GNU 工具可以接受在 `<arch>-<sys/vendor>-<other>-<other>` 格式中由两个、三个甚至四个字段组成的三元组，例如 `arm-linux-eabi`、`mips-linux-gnu`、`x86_64-linux-gnu`、`x86_64-apple-darwin11` 和

sparc-elf。Clang 尽量保持与 GCC 的兼容性，因此可以识别上述格式，但是会将它们规范化为它自己的三元组模式：<arch><sub>-<vendor>-<sys>-<abi>。

表 8-1 包含每个 LLVM 三元组的每个字段的可能选项列表；其中不包含 <sub> 字段，因为它代表体系结构的变种，例如 armv7 体系结构中的 v7。有关三元组的细节，请参阅 <llvm_source>/include/llvm/ADT/Triple.h。

表 8-1　LLVM 三元组字段

体系结构（<arch>）	厂商（<vendor>）	操作系统（<sys>）	环境（<abi>）
arm, aarch64, hexagon, mips, mipsel, mips64, mips64el, msp430, ppc, ppc64, ppc64le, r600, sparc, sparcv9, systemz, tce, thumb, x86, x86_64, xcore, nvptx, nvptx64, le32, amdil, spir, and spir64	unknown, apple, pc, scei, bgp, bgq, fsl, ibm, and nvidia	unknown, auroraux, cygwin, darwin, dragonfly, freebsd, ios, kfreebsd, linux, lv2, macosx, mingw32, netbsd, openbsd, solaris, win32, haiku, minix, rtems, nacl, cnk, bitrig, aix, cuda, and nvcl	unknown, gnu, gnueabihf, gnueabi, gnux32, eabi, macho, android, and elf

请注意，并非 arch、vendor、sys 和 abi 的所有组合都是有效的。每个体系结构都支持一组有限的组合。

图 8-2 说明构建且运行于 x86 上并生成 ARM 可执行文件的 ARM 交叉编译器的概念。好奇的读者可能会问，如果主机和构建平台不同会发生什么。这种情况下的编译器称为 Canadian 交叉编译器，其过程更为复杂，需要将下图深色框中的编译器替换成另外一个交叉编译器（而非原生编译器）。Canadian 交叉编译器的名称来源于该编译器刚被发明时加拿大政府有三个政党，该编译器使用三个不同的平台。Canadian 交叉编译器最为典型的应用是开发者想为其他用户分发交叉编译器，并且希望支持除自身开发环境以外的平台。

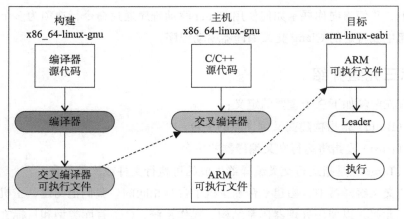

图　8-2

8.3　准备自己的工具链

编译器这一术语隐含了一个与编译相关的任务集合，这些任务由前端、后端、汇编器和链接器等不同组件执行。其中一些任务由独立的工具完成，而其他任务集成在编译器内部。但是，在开发原生的或用于任何其他目标的应用程序时，开发人员需要更多的资源和功能，例如平台相关的库、调试器和读取目标文件的工具等。因此，各平台厂商通常会在其平台上分发一套软件开发工具，为客户提供相应的开发工具链。

　　了解工具链组件以及它们如何相互交互，对于生成或使用交叉编译器是非常重要的。图 8-3 显示成功交叉编译所需的主要工具链组件，下面的小节将对每个组件进行描述。

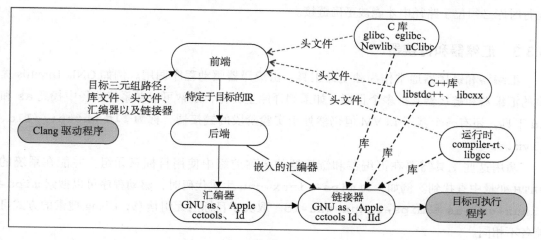

图　8-3

8.3.1　标准 C/C++ 库

　　C 语言库是支持诸如内存分配（`malloc()`/`free()`）、字符串处理（`strcmp()`）和 I/O（`printf()`/`scanf()`）等标准 C 语言功能所必需的。常见的 C 库头文件包括 `stdio.h`、`stdlib.h` 和 `string.h`。C 语言库有多种实现，例如 GNU C 库（`glibc`）、`newlib` 和 `uClibc` 等。这些库支持不同的目标机器，并且可以移植到新的目标机器。

　　同样，C++ 标准库实现了 C++ 语言功能，如输入输出流、容器、字符串处理和线程支持等。GNU 的 `libstdC++` 和 LLVM 的 `libC++`（参见 **http://libcxx.llvm.org**）都是 C++ 标准库的实现。实际上，完整的 GNU C++ 库包含 `libstdC++` 和 `libsupC++`。后者是协助移植的目标相关层，只用于异常处理和 RTTI。除 Mac OS X 以外，LLVM 的 `libC++` 实现仍然依赖于第三方实现的 `libsupC++` 的替代版本（请参阅第 2 章中介绍 libC++ 标准库部分的内容，以获得详细信息）。

　　交叉编译器需要知道目标 C/C++ 库和头文件的路径，以便搜索正确的函数原型，并在随后进行适当的链接。正确匹配头文件和库文件的版本和实现非常重要，否则错误配置的交叉编译器可能会寻找原生系统头文件，导致编译错误。

8.3.2　运行时库

　　每个目标都需要使用特殊函数来模拟本地不支持的低级操作。例如，32 位机器通常没有 64 位的寄存器，所以无法直接使用 64 位类型。因此，编译器可以使用两个 32 位寄存器并调用特定的函数来执行简单的算术运算（加法、减法、乘法和除法）。

代码生成器会生成对这些函数的调用，并期望它们在链接时被找到。驱动程序（而不是用户）必须为此提供必要的库。在 GCC 中，这个功能在运行时库 libgcc 中实现。而 LLVM 提供了一个名为 compiler-rt 的等效库（请参阅第 2 章）。因此，Clang 驱动程序使用 -lgcc 或 -lclang_rt（与 compiler-rt 链接）调用链接器。同样，特定于目标的运行时库必须位于路径中才能被正确链接。

8.3.3　汇编器和链接器

汇编器和链接器通常作为独立的工具，由编译器驱动程序调用。例如 GNU Binutils 提供的汇编器和链接器支持多个目标，如果编译原生目标，通常可以在系统路径中找到 as 和 ld 工具。还有一个基于 LLVM 但仍然处于实验阶段的链接器，称为 **lld**（http://lld.llvm.org）。

调用这些工具需要在汇编器和链接器的名称前缀中使用目标三元组，并能在系统的 **PATH** 变量中查找到。例如，为 mips-linux-gnu 生成代码时，驱动程序可以搜索 mips-linux-gnu-as 和 mips-linux-gnu-ld。取决于目标三元组信息，Clang 搜索的方式可能各不相同。

在 Clang 中，有些目标不需要调用外部汇编器。因为 LLVM 通过 MC 层直接提供代码输出功能，驱动程序可以通过 -integrated-as 选项直接调用集成的 MC 汇编器，该选项对某些目标是默认开启的。

8.3.4　Clang 前端

在第 5 章，我们解释了由于 C/C++ 语言并非目标独立的，因而 Clang 生成的 LLVM IR 也不是目标独立的。除后端以外，前端还必须遵循特定于目标的约束条件。因此你必须清楚，尽管 Clang 可以支持特定处理器，但如果编译目标的三元组信息无法严格匹配该处理器，则前端可能生成不完善的 LLVM IR，从而可能导致 ABI 不匹配和运行错误。

Multilib

Multilib 是一个解决方案，它允许用户在同一平台上运行针对不同 ABI 编译的应用程序。该方案可以避免一个交叉编译器只能针对一个 ABI 的问题，使得一个交叉编译器可以访问对应多个 ABI 版本的库和头文件。例如，multilib 允许软浮点和硬浮点库共存，即依靠浮点运算的软件仿真的库和依赖处理器 FPU 来处理浮点数的库。GCC 对于每个 multilib 版本都有几个 libc 和 libgcc 版本。

例如，在 MIPS GCC 中，multilib 库文件夹结构如下：

- lib/n32：该文件夹包含 n32 库，支持 n32 MIPS ABI。
- lib/n32/EL：该文件夹包含小端字节序版本的 libgcc、libc 和 libstdC++。
- lib/n32/msoft-float：该文件夹包含 n32 的软浮点库。

- `lib/n64`：该文件夹包含 n64 库，支持 n64 MIPS ABI。
- `lib/n64/EL`：该文件夹包含小端字节序版本的 `libgcc`、`libc` 和 `libstdC++`。
- `lib/n64/msoft-float`：该文件夹包含 n64 软浮点库。

只要为库和头文件提供了正确的路径，Clang 就能支持 multilib 环境。但由于前端可能为某些目标中的不同 ABI 生成不同的 LLVM IR，因此最好仔细检查路径和目标三元组，以确保匹配，避免运行错误。

8.4　用 Clang 命令行参数进行交叉编译

前面我们已经介绍了工具链中的每个组件，接下来我们将展示如何通过使用适当的驱动程序参数将 Clang 作为交叉编译器使用。

> 本节中的所有示例都在运行 Ubuntu 12.04 的 x86_64 机器上进行过测试。我们使用 Ubuntu 自带的工具下载了一些依赖项，但是与 Clang 相关的命令应该可以在没有（或轻微）修改的情况下在其他任意 OS 环境中使用。

8.4.1　针对目标的驱动程序选项

Clang 使用 `-target=<triple>` 驱动程序选项来动态选择生成代码所需的目标三元组。除了三元组之外，还可以使用其他选项来更精确地选择目标：

- `-march=<arch>` 选项用于选择目标处理器架构。`<arch>` 值的示例包括 ARM 的 `armv4t`、`armv6`、`armv7` 和 `armv7f`，以及 MIPS 的 `mips32`、`mips32r2`、`mips64` 和 `mips64r2`。仅声明此选项会选择代码生成器中默认的基础 CPU。
- `-mcpu=<cpu>` 选项用于选择特定的 CPU。例如，`cortex-m3` 和 `cortex-a8` 是 ARM 特定的 CPU，`pentium4`、`athlon64` 和 `corei7avx2` 是 x86 CPU。每个 CPU 都有由目标定义并被驱动程序使用的基础 `<arch>` 值。
- `-mfloat-abi=<abi>` 选项用于选择使用哪种类型的寄存器来保存浮点值：`soft` 或 `hard`。如前所述，这决定了是否使用软件浮点模拟。它还隐含在调用惯例和其他 ABI 规范上的变化。`-msoft-float` 和 `-mhard-float` 选项都有对应的别名。如果未指定，则 ABI 类型将符合所选 CPU 的默认类型。

使用 `clang --help-hidden` 可以查看其他目标相关的选项，它会向你展示原始帮助消息中隐藏的选项。

8.4.2　依赖包

我们将使用 ARM 交叉编译器作为运行示例，来演示如何使用 Clang 进行交叉编译。第一步是在你的系统中安装完整的 ARM 工具链，并识别所提供的组件。

要使用硬浮点 ABI 为 ARM 安装 GCC 交叉编译器，请使用以下命令：

```
$ apt-get install g++-4.6-arm-linux-gnueabihf gcc-4.6-arm-linux-gnueabihf
```

要使用软浮点 ABI 为 ARM 安装 GCC 交叉编译器，请使用以下命令：

```
$ apt-get install g++-4.6-arm-linux-gnueabi gcc-4.6-arm-linux-gnueabi
```

> 我们刚刚要求你安装一个包括交叉编译器在内的完整 GCC 工具链！为什么需要它呢？正如在工具链部分所解释的那样，在交叉编译过程中，编译器本身就像一个小部件，而其他组件包括汇编器、链接器和目标库等。你应该使用由你的目标平台供应商准备的工具链，因为它能提供正确的头文件和链接库。尽管我们想要使用 Clang/LLVM，但是我们的工作仍然依赖于所有其他工具链组件。这个工具链通常情况下会与 GCC 编译器一起分发。
>
> 如果你想自行构建所有的目标相关库并准备整个工具链，还需要准备一个操作系统映像来启动目标平台。如果你自行构建系统映像和工具链，必须保证两者都与目标系统中使用的库的版本一致。如果你喜欢从零开始构建项目，那么可以参与跨 Linux 从零开始教程，它位于 http://trac.cross-lfs.org。

虽然 apt-get 会自动安装工具链的依赖包，但基于 Clang 的 C/C++ ARM 交叉编译器所需要和推荐的基本包如下：

- libc6-dev-armhf-cross 和 libc6-dev-armel-cross
- gcc-4.6-arm-linux-gnueabi-base 和 gcc-4.6-arm-linux-gnueabihfbase
- binutils-arm-linux-gnueabi 和 binutils-arm-linux-gnueabihf
- libgcc1-armel-cross 和 libgcc1-armhf-cross
- libstdC++ 6-4.6-dev-armel-cross 和 libstdC++ 6-4.6-dev-armhf-cross

8.4.3　交叉编译

尽管我们对 GCC 交叉编译器本身不感兴趣，但是我们通过上一节的命令安装了我们的交叉编译器所需的必要先决条件：链接器、汇编器、库和头文件。之后，可以使用以下命令为 arm-linux-gnueabihf 平台编译第 7 章中的 sum.c 程序：

```
$ clang --target=arm-linux-gnueabihf sum.c -o sum
$ file sum
sum: ELF 32-bit LSB executable, ARM, version 1 (SYSV), dynamically linked
(uses shared libs)...
```

Clang 从 GNU 的 arm-linux-gnueabihf 工具链中找到所有必要的组件，并生成最终的可执行文件。在这个例子中，所使用的默认架构是 armv6，但我们可以提供 --target 值进行更具体的指定，并使用 -mcpu 值生成更精确的代码：

```
$ clang --target=armv7a-linux-gnueabihf -mcpu=cortex-a15 sum.c -o sum
```

8.4.3.1　安装 GCC

Clang 使用 --target 选项提供的目标三元组来搜索具有相同或类似前缀的 GCC 安装。如果找到多个候选项，Clang 会选择与目标最接近的版本：

```
$ clang --target=arm-linux-gnueabihf sum.c -o sum -v
clang version 3.4 (tags/RELEASE_34/final)
Target: arm--linux-gnueabihf
Thread model: posix
Found candidate GCC installation: /usr/lib/gcc/arm-linux-gnueabihf/4.6
Found candidate GCC installation: /usr/lib/gcc/arm-linux-gnueabihf/4.6.3
Selected GCC installation: /usr/lib/gcc/arm-linux-gnueabihf/4.6
(...)
```

由于 GCC 安装通常带有汇编器、链接器、库和头文件，因此 Clang 使用它来获得所需的工具链组件。如果已经知道系统中已安装工具链的准确名称，并通过三元组的形式将其提供给 Clang 驱动程序，后者就可以直接获得对应工具的路径。但如果我们提供了一个不匹配或不完整的三元组，驱动程序将搜索并选择它认为最匹配的设置：

```
$ clang --target=arm-linux sum.c -o sum -v
...
Selected GCC installation: /usr/lib/gcc/arm-linux-gnueabi/4.7
clang: warning: unknown platform, assuming -mfloat-abi=soft
```

请注意，尽管我们为 arm-linux-gnueabi 和 armlinux-gnueabihf 安装了 GCC 工具链，但驱动程序会选择前者。在上述例子中，由于命令行选项并未指定平台参数，因此 clang 使用默认参数，即 soft-float ABI。

8.4.3.2　潜在问题

如果我们添加 -mfloat-abi=hard 选项，驱动程序将忽略警告信息，但会一直选择 arm-linux-gnueabi 而不是 arm-linux-gnueabihf。这种方式下最终生成的可执行文件可能导致一个运行时错误，因为硬浮点目标平台会与软浮点平台对应的库链接：

```
$ clang --target=arm-linux -mfloat-abi=hard sum.c -o sum
```

即使我们使用 -float-abi=hard 参数，但 Clang 仍然不会选择 arm-linux-gnuebihf 平台，这是因为我们没有明确要求 Clang 使用 arm-linux-gnueabihf 工具链。如果让驱动程序自由选择，它会选择它自己发现的第一个工具链，即使该工具链可能是不匹配的。该例子旨在说明一个重要的问题：如果你使用一个模糊或不完整的目标三元组（比如 arm-linux），那么驱动程序的默认选择可能不是最佳的。

因此，知晓正在使用的底层工具链组件是非常重要的，这样可以确保使用正确的工具链，例如，可以使用 -### 标志来打印 Clang 调用了哪些工具来完成编译、汇编和链接过程。

下面做一个小实验，即提供更含糊的目标三元组信息，看看会发生什么，我们只使用 --target=arm 选项：

```
$ clang --target=arm sum.c -o sum
/tmp/sum-3bbfbc.s: Assembler messages:
```

```
/tmp/sum-3bbfbc.s:1: Error: unknown pseudo-op: `.syntax'
/tmp/sum-3bbfbc.s:2: Error: unknown pseudo-op: `.cpu'
/tmp/sum-3bbfbc.s:3: Error: unknown pseudo-op: `.eabi_attribute'
(...)
```

上述示例代码从三元组中删除了操作系统信息，导致驱动程序出现混乱和编译错误。驱动程序试图通过使用原生（x86_64）汇编器来汇编 ARM 汇编语言。由于目标三元组严重不完整，并且操作系统信息缺失，arm-linux 工具链无法匹配驱动程序的需求，导致驱动程序决定使用系统汇编器。

8.4.4　更改系统根目录

驱动程序能够自动获取支持目标平台的工具链，方法是使用给出的三元组信息，以及它扫描 GCC 安装目录所获得的已知前缀的列表，在系统中检查是否有 GCC 交叉编译器（请参阅 <llvm_source>/tools/clang/lib/Driver/ToolChains.cpp）。

在其他情况下，例如三元组格式错误或 GCC 交叉编译器未安装等，必须将特殊选项传递给驱动程序，以使用可用的工具链组件。例如，--sysroot 选项可以更改 Clang 搜索工具链组件的根目录，该选项可以在目标三元组没有提供足够的信息时使用。此外，也可以使用 --gcc-toolchain=<value> 选项指定要使用的特定工具链的文件夹。

对于系统中安装的 ARM 工具链，arm-linux-gnueabi 三元组选择的 GCC 安装路径是 /usr/lib/gcc/arm-linux-gnueabi/4.6.3。Clang 能够通过该目录访问库、头文件、汇编器和链接器的其他路径。其中一个它能访问的路径是 /usr/arm-linux-gnueabi，该路径包含以下子目录：

```
$ ls /usr/arm-linux-gnueabi
bin  include  lib  usr
```

可以看到，在这些文件夹中工具链组件的组织方式与本地文件系统的 /bin、/include、/lib 和 /usr 相同。假设现在我们想在 cortex A9 CPU 上为 armv7-linux 生成代码，而且不依靠驱动程序自动找到组件。只要我们知道 arm-linux-gnueabi 组件的位置，就可以提供一个 --sroot 标志给驱动程序：

```
$ PATH=/usr/arm-linux-gnueabi/bin:$PATH /p/cross/bin/clang
--target=armv7a-linux --sysroot=/usr/arm-linux-gnueabi -mcpu=cortex-a9
-mfloat-abi=soft sum.c -o sum
```

同样，上述方法非常有用，尤其是当所需的工具链组件可用但并没有可靠的 GCC 安装时。该方法行之有效的原因主要有三个：

- armv7a-linux：armv7a 三元组激活了 ARM 和 Linux 的代码生成。除此之外，它还告诉驱动程序使用 GNU 汇编器和链接器的调用语法。如果没有指定操作系统，Clang 默认使用 Darwin 汇编器语法，由此产生汇编错误。
- /usr、/lib 和 /usr/include 文件夹是编译器默认搜索库和头文件的位置。--sysroot 选项将覆盖此默认路径，以使用 /usr/arm-linux-gnueabi 下的目录。

- 更改了 `PATH` 环境变量，从而避免使用默认版本的 `as` 和 `ld`。然后，我们强制驱动程序首先搜索包含 ARM 版本 `as` 和 `ld` 的 `/usr/armlinux-gnueabi/bin` 路径。

8.5　生成 Clang 交叉编译器

前面提到，Clang 动态支持为任何目标生成代码。但是，可能有如下原因需要生成目标专用的 Clang 交叉编译器：

- 用户希望避免使用长命令行来调用驱动程序
- 制造商希望将基于 Clang 的特定于平台的工具链交付给客户

8.5.1　配置选项

LLVM 配置系统有以下选项可帮助生成交叉编译器：

- `--target`：此选项指定 Clang 交叉编译器为其生成代码的默认目标三元组。该三元组与我们之前定义的目标、主机和构建的概念有关。`--host` 和 `--build` 选项也是可用的，但配置脚本可以推测出它们都是指原生平台。

- `--enable-targets`：此选项指定本次安装所支持的编译目标。如果缺省，则支持所有目标。请记住，必须使用前面介绍的命令行选项（`--target`），才能使用不同于默认值的编译目标。

- `--with-c-include-dirs`：这个选项指定交叉编译器用来搜索头文件的目录列表。使用此选项可以避免频繁使用 `-I` 来定位可能不在规范路径内的特定目标库。另外，这些目录的搜索顺序排在系统默认目录之前。

- `--with-gcc-toolchain`：该选项指定系统中已经安装好的对应编译目标的 GCC 工具链。这个选项用于定位工具链组件，它被硬编码于交叉编译器中，功能等同于一个永久的 `--gcctoolchain` 选项。

- `--with-default-sysroot`：此选项将 `--sysroot` 选项添加到由交叉编译器执行的所有编译器调用中。

有关所有 LLVM/Clang 配置选项，请参阅 `<llvm_source>/configure --help`。可以使用额外的配置选项（隐藏选项）来搜索特定于目标的特征，例如 `--with-cpu`、`--with-float`、`--with-abi` 和 `--with-fpu`。

8.5.2　构建和安装基于 Clang 的交叉编译器

构建、编译和安装交叉编译器的指令与第 1 章中介绍的编译 LLVM 和 Clang 的方法非常相似。因此，假设源代码已经就位，读者可以使用以下命令生成一个默认针对 Cortex-A9 的 LLVM ARM 交叉编译器：

```
$ cd <llvm_build_dir>
$ <PATH_TO_SOURCE>/configure --enable-targets=arm --disable-optimized
--prefix=/usr/local/llvm-arm --target=armv7a-unknown-linux-gnueabi
```

```
$ make && sudo make install
$ export PATH=$PATH:/usr/local/llvm-arm
$ armv7a-unknown-linux-gnueabi-clang sum.c -o sum
$ file sum
sum: ELF 32-bit LSB executable, ARM, version 1 (SYSV), dynamically linked
(uses shared libs)...
```

回想一下介绍目标三元组的内容，兼容 GCC 的目标三元组最多可以有四个元素，但是有些工具接受三个或者更少。LLVM 使用的配置脚本由 GNU 工具自动生成，它期望目标信息包含全部四个元素，并且在第二元素中含有供应商信息。由于我们的平台没有具体的供应商，所以我们把三元组扩展为 armv7a-unknown-linux-gnueabi。如果在这里我们坚持使用包含三个元素的三元组，配置脚本将会失败。

由于 Clang 会查找 GCC 安装路径，因此不需要其他选项来检测工具链。

假设你分别在 /opt/arm-extra-libs/include 和 /opt/arm-extra-libs/lib 目录中编译并安装额外的 ARM 库和头文件。通过使用 --with-c-include-dirs =/opt/arm-extra-libs/include 命令，可以将这个目录永久地添加到 Clang 头文件搜索路径，注意，仍然需要添加 -L/opt/arm-extra-libs/lib 才能进行正确的链接。

```
$ <PATH_TO_SOURCE>/configure --enable-targets=arm --disable-optimized
--prefix=/usr/local/llvm-arm --target=armv7a-unknown-linux-gnueabi
--with-c-include-dirs=/opt/arm-extra-libs/include
```

8.5.3 其他构建方法

还有其他工具可以用来生成基于 LLVM/Clang 的工具链，也可以使用 LLVM 的其他构建系统。另一种替代方法是创建一个包装层来封装整个过程。

8.5.3.1 Ninja

生成交叉编译器的另一种方法是使用 CMake 和 Ninja。后者是一个为小型快速项目设计的构建系统。

除了传统的配置和构建交叉编译器的步骤外，还可以使用特殊的 CMake 选项为 Ninja 生成合适的构建指令，然后用它构建并安装对应编译目标的交叉编译器。

http://llvm.org/docs/HowToCrossCompileLLVM.html 提供了有关如何使用此方法的说明和文档。

8.5.3.2 ELLCC

ELLCC 工具是一个基于 LLVM 的框架，用于为嵌入式目标生成工具链。

ELLCC 的设计目标是创建一个帮助生成和使用交叉编译器的简单工具。ELLCC 工具是可扩展的，支持新的目标配置，并且易于被开发人员使用。

ELLCC 还会编译和安装几个工具链组件，包括用于平台测试的调试器和 QEMU（如果可用）。

ecc 工具是可以使用的最终交叉编译器。它在 Clang 交叉编译器上创建一个使用层，并接受与 GCC 和 Clang 兼容的命令行选项来编译任何支持的目标。可以在 http://ellcc.

`org/` 上阅读更多信息。

8.5.3.3 Emb 工具包

嵌入式系统工具包是用于为嵌入式系统生成工具链的另一个框架。它可以编译其组件并同时提供一个根文件系统，还可以生成基于 Clang 或 LLVM 的工具链。

它提供 ncurses 和用于组件选择的 GUI 界面。可以在 `https://www.embtoolkit.org/` 上找到更多的细节。

8.6 测试

要测试交叉编译是否成功，最合理的方法通常是在真实的目标平台上运行编译生成的可执行文件。但是，如果实际目标不可用或无法获取，则可以使用某些模拟器来测试程序。

8.6.1 开发板

现在有多种平台的开发板，可以在网上以合理价格购买。例如，你可以找到从简单的 Cortex-M 系列处理器到多核 Cortex-A 系列处理器的 ARM 开发板。

尽管这些开发板上的外设组件不尽相同，但它们基本都会配置以太网、Wi-Fi、USB、存储卡等外设。因此，交叉编译生成的应用程序可以通过网络、USB 发送，也可以写入闪存卡，并在未安装操作系统或者安装了嵌入式 Linux/FreeBSD 操作系统的开发板上执行。

此类开发板的例子见表 8-2：

表 8-2 开发板的例子

名称	功能	架构/处理器	链接
Panda Board	Linux, Android, Ubuntu	ARM, 双核 Cortex A9	`http://pandaboard.org/`
Beagle Board	Linux, Android, Ubuntu	ARM, Cortex A8	`http://beagleboard.org/`
SEAD-3	Linux	MIPS M14K	`http://www.timesys.com/supported/processors/mips`
Carambola-2	Linux	MIPS 24K	`http://8devices.com/carambola-2`

还有大量的移动电话搭载 ARM 和 MIPS 处理器并运行 Android，它们都有可用的开发工具包，也可以在这些设备上尝试 Clang。

8.6.2 模拟器

一般而言，制造商都会为其处理器开发模拟器，因为软件开发周期在实际平台准备就绪之前就已经开始了。因此，带模拟器的工具链会被分发给客户或用于内部产品测试。

一种测试交叉编译程序的方法是利用这些制造商提供的环境。不过，特定的架构和处理器也有一系列开源模拟器。QEMU 就是一种支持用户和系统仿真的开源模拟器。

在用户模拟模式下，QEMU 能够在当前平台上模拟为其他目标编译的独立可执行文件。例如，前面提到的用 Clang 编译并链接的 ARM 可执行文件很可能可以在 ARM-QEMU 用户模拟器中直接运行。

系统模拟器可以再现整个系统的行为，包括外围设备和多处理器。由于完整的启动过程是模拟的，因此需要一个操作系统。QEMU 可以模拟一个完整的开发板，因此它也是裸机测试或与外设交互测试的理想选择。

QEMU 支持不同版本的 ARM、MIPS、OpenRISC、SPARC、Alpha 和 MicroBlaze 等处理器架构，可以通过 `http://qemu-project.org` 阅读更多信息。

8.7　其他资源

官方 Clang 文档包含有关使用 Clang 作为交叉编译器的相关信息，请参阅 `http://clang.llvm.org/docs/CrossCompilation.html`。

8.8　总结

交叉编译器是为其他平台开发应用程序的重要工具。Clang 能够非常方便地支持交叉编译，并且其驱动程序支持编译目标的动态选择。

在本章中，我们介绍了交叉编译环境的组成元素，以及 Clang 如何与它们交互以产生目标平台的可执行文件。我们还讨论了 Clang 交叉编译器在其他可能场景下的应用，并提供了关于如何构建、安装和使用交叉编译器的说明。

在下一章中，我们将介绍 Clang 静态编译器，并展示如何在大型代码库中搜索和查找常见错误。

Clang 静态分析器

人工规划抽象装置的构造往往很困难，因为很难去度量工作量的规模和数量。与此类似，软件项目由于异常庞大的复杂性，有着非常显著的失败历史。如果说构建复杂软件需要大量的协调和组织，那么维护它则是一个更加棘手的挑战。

另外一方面，一个软件的维护随着时间的增长也会变得愈发困难，这通常是因为不同年代的程序员的代码风格和编程观念有所不同。当一个新的程序员负责维护旧的软件时，通常的做法是简单地将难以理解的旧代码打包并隔离，使它变成一个不可修改的库。

如此复杂的代码库需要一个新型工具来帮助程序员解决某些比较隐晦的错误（bug）。Clang 静态分析器可以自动分析庞大的代码库，帮助程序员在编译代码之前广泛检测各种常见的 C、C++ 或 Objective-C 语言错误。本章将介绍以下主题：

- 经典编译器工具发出的警告与 Clang 静态分析器发出的警告有什么区别
- 如何在简单项目中使用 Clang 静态分析器
- 如何使用 scan-build 工具覆盖大型实际项目
- 如何用自定义的错误检查器扩展 Clang 静态分析器

9.1 静态分析器的作用

在 LLVM 的整体设计中，如果一个工具可以处理源代码（C/C++），则该工具属于 Clang 前端，这是因为从 LLVM IR 恢复源代码级别的信息是非常困难的。在 Clang 的工具中，最有趣的工具之一是 Clang 静态分析器，它通过一组**检查器**来构建详细的错误报告，该报告类似于传统的小规模编译器警告信息，而每个检查器负责检测违反某个特定规则的现象。

与经典警告信息一样，静态分析器可帮助程序员在开发周期的早期发现错误，而不需要将错误检测推迟到运行时。静态分析是在语法分析之后，但在编译之前完成的。另一方面，静态分析器可能需要大量的时间来处理大型代码库，因此，常见的编译流程并没有整合该工具。例如，静态分析器本身可能花费数小时来处理整个 LLVM 源代码，并运行其所有检查器。

Clang 静态分析器至少有两个已知的竞争对手：Fortify 和 Coverity。惠普（HP）提供前者，而 Synopsis 提供后者。每个工具都有自己的优势和局限性，但是只有 Clang 是开源的，允许用户进一步理解它的工作原理，并按照自身需求进行修改，这也是本章的目标。

9.1.1 传统警告信息和 Clang 静态分析器比较

Clang 静态分析器使用的算法具有**指数时间复杂度**，即随着正在分析的程序单元增长，处理它所需的时间可能会变得非常长。与许多实际使用的指数时间算法一样，它是有界的，这意味着可以通过使用针对特定问题的技巧来减少执行时间和内存，虽然还不能达到多项式时间复杂度。

该工具的指数时间性质反映了其最大的局限性：它只能一次分析一个编译单元，不能执行跨模块分析或处理整个程序。不过它依赖于一个**符号执行引擎**，仍然是一个非常有用的工具。

为了举例说明符号执行引擎如何帮助程序员发现复杂错误，我们首先展示一个非常简单的错误，大多数编译器都可以轻松检测到它并发出警告。请看下面的代码：

```
#include <stdio.h>
void main() {
    int i;
    printf ("%d", i);
}
```

在这段代码中，我们使用了一个未初始化的变量，因此程序输出取决于诸如程序执行前的内存内容等我们无法控制或预测的参数，从而会导致意外的程序行为。因此，简单的自动检查可以在调试时避免大量的麻烦。

如果你熟悉编译器分析技术，可能已经注意到，我们可以通过前向数据流分析（forward dataflow analysis）来实现此检查，该分析利用并集合流运算符 (union confluenece operator) 来传播每个变量的状态，不管该变量是否被初始化。前向数据流分析从函数的第一个基本块开始传播每个基本块中变量的状态信息，直至后续基本块。合流运算符决定如何聚合来自多个前序基本块的信息。对于一个基本块，并集合流运算符会将其所有前序基本块信息的并集提供给该基本块。

在这个分析中，如果一个未初始化的定义被使用，则应该触发一个编译器警告。为此，数据流框架将为程序中的每个变量分配以下状态：

- ⊥ 符号（未知状态），当我们没有任何有关该变量的信息时。
- 初始化标签，当我们知道变量被初始化时。
- 未初始化的标签，当我们确定变量没有被初始化时。
- ⊤ 符号，当我们不确定变量是否被初始化时。

图 9-1 展示刚刚介绍的简单 C 程序的数据流分析。

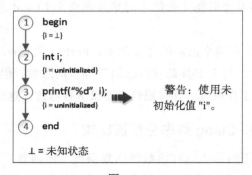

图　9-1

我们看到，这些信息很容易跨代码行传播。当它到达使用 `i` 的 `printf` 语句时，框架将检查这个变量并发现该变量是未初始化的，从而得到足够的证据来发出警告。

此外，由于此数据流分析属于多项式时间算法复杂度，因此速度非常快。

为了说明这个简单的分析存在不精确的问题，我们假设程序员 Joe 经常制造不可检测的错误。Joe 可以通过巧妙地使用不同的程序路径混淆变量的实际状态，从而非常简单地欺骗检测器。我们来看看 Joe 编写的一个例子：

```c
#include <stdio.h>
void my_function(int unknownvalue) {
    int schroedinger_integer;
    if (unknownvalue)
        schroedinger_integer = 5;
    printf("hi");
    if (!unknownvalue)
        printf("%d", schroedinger_integer);
}
```

现在让我们来看看我们的数据流框架如何计算这个程序的变量状态，如图 9-2 所示。

图　9-2

我们看到，在节点 4 中变量第一次被初始化（以粗体显示）。然而，有两个不同的路径可以到达节点 5：来自节点 3 的 `if` 语句的真分支和假分支。在一个路径中，变量 `schroedinger_integer` 是未初始化的，而在另一个路径中是初始化的。合流操作符决定如何对前面的结果进行合并，并集操作符将尽量保留两者的数据，因此声明 `schroedinger_integer` 为⊤（任意一个）。

当检测器检查使用 `schroedinger_integer` 的节点 7 时，它无法确定代码中是否存在错误，这是因为根据该数据流分析，`schroedinger_integer` 有可能已经初始化，也可能没有初始化。换句话说，它确实处于一个初始化和未初始化并存的叠加状态。简单检测器可以尝试发出有一个值在未被初始化的情况下被使用的警告，并且会正确地指向错误。但是，如果对 Joe 的代码的最后一次检查使用的条件变为 `if(unknownvalue)`，则发出警告将是误报，因为现在它正在执行 `schroedinger_integer` 确实被初始化的路径。

检测器之所以发生这种精度损失问题，是由于数据流框架无法感知不同的路径，并且无法精确地描述在每个可能的执行路径中所发生的事情。

误报是非常不受欢迎的，因为它们会给程序员列出一大堆并不包含真正错误的警告，而且也会使真正的错误警告变得难以辨别。实际上，即使检测器只产生少量的误报，程序员也可能会忽略所有警告。

9.1.2 符号执行引擎的高效性

符号执行引擎可以解决简单的数据流分析不足以提供程序精确信息的问题。它可以构建一个可达程序状态图，并能够推断程序运行时所有可能执行的代码路径。回想一下，当运行调试程序时，我们只是在执行一条路径。即使当我们用一个如 valgrind 般功能强大的虚拟机来调试程序和查找内存泄漏时，它也只会执行一条路径。

相反，符号执行引擎可以在不真正运行用户代码的情况下考虑所有可能的执行路径。这是一个非常强大的功能，但处理程序需要大量时间。

与经典数据流框架一样，该引擎会在按程序执行顺序遍历每条语句时为找到的每个变量分配初始状态。它们的差别体现在当到达改变控制流程的结构时：该引擎将路径分成两条，然后分别在每条路径上继续进行分析。这个图称为可达程序状态图，图 9-3 用一个简单的例子说明该引擎如何推理 Joe 的代码。

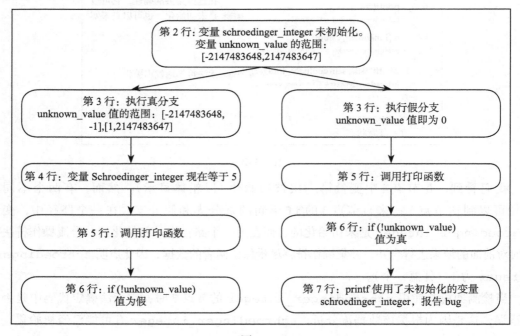

图 9-3

在这个例子中，第 6 行中的第一个 if 语句将可达程序状态图分为两条不同的路径：一条路径中，unknown_value 不为零，而另一条中 unknown_value 为零。从这个部分开始，引擎的工作流程会考虑 unknown_value 的约束条件，并用它来决定下一个分支是否会触发。

通过使用这种策略，符号执行引擎得出的结论是：图 9-3 中的左边路径将不会使用 schroedinger_integer 的值，尽管它已经在这条路径中被定义为 5。另一方面，该图中右边路径将使用 schroedinger_integer 的值，并将其作为 printf() 函数的参数进行传递；但是在此路径中，该值不会被初始化。通过使用该图，我们可以精确地找到并报告错误。

接下来我们比较可达程序状态图和相同代码的**控制流图**（Control Flow Graph, CFG），并通过数据流方程提供典型代码分析，请看图 9-4。

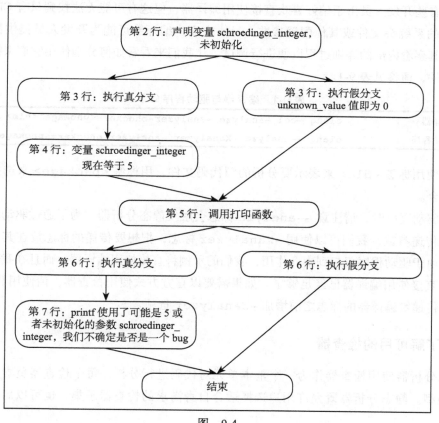

第 2 行：声明变量 schroedinger_integer，未初始化

第 3 行：执行真分支

第 3 行：执行假分支 unknown_value 值即为 0

第 4 行：变量 schroedinger_integer 现在等于 5

第 5 行：调用打印函数

第 6 行：执行真分支

第 6 行：执行假分支

第 7 行：printf 使用了可能是 5 或者未初始化的参数 schroedinger_integer，我们不确定是否是一个 bug

结束

图　9-4

首先要注意的是，CFG 可以通过分叉来表示控制流的变化，但是它也可以合并节点来避免在可达程序状态图中看到的组合爆炸。合并时，数据流分析可以使用并集或交集操作来合并来自不同路径（第 5 行的节点）的信息。如果使用并集，我们可以得出结论：schroedinger_integer 既未初始化，又等于 5，与上一个例子相同。如果使用交集，最后没有关于 schroedinger_integer 的信息（未知状态）。

符号执行引擎正是克服了经典数据流分析中需要合并数据这一局限性。这样可以得到更精确的结果，与使用不同的输入测试程序所获得的结果相当，但代价是运行时间和内存消耗量的增加。

9.2   测试静态分析器

在本节中，我们将探讨如何实际使用 Clang 静态分析器。

9.2.1   使用驱动程序与使用编译器

在测试静态分析器之前，请记住使用命令行 clang 将触发编译器驱动程序，而使用命令行 clang -cc1 则直接引用编译器。驱动程序负责协调编译中涉及的其他所有 LLVM 程序的执行，它同时也负责提供有关系统的必要参数。

尽管有些开发人员由于偏好喜欢直接使用编译器，但这有可能无法找到只有 Clang 驱动程序知道的系统头文件或其他配置参数。另一方面，编译器可能为开发人员提供额外的选项，允许其察看内部的详细过程以便进行调试。让我们来看看如何分别使用它们来检查单个源代码文件，请参见表 9-1。

表 9-1   编译器与驱动程序命令

编译器	clang –cc1 –analyze –analyzer-checker=**\<package>\<file>**
驱动程序	clang --analyze -Xanalyzer -analyzer-checker=**\<package>\<file>**

我们使用标签 **\<file>** 来表示要分析的源代码文件，用标签 **\<package>** 来选择特定头文件的集合。

使用驱动程序时，请注意 **--analyze** 标志会触发静态分析器。为了通过驱动程序直接向编译器传递参数，我们可以使用 **-Xanalyzer** 标志，把想要传递的标志放在其后面传给编译器。由于驱动程序仅起到中介作用，我们的示例将直接使用编译器。而且在我们的简单例子中，直接使用编译器已经足够了。如果需要以官方方式使用检查器，请使用驱动程序，并在每个传递给编译器的标志之前增加 **-Xanalyzer** 选项。

9.2.2   了解可用的检查器

静态分析器使用检查器作为一个基本单元对代码进行分析，每个检查器负责查找特定的错误类型。静态分析器既允许用户选择适合自身需求的检查器子集，也可以启用所有检查器。

如果你没有安装 Clang，请参阅第 1 章以获取安装说明。要获取已安装的检查器列表，请运行以下命令：

```
$ clang -cc1 -analyzer-checker-help
```

该命令会打印一大串已安装的检查器，显示 Clang 自带的所有分析功能。我们现在来检查 **-analyzer-checker-help** 命令的输出：

```
OVERVIEW: Clang Static Analyzer Checkers List

USAGE: -analyzer-checker <CHECKER or PACKAGE,...>

CHECKERS:
   alpha.core.BoolAssignment         Warn about assigning non-{0,1} values
to Boolean variables
```

检查器的名称遵循标准格式 `<package>.<subpackage>.<checker>`，这样便于用户只运行一组特定的检查器。

表 9-2 展示最重要的软件包列表，以及每个软件包所包含的部分检查器。

表 9-2　软件包列表

包名	内容	示例
alpha	当前还在开发的检查器	alpha.core.BoolAssignment、alpha.security.MallocOverflo 和 alpha.unix.cstring.NotNullTerminated
core	通用上下文适用的基本检查器	core.NullDereference、core.DivideZero 和 core.StackAddressEscape
cplusplus	用于 C++ 内存分配的单个检查器（其他尚在开发中）	cplusplus.NewDelete
debug	用于输出静态分析器调试信息的检查器	debug.DumpCFG、debug.DumpDominators 和 debug.ViewExplodedGraph
llvm	用于检查代码是否遵守 LLVM 代码标准的单个检查器	llvm.Conventions
osx	专门用于 Mac OS X 程序的检查器	osx.API、osx.cocoa.ClassRelease、osx.cocoa.NonNilReturnValue 和 osx.coreFoundation.CFError
security	代码安全漏洞检查器	security.FloatLoopCounter、security.insecureAPI.UncheckedReturn、security.insecureAPI.gets 和 security.insecureAPI.strcpy
unix	专门用于 UNIX 程序的检查器	unix.API、unix.Malloc、unix.MallocSizeof 和 unix.MismatchedDeallocator

让我们再次运行能够欺骗大多数编译器所使用的简单分析的程序员 Joe 的代码。首先，我们测试经典的警告方法。为了做到这一点，我们只需运行 Clang 驱动程序，并让它不继续编译，而只执行语法检查：

```
$ clang -fsyntax-only joe.c
```

旨在打印警告和检查语法错误的 `syntax-only` 标志未能检测到任何错误。现在我们测试符号执行引擎的处理效果：

```
$ clang -cc1 -analyze -analyzer-checker=core joe.c
```

如果上述命令行要求你指定头文件位置，请按如下所示使用驱动程序：

```
$ clang --analyze -Xanalyzer -analyzer-checker=core joe.c
  ./joe.c:10:5: warning: Function call argument is an uninitialized value
      printf("%d", schroedinger_integer);
      ^~~~~~~~~~~~~~~~~~~~~~~~~~~~~~~~~~
  1 warning generated.
```

上述结果正是我们所预期的。请记住，analyzer-checker 标志需要检查器的完整名称或对应软件包的名称。示例选择使用整个核心检查器包，但是我们也可以只使用检查器 core.CallAndMessage 来检查函数调用的参数。

请注意，所有静态分析器命令始终以 clang -cc1 -analyzer 开始，因此，如果想了解分析器提供的所有命令，可以使用以下命令行：

```
$ clang -cc1 -help | grep analyzer
```

9.2.3   在 Xcode IDE 中使用静态分析器

如果使用 Apple Xcode IDE，则可以在 IDE 中使用静态分析器。你需要先打开一个项目，然后在" Product"菜单中选择菜单项" Analyze"。你将看到 Clang 静态分析器提供了导致此错误的确切代码路径，并且 IDE 将其高亮显示出来，如图 9-5 所示。

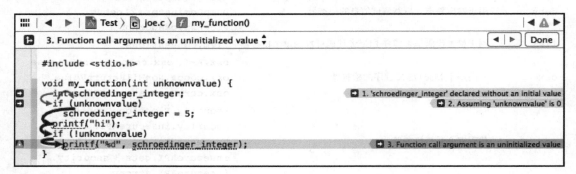

图   9-5

分析器能够以 plist 格式导出信息，然后由 Xcode 解释并以用户友好的方式显示。

9.2.4   生成 HTML 格式的图形报告

静态分析器也能导出一个 HTML 文件，与 Xcode 一样，它将以图形的方式指出代码中导致异常行为的程序路径。还可以使用 -o 参数以及文件夹名称来指定报告的存储位置，例如使用下面命令行：

```
$ clang -cc1 -analyze -analyzer-checker=core joe.c -o report
```

或者，也可以按如下方式使用驱动程序：

```
$ clang --analyze -Xanalyzer -analyzer-checker=core joe.c -o report
```

使用这个命令行时，分析器将处理 `joe.c` 并生成一个类似于 Xcode 中的报告，并把 HTML 文件存放于报告文件夹中。命令完成后，请检查文件夹并打开 HTML 文件查看错误报告，你应该看到与图 9-6 类似的报告。

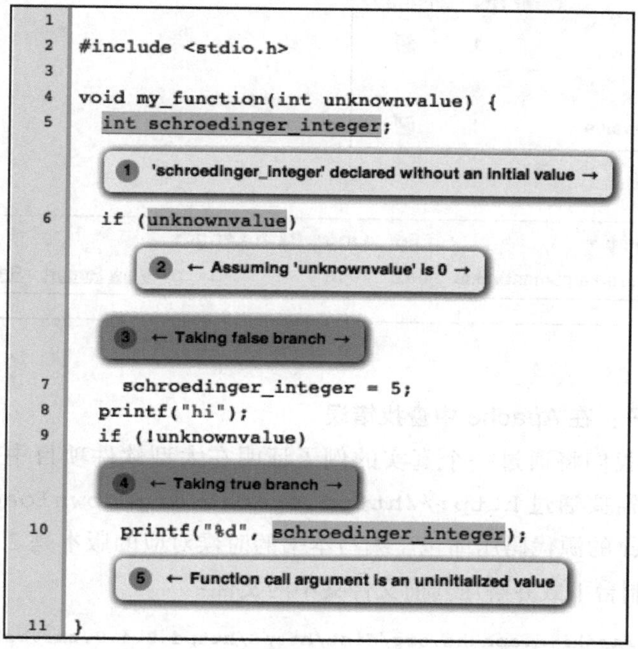

```
1
2   #include <stdio.h>
3
4   void my_function(int unknownvalue) {
5     int schroedinger_integer;
         ① 'schroedinger_integer' declared without an initial value →
6     if (unknownvalue)
             ② ← Assuming 'unknownvalue' is 0 →
             ③ ← Taking false branch →
7         schroedinger_integer = 5;
8     printf("hi");
9     if (!unknownvalue)
         ④ ← Taking true branch →
10        printf("%d", schroedinger_integer);
             ⑤ ← Function call argument is an uninitialized value
11  }
```

图　9-6

9.2.5　处理大型项目

在使用静态分析器检查大型项目时，你可能不愿意编写 `Makefile` 或 `bash` 脚本来为每个项目源文件调用相应的分析器。为此，静态分析器自带一个便利的工具 `scan-build`。

`scan-build` 的工作原理是替换用于定义 C/C++ 编译器命令的 CC 或 CXX 环境变量，从而干涉正常的项目构建过程。它会在编译之前分析每个源代码文件，然后完成正常编译工作。最后，它生成可以在浏览器中查看的 HTML 报告。基本的命令行结构非常简单：

```
$ scan-build <your build command>
```

你可以在 `scan-build` 之后自由运行任何构建命令，比如 `make`。例如，要构建 Joe 的程序，我们不需要用 `Makefile`，而是直接提供以下编译命令：

```
$ scan-build gcc -c joe.c -o joe.o
```

命令完成后，可以运行 `scan-view` 来检查错误报告：

```
$ scan-view <output directory given by scan-build>
```

`scan-build` 打印的最后一行给出了运行 `scan-view` 所需的参数。该参数对应于一个包含所有已生成报告的临时文件夹。你应该看到一个具有良好格式的网站，其中包含每个源文件的错误报告，如图 9-7 所示。

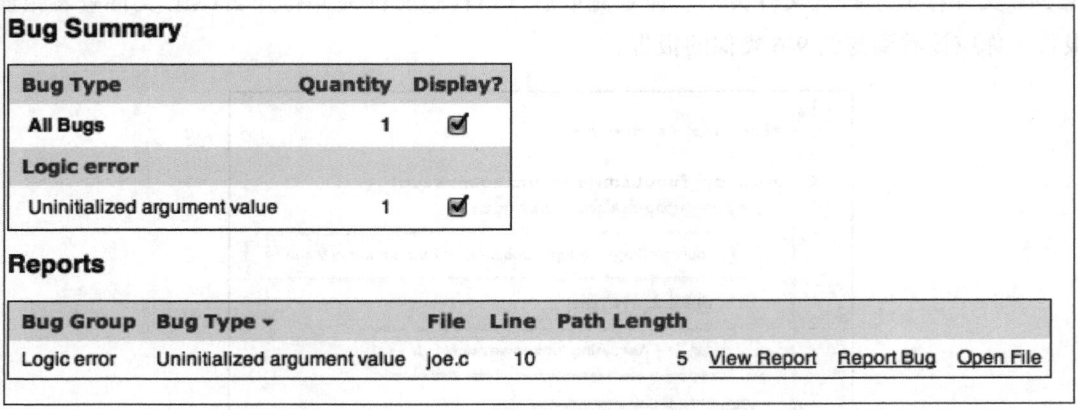

Bug Summary

Bug Type	Quantity	Display?
All Bugs	1	☑
Logic error		
Uninitialized argument value	1	☑

Reports

Bug Group	Bug Type ▾	File	Line	Path Length			
Logic error	Uninitialized argument value	joe.c	10	5	View Report	Report Bug	Open File

图　9-7

一个真实的例子：在 Apache 中查找错误

在本小节中，我们将通过一个真实的例子证明在大型软件项目中查找错误是很容易的。本小节的例子需要通过 http://httpd.apache.org/download.cgi 获取最新的 Apache HTTP Server 的源代码压缩包。编写本书的时候对应的版本是 2.4.9。在我们的例子中，我们将通过控制台下载并解压当前文件夹中的文件：

```
$ wget http://archive.apache.org/dist/httpd/httpd-2.4.9.tar.bz2
$ tar -xjvf httpd-2.4.9.tar.bz2
```

我们依赖 scan-build 来检查该源码库。为此，我们首先需要重现生成构建脚本的步骤。请注意，该步骤需要所有编译 Apache 项目的依赖项。在检查确实拥有所有依赖项之后，请使用以下命令序列：

```
$ mkdir obj
$ cd obj
$ scan-build ../httpd-2.4.9/configure -prefix=$(pwd)/../install
```

我们使用 prefix 参数来为这个项目指定一个新的安装路径，并避免需要在主机上拥有管理权限这一问题。但如果你不打算实际安装 Apache，那么，只要不运行 make install，就不需要提供任何额外的参数。在我们的例子中，我们将安装路径定义为一个名为 install 的文件夹，它将在我们下载源代码压缩包的相同目录中创建。请注意，我们还使用 scan-build 作为该命令的前缀，这将覆盖 CC 和 CXX 环境变量。

在配置脚本创建所有 Makefiles 之后，即可启动实际的构建过程。但不是只运行 make，而是使用 scan-build 拦截它：

```
$ scan-build make
```

由于 Apache 代码非常大，分析过程需要花费数几分钟，最后发现了 82 个错误。图 9-8 是 scan-view 的示例报告。

Bug Summary

Bug Type	Quantity	Display?
All Bugs	82	✓
Dead store		
Dead assignment	12	✓
Dead initialization	1	✓
Logic error		
Assigned value is garbage or undefined	5	✓
Branch condition evaluates to a garbage value	1	✓
Called function pointer is null (null dereference)	1	✓
Dereference of null pointer	20	✓
Dereference of undefined pointer value	18	✓
Division by zero	1	✓
Result of operation is garbage or undefined	3	✓
Uninitialized argument value	12	✓
Unix API	7	✓
Memory Error		
Memory leak	1	✓

图　9-8

在臭名昭著的 heartbleed 漏洞影响了所有的 OpenSSL 实现之后，尽管该漏洞引起了空前的关注，静态分析器仍然可以在 Apache SSL 实现文件 `modules/ssl/ssl_util.c` 和 `modules/SSL/ssl_engine_config.c` 中找到 6 个潜在漏洞（possible bug）。请注意，这些漏洞可能存在于从未实际执行过的路径，可能并不是真正的漏洞，因为静态分析器为了在用户可接受的时间内完成分析，所以只能在有限的范围内工作。因此我们无法断定它们是否是真正的漏洞。我们在这里给出一个所赋值是无用值或未定义值的例子，如图 9-9 所示。

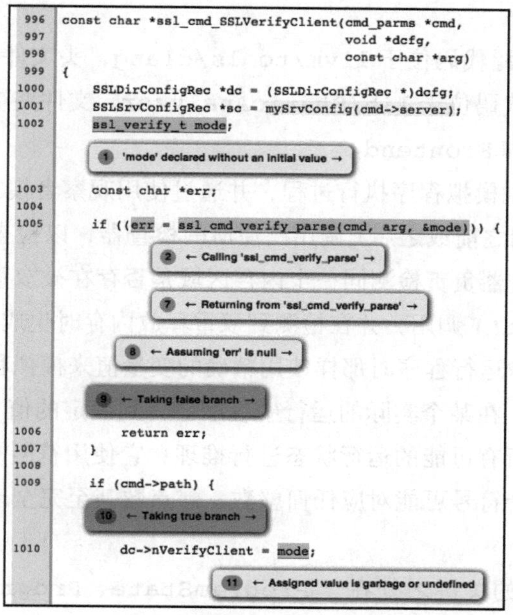

图　9-9

这个例子展示了以一条执行路径，其末尾是向 `dc->nVerifyClient` 赋值，而所赋的值是未定义的。这一路径彻查了 `ssl_cmd_verify_parse()` 函数调用，展示了分析器在同一编译模块中检查复杂跨函数路径的能力。在这个示例函数中，静态分析器显示在执行路径上一个 mode 变量没有被赋值，因此仍然是未初始状态。

上述问题可能并不是一个真正的漏洞。原因在于 `ssl_cmd_verify_parse()` 函数可能已经考虑了输入参数 `cmd_parms` 所有实际的取值范围（注意上下文依赖），并在这些取值范围内正确地完成初始化工作。scan-build 工具发现了这个孤立模块存在可能会导致问题的路径，但没有证据表明该模块的用户使用了会导致问题的输入。静态分析器无法在整个项目的范围内分析该模块，因为这样的运行时间将会变得过于漫长（该算法的复杂度呈指数型增长）。

上述问题路径包含了 11 个运行步骤，但我们在 Apache 项目中找到的最长问题路径有 42 个运行步骤。该路径产生于 `modules/generators/mod_cgid.c` 模块中，并违反一个标准的 C API 调用：它用一个空指针参数调用 `strlen()` 函数。

如果想要了解所有这些报告细节，请立即动手，亲自运行这些命令。

9.3　使用自定义的检查器扩展静态分析器

由于静态分析器的良好设计，我们可以轻松地用自定义检查器对其进行扩展。请记住，静态分析器的功能是由其包含的检查器决定的，如果想要分析是否有任何代码以非预期的方式调用了某个 API，则需要了解如何将此特定领域的知识嵌入 Clang 静态分析器中。

9.3.1　熟悉项目架构

Clang 静态分析器的源代码位于 `llvm/tools/clang`，头文件位于 `include/clang/StaticAnalyzer`，源代码位于 `lib/StaticAnalyzer`。文件夹被分为三个不同的子文件夹：`Checkers`、`Core` 和 `Frontend`。

Core 负责在源码级别模拟程序执行过程，并通过使用观察者模式（visitor pattern）在每个程序点（对应重要语句之前或之后）调用已注册的检查器，以检查给定的不变量是否被满足。例如，如果某个检查器负责检测同一个内存区域是否存在被双重释放的异常行为，它将监测 `malloc()` 和 `free()` 调用，并在检测到双重释放内存时生成一个错误报告。

符号执行引擎无法像运行程序时那样使用精确的变量值来模拟程序。例如，如果程序要求用户输入一个整数值，在某个实际的运行中程序会得到确定的值 5。符号执行引擎的强大之处在于能对一个程序所有可能的运行状态进行推理；它使用符号（SVals）而不是具体的值来完成这一目标。一个符号可能对应任何整数、浮点数甚至完全未知的值。关于该值的信息越多，它就越精准。

理解符号引擎项目的关键之处在于 `ProgramState`、`ProgramPoint` 和 `Exploded Graph` 这三个重要的数据结构。第一个数据结构表示当前状态下的执行环境。例如，在分析 Joe 的代码时，它会标注相应变量的值为 5。第二个代表程序流中在语句之前或之后的特定节点，例如，将 5 赋值给一个整数变量之后的节点。最后一个数据结构表示可达程序状态的完整图结构。该图结构的节点由 `ProgramState` 和 `ProgramPoint` 二元组表示，这意味着每个程序节点都有一个与之相关的特定状态。例如，将 5 赋给一个整数变量之后的程序节点具有该变量与常量 5 相连的状态。

正如在本章开头已经指出的那样，`ExplodedGraph`（即可达程序状态图）代表对经典程序控制流图（CFG）的重要扩展。注意，一个具有两个连续但非嵌套的 `if` 语句的小型 CFG 将在可达程序状态图中展开为四个不同的路径，即组合爆炸。为了节省空间，该图被折叠，这意味着如果新创建的图节点与现有某个图节点具有相同的程序节点和状态，则它会重用该图节点而不是分配一个新的节点，这可能导致循环。为了实现该行为，`ExplodedNode` 继承 LLVM 库的超类 `llvm::FoldingSetNode`。因为在编译器的中间阶段和后端广泛使用折叠来表示程序，LLVM 库为此专门实现了一个通用类。

静态分析器的总体设计可以分为以下几部分：引擎，负责模拟程序执行路径并管理其他组件；状态管理器，负责维护 `ProgramState` 对象；约束管理器，负责推导指定程序路径对 `ProgramState` 产生的约束；存储管理器，负责管理程序存储模型。

Clang 分析器的另一个重要功能是对每条程序执行路径上的内存行为进行建模。这对于像 C 和 C++ 这样的语言来说是相当具有挑战性的，因为它们为开发人员提供了许多种访问同一块内存的方法，即同一块内存可能存在别名。

Clang 分析器实现了 Xu 等人在论文中描述的区域内存模型（见本章最后的参考文献），该内存模型甚至能够区分数组中每个元素的状态。Xu 等人提出了一个层次化的内存区域结构，例如，在该结构下，一个数组元素被认为是数组的一个子区域，而数组又是堆栈的一个子区域。C 语言中的每个 `lvalue`（换而言之，每个变量或被解引用的引用）都有一个代表其工作内存的相应区域。另一方面，每个内存区域的内容都使用绑定信息来建模。每个绑定信息都将一个符号值与一个内存区域关联起来。这里所讲述的信息可能太多，难以被读者吸收，所以我们下面准备通过编写代码实例帮助读者消化它们。

9.3.2　自定义检查器

假设我们正在研究控制核反应堆的某个嵌入式软件，它依赖于由两个基本调用函数组成的 API：`turnReactorOn()` 和 `SCRAM()`（关闭反应堆）。一个核反应堆由燃料和控制棒组成，前者负责发生核反应，后者包含中子吸收剂，负责减缓反应，并使反应堆处于可控的核电厂状态，而非不可控的核弹状态。

我们的客户提供如下信息：连续两次调用 `SCRAM()` 可能会堵塞控制棒，而连续两次调用 `turnReactorOn()` 可能会导致反应失控。这是一个有严格使用规则的 API 接口，我们的任务是在大规模代码库投入生产之前对其进行审查，确保它永远不违反以下规则：

- 没有任何代码路径可以在不干预 `turnReactorOn()` 的情况下多次调用 `SCRAM()`
- 没有任何代码路径可以在不干预 `SCRAM()` 的情况下多次调用 `turnReactorOn()`

作为例子，请考虑下面的代码：

```
int SCRAM();
int turnReactorOn();

void test_loop(int wrongTemperature, int restart) {
  turnReactorOn();
  if (wrongTemperature) {
    SCRAM();
  }
  if (restart) {
    SCRAM();
  }
  turnReactorOn();
  // code to keep the reactor working
  SCRAM();
}
```

如果变量 **wrongTemperature** 和 **restart** 都不为零，则此代码违反了上述规则，因为这会导致在不干预 **turnReactorOn()** 的情况下两次调用 **SCRAM()**。如果两个参数都为零，那么它也会违反 API 规则，因为代码会在不干预 **SCRAM()** 的情况下两次调用 **turnReactorOn()**。

用自定义检查器解决该问题

你可以尝试肉眼检查代码，但这样非常单调且容易出错，也可以使用像 Clang 静态分析器这样的工具，但问题是现有 Clang 静态分析器无法理解核电厂的相关 API。因此，我们将通过实现一个自定义的检查器来解决这个问题。

解决问题的第一步是对不同程序状态间所传递的信息进行相应的抽象和建模。在这个问题上，我们关心的是反应堆处于开还是关状态。另外，我们可能不知道反应堆的状态，因此我们的状态模型包含三种可能的状态：未知、开、关。

现在，我们已经有了一个检查器如何处理这些状态的初步思路。

编写状态类

让我们将它付诸实践。我们将基于 **SimpleStreamChecker.cpp** 来实现我们的代码，它是一个 Clang 自带的样本检查器。

在 **lib/StaticAnalyzer/Checkers** 中，应该创建新文件 **ReactorChecker.CPP**，并首先编写一个类来表示需要追踪的状态：

```
#include "ClangSACheckers.h"
#include "clang/StaticAnalyzer/Core/BugReporter/BugType.h"
#include "clang/StaticAnalyzer/Core/Checker.h"
#include "clang/StaticAnalyzer/Core/PathSensitive/CallEvent.h"
#include "clang/StaticAnalyzer/Core/PathSensitive/CheckerContext.h"
using namespace clang;
using namespace ento;
class ReactorState {
private:
```

```
    enum Kind {On, Off} K;
public:
    ReactorState(unsigned InK): K((Kind) InK) {}
    bool isOn() const { return K == On; }
    bool isOff() const { return K == Off; }
    static unsigned getOn() { return (unsigned) On; }
    static unsigned getOff() { return (unsigned) Off; }
    bool operator==(const ReactorState &X) const {
        return K == X.K;
    }
    void Profile(llvm::FoldingSetNodeID &ID) const {
        ID.AddInteger(K);
    }
};
```

该类的数据部分仅限于 `Kind` 类的单个实例。请注意，`ProgramState` 类将管理我们正在编写的状态信息。

ProgramState 的不可修改性

关于 `ProgramState`，需要指出的一点是其不可修改的特性。它一旦构建完成，则不能再被修改，因为它代表给定执行路径中特定程序点的计算状态。因此，在可达程序状态图中，每个节点都代表一对不同的程序点和状态的组合，这种情况与处理 CFG 的数据流分析不同。这种情况下，如果程序存在循环，则循环的每次迭代都将产生一个全新的路径，以记录这次新迭代的相关信息。数据流分析则与此相反，循环结构会导致用新信息更新循环体状态，直到达到固定点。

然而正如前面强调的那样，一旦符号执行引擎遇到的节点表示给定循环体中具有相同状态的同一程序点，则认为在该路径中没有新的信息要处理，并且重用该节点而不是创建一个新的节点。另一方面，如果符号执行引擎发现该循环体不断地产生新的状态更新，它很快就会达到自身的一个局限：它会在完成预定义的迭代次数后放弃该路径，而该次数是启动该工具时的一个可配置参数。

代码剖析

由于状态一旦创建就不可变，因此 `ReactorState` 类只需要构造函数，而不需要设置函数，也不需要可以改变其状态的类成员函数。为此我们编写了 `ReactorState(unsigned InK)` 构造函数，其输入参数为当前反应堆状态对应的整数编码。

最后，由于 `ExplodedNode` 是 `FoldingSetNode` 的子类，它必须实现 `Profile` 函数。`FoldingSetNode` 类要求其所有子类必须提供这些方法来帮助 LLVM 的折叠优化跟踪节点的状态，并确定两个节点是否相等（相等的节点可以被折叠）。因此，`Profile` 函数解释数字 K 代表当前节点状态。

你可以使用任何以 `Add` 开头的 `FoldingSetNodeID` 成员函数来告知执行引擎用以辨别对象实例的独特编码（请参阅 `llvm/ADT/FoldingSet.h`）。我们的例子中使用了 `AddInteger()` 成员函数。

定义 Checker 子类

接下来我们完成 Checker 子类的定义：

```cpp
class ReactorChecker : public Checker<check::PostCall> {
    mutable IdentifierInfo *IIturnReactorOn, *IISCRAM;
    OwningPtr<BugType> DoubleSCRAMBugType;
    OwningPtr<BugType> DoubleONBugType;
    void initIdentifierInfo(ASTContext &Ctx) const;
    void reportDoubleSCRAM(const CallEvent &Call,
                           CheckerContext &C) const;
    void reportDoubleON(const CallEvent &Call,
                        CheckerContext &C) const;
public:
    ReactorChecker();
    /// Process turnReactorOn and SCRAM
    void checkPostCall(const CallEvent &Call, CheckerContext &C) const;
};
```

Clang 版本注意事项：Clang 3.5 版本开始弃用 OwningPtr<> 模板类，取而代之的是标准的 C++ std::unique_ptr<> 模板类，二者都提供智能指针实现。

上述代码的第一行指定我们正在使用带有一个模板参数的 Checker 的子类。该类也可以接收多个模板参数，这些参数代表我们要实现的检查器需要访问的所有程序点。从技术上讲，这些模板参数用于派生一个自定义的 Checker 类，该类为所有模板参数类的子类。因此在上述代码中，检查器将继承基类 PostCall。这个继承关系被用来实现只在访问我们感兴趣的对象时调用的访问者模式。为此，我们的类必须实现成员函数 checkPostCall。

读者可能对如何注册检查器以访问各种类型的程序点感兴趣（查阅 Checker Documentation.cpp）。在本例中，我们感兴趣的是访问紧随在函数调用之后的程序点，因为我们需要记录每个核电站 API 函数被调用之后的状态变化。

由于检查器的无状态设计，示例代码中的成员函数使用关键字 const。但是，我们希望缓存代表 turnReactorOn() 和 SCRAM() 两个符号的 IdentifierInfo 对象的检索结果。为此，我们使用 mutable 关键字以绕过 const 限制。

请谨慎使用 mutable 关键字。我们并没有违反检查器的设计原则，因为我们只是为了多次调用检查器时能更快地完成计算而对结果进行缓存，而该检查器从概念上而言仍然是无状态的。mutable 关键字只能用于互斥锁或这种缓存场景。

我们还要通知 Clang 基础设施我们正在检测一种新的错误。为此，必须增加新的 BugType 实例，每个新实例对应一个要报告的新错误类型：连续两次调用 SCRAM() 对应的错误和连续两次调用 turnReactorOn() 对应的错误。我们还使用 LLVM 的 OwningPtr 类来包装对象，该类实现了智能指针的功能，用来在 ReactorChecker 对象被销毁后自动回收对象。

我们把自定义的两个类 ReactorState 和 ReactorChecker 放置于一个匿名命名空

间中，因为我们确定这两个类只会在局部范围内使用，这样可以避免链接器将它们导出至外部。

编写注册宏

深入介绍类实现之前，必须使用自定义的状态来扩展分析器引擎使用的 **Program State** 实例，该过程可以通过调用一个宏来完成：

```
REGISTER_MAP_WITH_PROGRAMSTATE(RS, int, ReactorState)
```

注意，上述宏在末尾不使用分号，它将为每个 **ProgramState** 实例关联一个新的映射表。第一个参数可以是任何名称，方便之后对该数据进行引用；第二个参数是映射键的类型，第三个参数是我们要存储的对象的类型（在此例中是 **ReactorState** 类）。

检查器通常使用映射表来存储其状态，因为它经常需要将一个新的状态与一个特定的资源关联起来，例如在本章开始的例子中，检测器需要知晓每个变量的状态（初始化或未初始化）。在这种情况下，映射键值为变量名称，存储的值为对应于初始化或未初始化状态的自定义类。有关将信息注册到程序状态的更多方法，请查看 **CheckerContext.h** 中的宏定义。

值得注意的是，我们的场景下并不需要一个真正的映射表，因为每个程序点总是只存储一个状态。因此，我们将始终使用键值 1 访问该映射表。

实现 Checker 子类

我们的示例检查器的类构造函数实现如下：

```
ReactorChecker::ReactorChecker() : IIturnReactorOn(0), IISCRAM(0) {
    // Initialize the bug types.
    DoubleSCRAMBugType.reset(
        new BugType("Double SCRAM",
            "Nuclear Reactor API Error"));
    DoubleONBugType.reset(new BugType("Double ON",
                          "Nuclear Reactor API Error"));
}
```

Clang 版本注意事项：从 Clang 3.5 开始，BugType 构造函数调用需要更改为 **BugType(this, "Double SCRAM", "Nuclear Reactor API Error")** 和 **BugType(this, "Double ON", "Nuclear Reactor API Error")**，即添加 **this** 关键字作为第一个参数。

我们的构造函数使用 **OwningPtr** 类的 **reset()** 成员函数来实例化新的 **BugType** 对象，并提供新错误类型的描述。构造函数也会初始化 **IdentifierInfo** 指针。接下来，我们定义帮助函数缓存这些指针的结果：

```
void ReactorChecker::initIdentifierInfo(ASTContext &Ctx) const {
    if (IIturnReactorOn)
        return;
    IIturnReactorOn = &Ctx.Idents.get("turnReactorOn");
    IISCRAM = &Ctx.Idents.get("SCRAM");
}
```

ASTContext 对象包含特定的 AST 节点，这些节点包含用户程序中使用的类型和声明。可以使用 ASTContext 对象来查找我们想要监视的函数的确切标识符。接下来我们实现访问者模式函数 checkPostCall。请记住，它是一个 const 函数，不能修改检查器的状态：

```
void ReactorChecker::checkPostCall(const CallEvent &Call,
                                   CheckerContext &C) const {
  initIdentifierInfo(C.getASTContext());
  if (!Call.isGlobalCFunction())
    return;
  if (Call.getCalleeIdentifier() == IIturnReactorOn) {
    ProgramStateRef State = C.getState();
    const ReactorState *S = State->get<RS>(1);
    if (S && S->isOn()) {
      reportDoubleON(Call, C);
      return;
    }
    State = State->set<RS>(1, ReactorState::getOn());
    C.addTransition(State);
    return;
  }
  if (Call.getCalleeIdentifier() == IISCRAM) {
    ProgramStateRef State = C.getState();
    const ReactorState *S = State->get<RS>(1);
    if (S && S->isOff()) {
      reportDoubleSCRAM(Call, C);
      return;
    }
    State = State->set<RS>(1, ReactorState::getOff());
    C.addTransition(State);
    return;
  }
}
```

上述函数的第一个参数类型为 CallEvent，由于我们注册的访问者模式是函数调用之后执行的类型，因此该参数保留的是刚好在当前程序点前程序所调用的确切函数（请参阅 CallEvent.h）。第二个参数为 CheckerContext 类型，它提供当前程序点的当前状态的相关信息，因为我们的检查器被设计为无状态的，所以该参数也是程序状态的唯一信息源。我们使用该参数来检索 ASTContext 并初始化 IdentifierInfo 对象，这些对象是检查正在监视的函数所必需的。我们查询 CallEvent 对象来检查它是否是 turnReactorOn() 函数的调用。如果是，则需要将核反应堆的状态转换到开启状态。

在这之前，我们首先检查核反应堆的状态是否为已经开启，若是将导致错误。请注意，在 State->get<RS>(1) 语句中，RS 是我们为所注册的程序状态的新特征所取的名称，1 是访问映射表地址的固定整数。如之前所解释的，这种情况下并不需要映射表，但是映射表可以使开发人员很容易扩展检查器以监视更复杂的状态。

我们将存储的状态恢复为一个 const 指针，因为该数据对应当前正在处理的程序点信息，而这是不可变的。我们首先需要检查它是否为空引用，如果为空则代表我们不知道反应堆是开启还是关闭状态。如果是非空，则检查它是否为开启状态，如果是则结束分析并报告此错误。如果是关闭状态，则使用 ProgramStateRef set 成员函数创建一个新状态，并将此新状态提供给 addTransition() 成员函数，该成员函数将记录信息并在 ExplodedGraph 图结构中创建一条新的边。只有实际状态的改变才会导致创建新边。我们采用类似的逻辑来处理 SCRAM 的情况。

如下代码实现错误报告成员函数：

```
void ReactorChecker::reportDoubleON(const CallEvent &Call,
                                    CheckerContext &C) const {
  ExplodedNode *ErrNode = C.generateSink();
  if (!ErrNode)
    return;
  BugReport *R = new BugReport(*DoubleONBugType,
      "Turned on the reactor two times", ErrNode);
  R->addRange(Call.getSourceRange());
  C.emitReport(R);
}
void ReactorChecker::reportDoubleSCRAM(const CallEvent &Call,
                                       CheckerContext &C) const {
  ExplodedNode *ErrNode = C.generateSink();
  if (!ErrNode)
    return;
  BugReport *R = new BugReport(*DoubleSCRAMBugType,
      "Called a SCRAM procedure twice", ErrNode);
  R->addRange(Call.getSourceRange());
  C.emitReport(R);
}
```

上述代码首先生成一个汇聚节点，这意味着当前分析可达程序状态图的代码路径被检测到一个严重错误，因此我们也不想继续分析该路径。下一行代码创建一个 BugReport 对象，表示我们已经找到一个新的类型为 DoubleOnBugType 的错误，并且可以自由地为刚刚创建的错误节点添加相应的描述信息。我们还使用 addRange() 成员函数来标记检测到的错误在源代码中的位置，并将其显示给用户。

添加注册代码

为了使静态分析器能够识别我们创建的检查器，需要在源代码中定义一个注册函数，然后在 TableGen 文件中添加该检查器的描述信息。注册函数如下所示：

```
void ento::registerReactorChecker(CheckerManager &mgr) {
  mgr.registerChecker<ReactorChecker>();
}
```

TableGen 文件有一个检查器表。它位于相对于 Clang 源文件夹的 lib/StaticAnalyzer/
Checkers/Checkers.td 的路径中。在编辑这个文件之前，需要为检查器选择一个用来包含它的软件包，为此，我们选择 alpha.powerplant。由于这个包尚不存在，我们将创建它，这需要打开 **checker.td** 并在所有现有的包定义之后添加一条新的定义语句：

```
def PowerPlantAlpha : Package<"powerplant">, InPackage<Alpha>;
```

接下来，添加新编写的检查器：

```
let ParentPackage = PowerPlantAlpha in {

def ReactorChecker : Checker<"ReactorChecker">,
  HelpText<"Check for misuses of the nuclear power plant API">,
  DescFile<"ReactorChecker.cpp">;

} // end "alpha.powerplant"
```

如果使用 CMake 来构建 Clang，则应将新的源文件添加到 **lib/StaticAnalyzer/ Checkers/CMakeLists.txt** 中。如果使用的是 GNU 自动工具配置脚本，则不需要修改任何其他文件，因为 LLVM 自带的 Makefile 将扫描 **Checkers** 文件夹中的所有文件，并将其链接到静态分析器的检查器库中。

构建和测试

转到构建 LLVM 和 Clang 的文件夹并运行 **make**。构建系统将检测你的新代码，并构建它，然后将其与 Clang 静态分析器链接。构建完成之后，可以使用命令 **clang -cc1 -analyzer-checker-help** 打印所有有效的检查器，你应该会发现新编写的检查器位列其中。

下述代码是 **managereactor.c**（与之前的例子相同），用于测试我们的检查器：

```
int SCRAM();
int turnReactorOn();

void test_loop(int wrongTemperature, int restart) {
  turnReactorOn();
  if (wrongTemperature) {
    SCRAM();
  }
  if (restart) {
    SCRAM();
  }
  turnReactorOn();
  // code to keep the reactor working
  SCRAM();
}
```

使用下面的命令行可以用我们的检查器对其进行分析：

```
$ clang --analyze -Xanalyzer -analyzer-checker=alpha.powerplant
managereactor.c
```

检查器将显示存在错误的路径并退出。如果你选择输出 HTML 报告，将看到类似于以图 9-10 的错误报告。

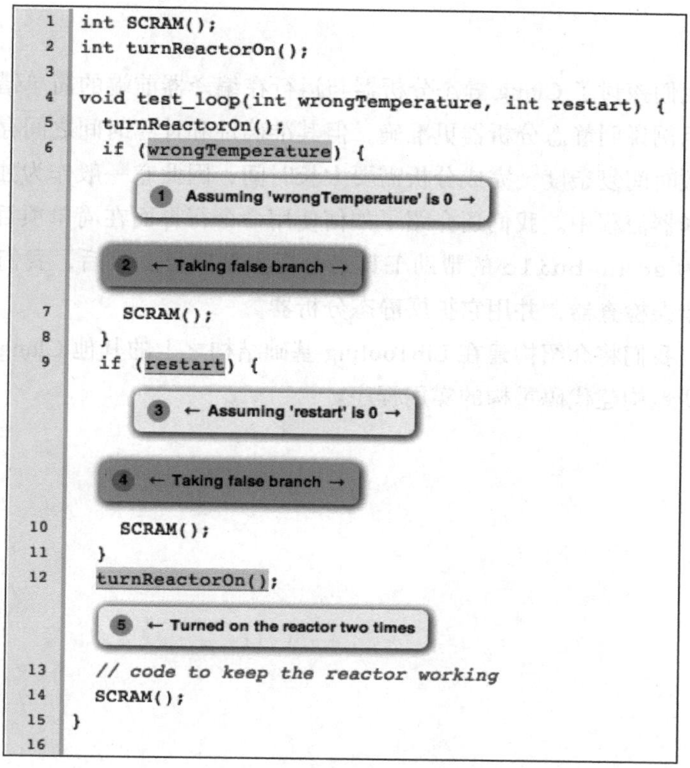

```
1   int SCRAM();
2   int turnReactorOn();
3
4   void test_loop(int wrongTemperature, int restart) {
5     turnReactorOn();
6     if (wrongTemperature) {

        ┌──────────────────────────────────────┐
        │  1   Assuming 'wrongTemperature' is 0 →│
        └──────────────────────────────────────┘

        ┌──────────────────────────────────────┐
        │  2   ← Taking false branch →          │
        └──────────────────────────────────────┘

7       SCRAM();
8     }
9     if (restart) {

        ┌──────────────────────────────────────┐
        │  3   ← Assuming 'restart' is 0 →      │
        └──────────────────────────────────────┘

        ┌──────────────────────────────────────┐
        │  4   ← Taking false branch →          │
        └──────────────────────────────────────┘

10      SCRAM();
11    }
12    turnReactorOn();

        ┌──────────────────────────────────────┐
        │  5   ← Turned on the reactor two times │
        └──────────────────────────────────────┘

13    // code to keep the reactor working
14    SCRAM();
15  }
16
```

图   9-10

现在任务已经完成，我们已经成功开发了一个可以基于路径敏感性自动检查是否违反特定 API 规则的程序。感兴趣的读者可以通过阅读其他检查器的实现，了解更复杂场景下检查器的工作原理，或者查看以下其他资源以获取更多信息。

9.4   其他资源

可以利用以下资源获取更多项目和其他信息：

- `http://clang-analyzer.llvm.org`：这是 Clang 静态分析器项目页面。
- `http://clang-analyzer.llvm.org/checker_dev_manual.html`：这是一个有用的指南，它为需要开发检查器的用户提供更多信息。
- `http://lcs.ios.ac.cn/~xzx/memmodel.pdf`：这是一篇由 Zhongxing Xu、Ted Kremenek 和 Jian Zhang 撰写的论文（*A Memory Model for Static Analysis of C*），它详细介绍了在检查器内部中实现的内存模型的理论知识。
- `http://clang.llvm.org/doxygen/annotated.html`：这是 Clang 项目的 doxygen 文档。
- `http://llvm.org/devmtg/2012-11/videos/Zaks-Rose-Checker24Hours.mp4`：这是一个有关如何快速构建一个检查器的介绍，由 Anna Zaks 和 Jordan Rose 在 2012 年 LLVM 开发者大会上发表。

9.5　总结

　　在本章中，我们探讨了 Clang 静态分析器与运行在编译器前端的简单错误检测工具的不同之处。我们以示例说明静态分析器更准确，但其准确性和计算时间之间存在权衡关系。静态分析器具有指数时间复杂度，完成分析需要太长时间，因此它一般作为独立工具工作，而不适合集成在编译器流程中。我们还介绍了如何使用命令行界面在简单项目上运行静态分析器，以及使用名为 `scan-build` 的帮助工具来分析大型项目。最后，我们介绍了如何实现一个路径敏感的错误检查器，并用它扩展静态分析器。

　　在下一章中，我们将介绍构建在 LibTooling 基础结构之上的其他 Clang 工具，这些工具可以帮助我们方便地构建代码重构的实用程序。

基于 LibTooling 的 Clang 工具

在本章中，我们将介绍各种可以处理 C/C++ 程序的工具，这些工具都把 Clang 前端当作一个软件库来使用。具体而言，它们都使用 LibTooling 库，该 Clang 库允许开发人员编写独立的工具。在这种情况下，你不需要将你的工具设计成符合 Clang 编译流程要求的插件，而可以使用 Clang 的解析功能将该工具设计成独立的工具，供用户直接调用。本章介绍的工具可以在 Clang 外部工具软件包中找到；有关如何安装它们的信息请参阅第 2 章。在本章的末尾，我们将介绍一个创建你自己的代码重构工具的实例。本章讨论以下主题：

- 生成编译命令数据库。
- 了解和使用一些依赖 LibTooling 的 Clang 工具，如 Clang Tidy、Clang Modernizer、Clang Apply Replacement、ClangFormat、Modularize、PPTrace 和 Clang Query。
- 构建你自己的基于 LibTooling 的代码重构工具。

10.1 生成编译命令数据库

编译器通常是从诸如 Makefile 这样的构建脚本中被调用的，构建脚本包含一系列用于正确配置项目头文件和定义文件的参数。这些参数也用于帮助前端对输入的源文件进行正确的词法分析和语法分析。然而在本章中，我们主要研究的是能单独运行的独立工具，而不是 Clang 编译流程的部分组件。因此，理论上我们需要一个专门的脚本来以正确的参数对每个源文件运行我们的工具。

例如，下面是使用 Make 从 LLVM 库调用编译器以构建一个典型文件的完整命令行：

```
$ /usr/bin/c++   -DNDEBUG -D__STDC_CONSTANT_MACROS -D__STDC_FORMAT_MACROS
-D__STDC_LIMIT_MACROS  -fPIC -fvisibility-inlines-hidden -Wall -W -Wno-
unused-parameter -Wwrite-strings -Wmissing-field-initializers -pedantic
-Wno-long-long -Wcovered-switch-default -Wnon-virtual-dtor -fno-rtti
-I/Users/user/p/llvm/llvm-3.4/cmake-scripts/utils/TableGen -I/Users/
user/p/llvm/llvm-3.4/llvm/utils/TableGen -I/Users/user/p/llvm/llvm-3.4/
cmake-scripts/include -I/Users/user/p/llvm/llvm-3.4/llvm/include -fno-
exceptions -o CMakeFiles/llvm-tblgen.dir/DAGISelMatcher.cpp.o -c /Users/
user/p/llvm/llvm-3.4/llvm/utils/TableGen/DAGISelMatcher.cpp
```

在使用这个库时，如果分析每个源文件都需要在终端输入长达 10 行的命令，显然会让人觉得非常麻烦，尤其是前端需要用到所有这些信息，因此终端命令的每个字符都不能丢弃或者出错。

为了允许工具更容易处理源代码文件，任何使用 LibTooling 的项目都要接受一个命令数据库作为输入。此命令数据库记录了特定项目中各个源文件的正确编译器参数。更为简便的是，我们可以使用加上 **-DCMAKE_EXPORT_COMPILE_COMMANDS** 标志的 CMake 命令自动生成这个数据库文件。例如，假设你希望在 Apache 项目的特定源文件上运行某个基于 LibTooling 的工具，为了避免手动传递正确解析该文件所需的确切编译器标志，可以使用 CMake 通过如下代码生成命令数据库：

```
$ cd httpd-2.4.9
$ mkdir obj
$ cd obj
$ cmake -DCMAKE_EXPORT_COMPILE_COMMANDS=ON ../
$ ln -s $(pwd)/compile_commands.json ../
```

上述代码与通过 CMake 构建 Apache 所使用的命令类似，但 -DCMAKE_EXPORT_COMPILE_COMMANDS=ON 标志指示 CMake 无须实际构建它，而是用编译每个 Apache 源文件会用到的编译器参数生成一个 JSON 文件。我们需要在 Apache 根文件夹中创建一个该 JSON 文件的链接。在此之后，当我们运行任何 LibTooling 程序来解析 Apache 的源文件时，它将查找父目录直到找到 compile_commands.json，并用合适的参数解析该文件。

除此之外，如果不想为你的工具构建编译命令数据库，则可以使用双短划线（--）直接传递用于处理此文件的编译器命令，这对于只需少量编译参数的项目非常有用。下面的命令行提供了相应的示例：

```
$ my_libtooling_tool test.c -- -Iyour_include_dir -Dyour_define
```

10.2　clang-tidy 工具

本节将介绍一个基于 LibTooling 库的工具 clang-tidy，并解释其使用方法。所有其他 Clang 工具的设计和用法都与其类似，因此很容易上手。

clang-tidy 工具是基于 Clang 的代码检查工具 (linter)。代码检查工具一般负责分析代码并找出编程风格不合规的部分。它可以检查如下代码特征：

- 代码是否可以跨不同的编译器进行移植
- 代码是否遵循指定的习惯用法或约定的编码风格
- 代码是否可能由于滥用有风险的语言特性而导致漏洞

clang-tidy 工具能够运行两类检查器：来自原始 Clang 静态分析器的检查器，以及专为 clang-tidy 编写的检查器。虽然二者都是通过静态分析对程序进行检查，但 clang-tidy 和其他基于 LibTooling 的工具是在源代码层进行检查，这与之前详细描述过的静态分析器中的符号执行引擎不同。这些检查器不会模拟程序的执行流程，只会遍历 Clang 的抽象语法树 (AST)，因此其运行速度更快。除此之外，clang-tidy 中的检查器通常负责分析源代码是否符合特定的编码惯例，这也与 Clang 静态分析器不一样。具体而言，clang-tidy 可以检查 LLVM 编码惯例、Google 编码惯例以及其他常规内容。

如果你有意遵循特定的代码风格，你将发现使用 clang-tidy 定期检查代码非常有用。你甚至可以花费一些时间将其配置为直接在文本编辑器中运行。但这个工具目前还处于初级阶段，只完成了少量测试。

用 clang-tidy 检查代码

在这个例子中，我们将演示如何使用 clang-tidy 来检查第 9 章中编写的代码。该代码被设计为静态分析器的插件，如果我们想将其提交到 Clang 的官方源代码仓库中，则需要严格遵循 LLVM 的代码惯例。现在来检查我们是否确实遵循了该惯例。下面是 clang-tidy 的通用命令行界面。

```
$ clang-tidy [options] <source0> [... <sourceN>] [-- <compiler command>]
```

你可以在 -checks 参数中通过名称激活对应的单个检查器，也可以使用通配符 * 来选择以相同子字符串开头的多个检查器。如果你需要禁用检查器，只需在检查器名称前加上短划线即可。例如，如果你要运行所有有关 LLVM 代码惯例的检查器，可以使用以下命令：

```
$ clang-tidy -checks="llvm-*" file.cpp
```

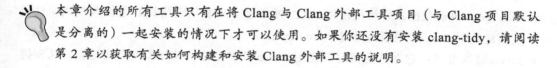 本章介绍的所有工具只有在将 Clang 与 Clang 外部工具项目（与 Clang 项目默认是分离的）一起安装的情况下才可以使用。如果你还没有安装 clang-tidy，请阅读第 2 章以获取有关如何构建和安装 Clang 外部工具的说明。

由于我们的代码是与 Clang 一起编译的，因此需要编译器命令数据库。下面首先介绍如何生成该数据库。请转到 LLVM 源代码所在的文件夹，并使用以下命令创建一个单独的文件夹来保存 CMake 文件：

```
$ mkdir cmake-scripts
$ cd cmake-scripts
$ cmake -DCMAKE_EXPORT_COMPILE_COMMANDS=ON ../llvm
```

如果遇到 unknown-source-file（未知源文件）错误，并且它指向之前章节中创建的检查器代码，则需要将检查器的源文件信息添加到 CMakeLists.txt 文件中。使用下面的命令行来编辑这个文件，然后再次运行 CMake

```
$ vim ../llvm/tools/clang/lib/StaticAnalyzer/Checkers/
CMakeLists.txt
```

然后，在 LLVM 根文件夹中创建一个指向编译器命令数据库文件的链接。

```
$ ln -s $(pwd)/compile_commands.json ../llvm
```

现在，可以运行 clang-tidy：

```
$ cd ../llvm/tools/clang/lib/StaticAnalyzer/Checkers
$ clang-tidy -checks="llvm-*" ReactorChecker.cpp
```

你应该会看到很多警告信息，内容涉及检查器所包含的头文件没有严格遵循 LLVM 代码惯例：命名空间的闭括号后应加上注释（请参阅 http://llvm.org/docs/CodingStandards.

```
html#namespace-indentation)。
```

10.3 代码重构工具

本节将介绍利用 Clang 的解析能力来完成代码分析和源代码到源代码转换的更多相关工具。理解这些工具会比较轻松，因为它们的使用方式类似于 clang-tidy，均依赖命令数据库来简化其使用。

10.3.1 Clang Modernizer（代码转换器）

Clang Modernizer 是一个革命性的独立工具，它帮助用户将老版本的 C++ 代码转换为诸如 C++ 11 等最新标准的代码。它主要依靠以下变换：

- 循环替换变换：它将老版本 C 风格的 for(;;) 循环转换为较新版本的基于范围的循环形式 for(auto &...:...)。
- nullptr 替换变换：它将把使用 NULL 或常量 0 来表示空指针的老版本 C 风格代码变换成使用 C++ 11 中新的关键字 nullptr。
- auto 替换变换：它在特定情况下使用 auto 关键字替换某些类型声明语句，从而提高代码的可读性。
- 添加 override 变换：它将 override 说明符添加到重写基类函数的虚拟成员函数声明语句。
- 按值传递替换变换：它使用按值传递的惯用法来替换在 Const 引用后执行复制操作的情况。
- auto_ptr 替换变换：它使用 std::unique_ptr 替代废除的 std::auto_ptr。

Clang Modernizer 是使用 Clang LibTooling 基础架构实现的源代码转换工具中比较成功的案例。请参考以下模板来调用它：

```
$ clang-modernize [<options>] <source0> [... <sourceN>] [-- <compiler
command>]
```

注意，如果除了源文件名之外没有提供任何额外的选项，该工具将直接在源文件上执行上述变换操作。你可以使用 -serialize-replacements 标志将修改建议写入硬盘，这样就可以在应用这些变换之前进行查看。我们下面将介绍一个可以将硬盘中存储的代码转换建议应用到源代码的特殊工具。

10.3.2 Clang Apply Replacements（替换执行器）

Clang Modernizer（以前称为 C++ migrator）的诞生引发了如何在大型代码库上协调源代码转换的讨论。其中一个棘手的问题是，当分析不同的转换单元时，可能存在多次分析同一头文件的情况。

解决该问题的一个方法是序列化修改建议，并将它们写入文件中。另外一个工具将负责读取这些建议文件，丢弃有冲突和重复的建议，并将修改建议应用于源文件。为了辅助 Clang Modernizer 处理大型代码库，Clang Apply Replacements 应运而生。

产生修改建议的 Clang Modernizer 和执行这些建议的 Clang Apply Replacement 都使用 `clang::tooling::Replacement` 类的序列化版本。该序列化使用 YAML 格式，该格式定义为一个更适合阅读的 JSON 超集。

准确来说，代码修改工具使用的补丁文件也是修改建议的一种序列化形式，但 Clang 开发人员选择使用 YAML 并利用 `Replacement` 类的序列化版本，因此无须解析补丁文件。

由此可见，Clang Apply Replacements 工具并未设计成一个通用的代码修补工具，而是一个只负责提交由依赖于工具 API 的 Clang 工具所做修改的专用工具。需要指出的是，如果要编写源代码到源代码转换工具，只有当需要协调多个修改建议并检查重复修改时才需要使用 Clang Apply Replacements，否则只需直接修补源文件即可。

要使用 Clang Apply Replacements，首先需要使用 Clang Modernizer 并将它设置为对修改建议执行序列化。假设我们想要将下面的 C++ 源文件 **test.cpp** 转换成使用更新的 C++ 标准：

```
int main() {
  const int size = 5;
  int arr[] = {1,2,3,4,5};
  for (int i = 0; i < size; ++i) {
    arr[i] += 5;
  }
  return 0;
}
```

根据 Clang Modernizer 的用户手册，将此循环转换为使用较新的 **auto** 迭代器是安全的。为此我们调用其循环变换：

```
$ clang-modernize -loop-convert -serialize-replacements test.cpp
--serialize-dir=./
```

最后一个参数是可选的，它指定使用当前文件夹来存储包含修改建议的文件。如果不指定该参数，该工具将创建一个用于存储该文件的临时文件夹。在将所有修改建议文件都转储到当前文件夹之后，即可开始分析生成的 YAML 文件。要将修改建议应用于源文件，只需使用当前文件夹作为唯一参数运行 **clang-apply-replacements**：

```
$ clang-apply-replacements ./
```

> 运行此命令后，如果得到错误消息 "trouble iterating over directory ./: too many levels of symbolic links"，可以使用 /tmp 作为存储替换文件的文件夹再重试最后两条命令。也可以创建一个新目录来保存这些文件，方便之后对这些文件进行分析。

这些工具通常被用于对大型代码库进行分析，而不是上面这种简单的例子。因此，Clang Apply Replacements 不会提出任何问题，而是直接开始解析你指定的文件夹中所有可用的 YAML 文件，分析并应用这些变换操作。

你甚至可以指定该工具修补源文件时需要遵循的代码风格，对应功能的标志为 **-style=**
<LLVM|Google|Chromium|Mozilla|Webkit>。这个功能是由 LibFormat 库提供的，
它允许任何重构工具以特定的格式或编码惯例生成所需代码。我们将在下一节介绍关于这个
特性的更多细节。

10.3.3 ClangFormat（格式化工具）

假设你是一个类似于国际 C 混淆代码竞赛（IOCCC）的评委。为了帮助你理解竞赛的
内容，我们在这里转载了第二十二届比赛的获胜者之一 Michael Birken 的代码。此代码在
Creative Commons Attribution-ShareAlike 3.0 版本许可下获得授权，这意味着只要你保留了
IOCCC 的许可证，就可以自由对其进行修改，如图 10-1 所示。

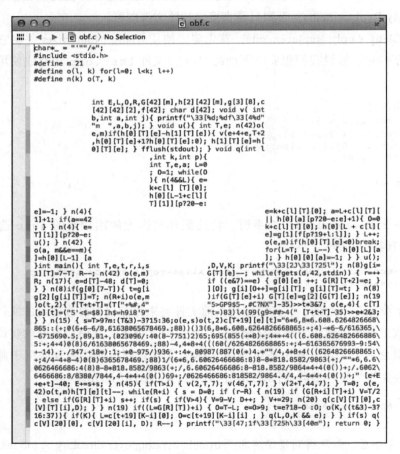

图　10-1

你可能会感到疑惑，但这确实是有效的 C 代码，可以从 http://www.ioccc.org/2013/
birken 下载它。现在让我们通过该例子来演示 ClangFormat 可以做什么：

```
$ clang-format -style=llvm obf.c --
```

图 10-2 显示结果。

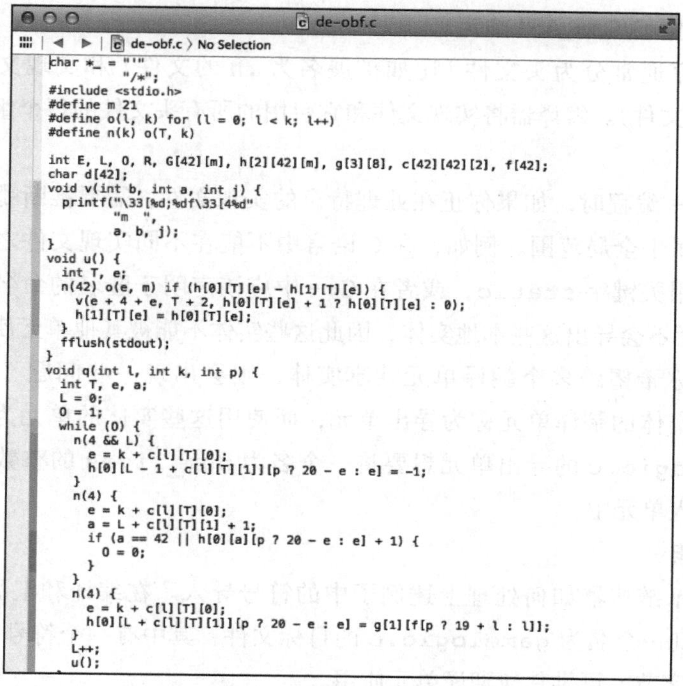

```c
char *_ = ""
          "/*";
#include <stdio.h>
#define m 21
#define o(l, k) for (l = 0; l < k; l++)
#define n(k) o(T, k)

int E, L, O, R, G[42][m], h[2][42][m], g[3][8], c[42][42][2], f[42];
char d[42];
void v(int b, int a, int j) {
  printf("\33[%d;%df\33[4%d"
         "m  ",
         a, b, j);
}
void u() {
  int T, e;
  n(42) o(e, m) if (h[0][T][e] - h[1][T][e]) {
    v(e + 4 + e, T + 2, h[0][T][e] + 1 ? h[0][T][e] : 0);
    h[1][T][e] = h[0][T][e];
  }
  fflush(stdout);
}
void q(int l, int k, int p) {
  int T, e, a;
  L = 0;
  O = 1;
  while (O) {
    n(4 && L) {
      e = k + c[l][T][0];
      h[0][L - 1 + c[l][T][0]][p ? 20 - e : e] = -1;
    }
    n(4) {
      e = k + c[l][T][0];
      a = L + c[l][T][1] + 1;
      if (a == 42 || h[0][a][p ? 20 - e : e] + 1) {
        O = 0;
      }
    }
    n(4) {
      e = k + c[l][T][0];
      h[0][L + c[l][T][1]][p ? 20 - e : e] = g[1][f[p ? 19 + l : l]];
    }
    L++;
    u();
```

图　10-2

上述代码的风格显然更便于理解。在现实生活中，虽然我们很幸运地不需要阅读故意混淆的代码，但是严格遵守某个编码规范也是比较烦琐的事情。ClangFormat 的目标就是格式化代码以符合指定的代码惯例。它既可以是一个单独的工具，也可以是一个 LibFormat 库。如果你要创建的工具刚好可以生成 C 或 C++ 代码，就可以将注意力集中到项目本身，而将格式化问题留给 ClangFormat 解决。

除了对上述人为构造的例子进行代码展开和缩进，ClangFormat 工具还可以找到最好的方式将代码转换成每行不超过 80 个字符的格式，从而提高其可读性。如果你曾经考虑过切割长句的最好方法，你会感叹 ClangFormat 在这个任务上完成得有多好。建议你在自己喜爱的编辑器上配置该工具并设置一个热键来启动它。如果你使用诸如 Vim 或 Emacs 等常用编辑器，则可以直接使用其他人已经写好的定制脚本来集成 ClangFormat。

有关代码的格式化、组织和清晰性的话题也给我们带来了 C 和 C++ 代码中棘手的问题：头文件的滥用以及如何协调它们。我们将专门在下一小节中讨论针对该问题的一个正在完善中的解决方案，以及可以帮助你使用该新方案的 Clang 工具。

10.3.4　Modularize（模块化工具）

为了理解模块化工具 Modularize，我们首先介绍 C 和 C++ 中的模块概念，在撰写本书时，模块还没有正式标准化。对这个概念的解释稍微偏离了本章的主题，对当前 Clang 如何在 C/C++ 项目中实现这个新概念不感兴趣的读者可以跳过本节，继续阅读下一小节中的工具介绍。

10.3.4.1 了解 C/C++ API 的定义

C 和 C++ 程序通常分为头文件（比如扩展名为 .h 的文件）和实现文件（比如扩展名为 .c 或 .cpp 的文件）。编译器将实现文件和它引用的所有头文件的每个组合视为一个单独的翻译单元。

当用 C 或 C++ 编程时，如果你正在处理特定的实现文件，需要推断哪些实体属于局部范围，哪些实体属于全局范围。例如，在 C 语言中不能在不同实现文件之间共享的函数或数据声明应该使用关键字 `static`，或者在 C++ 中应该声明于匿名的命名空间中。它告诉链接器该翻译单元不会导出这些本地实体，因此这些实体不能被其他单元使用。

但是，如果你希望跨多个翻译单元共享实体，则会出现一些问题。为了更清楚地解释，我们将导出实体的翻译单元称为导出单元，而使用这些实体的单元为导入单元。我们假设名为 `gamelogic.c` 的导出单元想要将一个名为 `num_lives` 的整数变量导出到名为 `screen.c` 的导入单元中。

链接器的功能

我们首先展示链接器如何处理上述例子中的符号导入。在编译和汇编 `gamelogic.c` 之后，我们将得到一个名为 `gamelogic.o` 的目标文件，其中有一个符号表说明符号 `num_lives` 占用 4 个字节，可供其他翻译单元使用。

```
$ gcc -c gamelogic.c -o gamelogic.o
$ readelf -s gamelogic.o
```

Num	Value	Size	Type	Bind	Vis	Index	Name
7	00000000	4	OBJECT	GLOBAL	DEFAULT	3	num_lives

上表省略了我们不感兴趣的其余符号信息。示例中的 `readelf` 工具只适用于 Linux 平台中广泛采用的 ELF 格式（Executable and Linkable Format，**可执行和可链接格式**）。对于其他平台，你可以使用 `objdump -t` 打印符号表。上图中符号表解释如下：符号 `num_lives` 被分配在表中的第 7 个位置，并且占据了相对于索引 3（.bss 段）部分的第一个地址（对应偏移量为零）。`.bss` 段依次保存将被初始化为零的数据实体。要验证段名称和索引之间的对应关系，请使用 `readelf -S` 或 `objdump -h` 打印内存段的头信息。该表还说明了 `num_lives` 符号是一个占有 4 个字节大小的（数据）对象，并且是全局可见的（全局绑定）。

同样，`screen.o` 文件也将有一个符号表，该表会说明此翻译单元依赖于另一个翻译单元中的符号 `num_lives`。我们将使用相同的命令进行分析：

```
$ gcc -c screen.c -o screen.o
$ readelf -s screen.o
```

Num	Value	Size	Type	Bind	Vis	Index	Name
10	00000000	0	NOTYPE	GLOBAL	DEFAULT	UND	num_lives

该条目类似于之前导出单元中所看到的内容，但其信息更少。它没有大小或类型信息，

并且对应于 ELF 字段的索引信息为 UND（即 undefined，未定义），这说明该翻译单元是导入单元。如果最终的程序包含导入单元，链接器将负责解决其依赖关系。

链接器接收这两个目标文件作为输入，并使用导出单元中所包含的地址信息来修补导入单元，以解决二者的依赖关系。

```
$ gcc screen.o gamelogic.o -o game
$ readelf -s game
```

Num	Value	Size	Type	Bind	Vis	Index	Name
60	0804a01c	4	OBJECT	GLOBAL	DEFAULT	25	num_lives

上表中的值反映了程序加载时该变量的完整虚拟内存地址，从而可以将符号的地址提供给导入单元的代码段，这样就完成了两个不同翻译单元之间的导出导入协议。

通过上述例子，我们可以得出结论：通过链接器可以简单而有效地实现多个翻译单元之间的实体共享。

前端支持

高级语言的处理要比目标文件的处理更为复杂。与链接器的处理不同，编译器不能只依赖导入实体的名称来处理导入单元，因为它需要验证该翻译单元的语义没有违反语言的类型系统，例如，它需要确保 num_lives 变量是一个整数类型。因此除了导入实体的名称，编译器还需要其类型信息。一般而言，C 程序通过请求头文件来解决这个问题。

头文件包含类型声明以及将在不同翻译单元中使用的实体的名称。在这种模型中，导入单元使用 include 编译指令来加载它要导入的实体的类型信息。然而，头文件的灵活设计使得它不止具有声明的功能，实际上它还可以包含任何 C 或 C++ 代码。

依赖 C/C++ 预处理器的问题

与 Java 等语言中的 import 指令不同，include 指令的语义不限于为编译器提供导入符号所需的信息，实际上它更多地被用于扩展 C 或 C++ 代码。这种机制是由预处理器实现的，它在实际编译之前简单地复制和扩展代码，这种盲目的处理方式几乎与文本处理工具一样。

在 C++ 代码中，这种代码膨胀的问题更加复杂，因为 C++ 的模板鼓励把一个模板类的完整实现放在头文件中。这将导致所有使用该头文件的导入单元中被注入大量额外的 C++ 代码。

上述问题给有大量外部依赖库（或外部定义的实体）的 C 或 C++ 项目的编译带来很大的额外负担，因为编译器需要重复解析大量头文件：每个使用头文件的编译单元都需要解析一次。

回忆一下，实体导入和导出本可以通过扩展的符号表来解决，但是现在需要仔细解析数千行手动编写的头文件。

大型编译器项目通常使用预编译头文件的方法来避免头文件的重复解析问题，例如，Clang 项目中的 PCH 文件。然而，这种方法只是暂时缓解了该问题，编译器仍然需要为了可能存在的未知宏定义而重新解析整个头文件，这同样也会影响当前翻译单元对待该头文件的方式。

例如，假设我们的游戏按以下方式实现 `gamelogic.h`：

```
#ifdef PLATFORM_A
extern uint32_t num_lives;
#else
extern uint16_t num_lives;
#endif
```

当 `screen.c` 导入上述头文件时，导入实体 `num_lives` 的类型取决于该翻译单元的上下文背景中是否定义了宏 `PLATFORM_A`。此外，这个上下文背景对于另一个翻译单元可能是不同的。这会强制编译器在每次不同的翻译单元包括该头文件时都加载其中的额外代码。

为了解决 C/C++ 头文件导入的问题以及优化库接口的编写，模块提供了描述该接口的新方法，并成为目前标准化议程的一部分。另外，Clang 项目已经实现了对模块的支持。

10.3.4.2　理解模块的工作原理

模块定义了一个使用特定软件库的清晰而无歧义的接口，翻译单元可以用导入模块来代替导入头文件。导入指令 `import` 将加载由给定库导出的实体，而不会向当前编译单元注入额外的 C 或 C++ 代码。

但是，目前模块导入语法还未被标准化，这仍然是 C++ 标准化委员会的讨论内容之一。为此，Clang 允许你传递一个名为 `-fmodules` 的额外标志，当你导入的头文件属于支持模块的库时，Clang 会把 `include` 编译指令解析为模块的 `import` 指令。

当解析属于某个模块的头文件时，Clang 将产生一个具有预处理器干净状态的它自己的实例来编译这些头文件，并以二进制形式缓存结果，以便更快地编译将导入同一模块的后续其他翻译单元。因此，模块中的头文件不应该依赖于任何预先定义的宏或预处理器的任何先前状态。

10.3.4.3　使用模块

要将一组头文件映射到一个特定模块，可以定义一个名为 `module.modulemap` 的独立文件，由该文件提供这些信息，并且应该将它放在定义软件库 API 的头文件所在的相同文件夹中。如果该文件存在并且通过 `-fmodules` 调用 Clang，编译器将使用模块进行编译。

让我们扩展之前的简单游戏例子以使用模块。假设游戏 API 被定义在两个头文件 `gamelogic.h` 和 `screenlogic.h` 中。主文件 `game.c` 从两个文件中导入实体。我们的游戏 API 源代码的内容如下：

- `gamelogic.h` 文件的内容：

```
extern int num_lives;
```

- `screenlogic.h` 文件的内容：

```
extern int num_lines;
```

- **gamelogic.c** 文件的内容：

```
int num_lives = 3;
```

- **screenlogic.c** 文件的内容：

```
int num_lines = 24;
```

此外，在我们的游戏 API 中，只要用户包括 **gamelogic.h** 头文件，它还会导入 **screenlogic.h** 以便在屏幕上打印游戏数据。因此，我们将根据这种依赖关系来构建我们的逻辑模块。项目的 **module.modulemap** 文件定义如下：

```
module MyGameLib {
    explicit module ScreenLogic {
      header "screenlogic.h"
    }
    explicit module GameLogic {
      header "gamelogic.h"
      export ScreenLogic
    }
}
```

关键字 **module** 的后面是用来识别它的名称，即示例中的 **MyGameLib**。每个模块都可以包含一些子模块。关键字 **explicit** 用于告知 Clang：只有当它的某一个头文件被显式包括时才导入该子模块。之后我们使用 **header** 关键字来声明该子模块中包含的 C 头文件。在上述例子中，每个子模块只声明一个头文件，但你可以根据项目实际情况定义多个头文件。

使用模块可以简化项目的构建过程，也使 **include** 指令更加简单。这里需要指出的是，GameLogic 子模块中存在一条使用关键字 **export** 修饰 Screenlogic 子模块名称的语句，这表示如果用户导入了 GameLogic 子模块，则自动导入 ScreenLogic 子模块，使该子模块中的符号同样可见。

为了演示这一点，我们将编写作为上述 API 用户的 **game.c**，如下所示：

```
// File: game.c
#include "gamelogic.h"
#include <stdio.h>
int main() {
  printf("lives= %d\nlines=%d\n", num_lives, num_lines);
  return 0;
}
```

请注意，该文件使用了在 **gamelogic.h** 中定义的符号 **num_lives** 和在 **screenlogic.h** 中定义的 **num_lines**，但后者并没有被显式包括。但当使用带有 **-fmodules** 标志的 **clang** 解析此文件时，它将转换第一个 **include** 指令，使其等同于使用 **import** 指令导入 GameLogic 子模块，因此，ScreenLogic 中定义的符号也会自动被导入。下面的命令行应该可以正确地编译这个项目：

```
$ clang -fmodules game.c gamelogic.c screenlogic.c -o game
```

另一方面，在没有模块系统的情况下调用 Clang 会导致它报告丢失符号定义：

```
$ clang game.c gamelogic.c screenlogic.c -o game
screen.c:4:50: error: use of undeclared identifier 'num_lines'; did you
mean 'num_lives'?
        printf("lives= %d\nlines=%d\n", num_lives, num_lines);
                                                   ^~~~~~~~~
                                                   num_lives
```

但是，如果希望你的项目具有可移植性，我们建议你尽可能地避免将项目设计成只能在具有模块系统的场景下工作，即你的项目在没有模块系统下也应该可以编译。模块的最佳使用场景是用于简化对库 API 的使用，并提高依赖于许多共同头文件的翻译单元的编译速度。

10.3.4.4 了解 Modularize

这里我们推荐一个可以进一步了解模块思想的练习：将一个现有大型项目从使用头文件变更为使用模块。需要特别注意的是，在模块框架中，每个子模块中的头文件是独立编译的。因此，如果某个头文件依赖于导入它之前在其他文件中定义的宏，则无法移植到使用模块的形式。

Modularize 的目的就是帮我们解决上述问题。它可以分析一组头文件，报告这些头文件是否存在重复的变量定义或宏定义，以及是否存在由于不同预处理器状态而导致不同计算结果的宏定义。这些信息可以帮助你诊断把一组头文件移植成模块时会遇见的常见障碍。除此之外，modularize 还会检测在某个命名空间块内使用的 include 指令的情况，因为该指令会强制编译器根据不同的上下文背景解析被包含的文件，而这与模块的概念是不兼容的：头文件中定义的符号不能依赖于包含头文件的上下文背景。

10.3.4.5 使用 Modularize

要使用模块化工具 Modularize，必须提供用于相互对照检查的头文件列表。继续之前游戏项目的例子，我们编写一个名为 list.txt 的文本文件，如下所示：

```
gamelogic.h
screenlogic.h
```

然后，我们使用该文件作为参数运行 Modularize：

```
$ modularize list.txt
```

如果修改其中一个头文件以重复定义另一个头文件中的符号，Modularize 将产生警告信息，报告与模块系统不兼容的行为，因此你应该在尝试为该项目编写 module.modulemap 文件之前修复头文件。在修复头文件时，请记住每个头文件应该尽可能独立，并且不能根据其他被导入的头文件中定义的信息来改变它自己的符号定义值。如果你的项目中确实存在这种依赖关系，你应该把该头文件分成两个或多个，分别对应于编译器在使用一组特定的宏时所看到的符号。

10.3.5 Module Map Checker（模块映射检查器）

Clang 工具中的 Module Map Checker 可以帮助你解析 module.modulemap 文件，以确保它包括文件夹中的所有头文件。你可以在上一节的例子中通过下面的命令调用它：

```
$ module-map-checker module.modulemap
```

预处理器是关于使用 include 指令还是模块的讨论中的关键环节。在下一节中，我们将介绍一个工具，它可以帮助跟踪这个特殊前端组件的活动。

10.3.6 PPTrace（追踪工具）

首先请看下面从 Clang 文档（http://clang.llvm.org/doxygen/classclang_1_1 Preprocessor.html）中摘录的有关 clang::preprocessor 的一句话：

Engages in a tight little dance with the lexer to efficiently preprocess tokens.（与词法分析器进行紧密合作以有效地预处理令牌。）

正如第 4 章中所指出的，Clang 中的词法分类器是其分析源文件的第一个步骤，它负责将纯文本分组成供解析器使用的信息。lexer 类没有关于语义的处理，因为这是解析器的责任，至于导入的头文件和宏扩展处理则是预处理器的责任。

Clang 项目中的 PPTtrace 工具可以输出预处理器的操作序列。它通过实现 clang::PPCallbacks 接口的回调函数来完成该功能。它首先将自己注册为预处理器的观察者，然后启动 Clang 来分析输入文件。对于每个预处理器的操作（例如解释 #if 指令、导入模块或者包括头文件等），该工具将在屏幕上打印相应信息。

考虑以下 C 语言 "hello world" 的示例：

```
#if 0
#include <stdio.h>
#endif

#ifdef CAPITALIZE
#define WORLD "WORLD"
#else
#define WORLD "world"
#endif

extern int write(int, const char*, unsigned long);

int main() {
    write(1, "Hello, ", 7);
    write(1, WORLD, 5);
    write(1, "!\n", 2);
    return 0;
}
```

上述代码的第一行使用了一个预处理器指令 #if，并且它的计算结果总为 false，这会强制编译器忽略直到遇到下一个 #endif 指令为止的内容。接下来，我们使用 #ifdef 指令来检查是否已经定义了 **CAPITALIZE** 宏。取决于其是否被定义，宏 **WORLD** 将被定义为包含 "world" 的大写或小写字符串。最后，示例代码使用了一系列的 **write** 系统调用在屏幕上输出消息。

我们以类似之前介绍过的 Clang 独立工具的调用方式来运行 **pp-trace**：

```
$ pp-trace hello.c
```

该工具的运行结果是一系列关于宏定义的预处理器事件，这些事件甚至在源文件被实际处理之前发生。最后的事件与我们的具体文件有关，如下所示：

```
- Callback: If
  Loc: "hello.c:1:2"
  ConditionRange: ["hello.c:1:4", "hello.c:2:1"]
  ConditionValue: CVK_False
- Callback: Endif
  Loc: "hello.c:3:2"
  IfLoc: "hello.c:1:2"
- Callback: SourceRangeSkipped
  Range: ["hello.c:1:2", "hello.c:3:2"]
- Callback: Ifdef
  Loc: "hello.c:5:2"
  MacroNameTok: CAPITALIZE
  MacroDirective: (null)
- Callback: Else
  Loc: "hello.c:7:2"
  IfLoc: "hello.c:5:2"
- Callback: SourceRangeSkipped
  Range: ["hello.c:5:2", "hello.c:7:2"]
- Callback: MacroDefined
  MacroNameTok: WORLD
  MacroDirective: MD_Define
- Callback: Endif
  Loc: "hello.c:9:2"
  IfLoc: "hello.c:5:2"
- Callback: MacroExpands
  MacroNameTok: WORLD
  MacroDirective: MD_Define
  Range: ["hello.c:13:14", "hello.c:13:14"]
  Args: (null)
- Callback: EndOfMainFile
```

第一个事件是指第一条 **#if** 预处理器指令，其对应的代码区域触发了 3 个回调函数：**If**、**Endif** 和 **SourceRangeSkipped**。注意，它里面的 **#include** 指令没有被处理，而是被跳过了。同样，我们可以观察到与宏定义 **WORLD** 有关的事件：**IfDef**、**Else**、**MacroDefined** 和 **EndIf**。最后，**pp-trace** 通过 **MacroExpands** 事件报告我们使用了 **WORLD** 宏，然后到达文件末尾并调用 **EndOfMainFile** 回调函数。

预处理步骤之后，前端的下一步骤是词法分析和语法分析。在下一节中，我们将介绍一个能够分析解析器结果（即 AST 节点）的工具。

10.3.7　Clang Query（查询工具）

　　Clang Query 工具在 LLVM 3.5 版本中被引入，它允许读取源文件并交互式查询其关联的 AST（抽象语法树）节点。通常，它是检查和学习前端如何表示每段代码的好工具。但是，它的主要目标不仅是用于检查一个程序的抽象语法树，而且还可以测试 AST 匹配器。

　　在编写重构工具时，可能需要 AST 匹配器的帮助，它包含多个可以与你感兴趣的 Clang AST 片段进行匹配的谓词。Clang Query 用于为这部分的开发工作提供帮助，它允许你检查哪些 AST 节点与指定的 AST 匹配器相匹配。你可以检查 `ASTMatchers.h` Clang 头文件以查看所有可用的 AST 匹配器，通常而言，匹配器的名称是将表示 AST 节点的类的名称改为骆驼表示法。例如，`functionDecl` 将匹配所有代表函数声明的 `FunctionDecl` 节点。在测试了哪些匹配器可以准确地返回你感兴趣的节点之后，可以在重构工具中使用它们来自动地转换节点类型。我们将在本章的后续内容中介绍如何使用 AST 匹配器库。

　　作为检查 AST 的一个示例，我们将对之前介绍 PPTrace 时使用的"hello world"代码运行 `clang-query` 工具。该工具需要你预先准备好一个编译命令数据库。如果你处理的文件缺少该数据库，则可以通过在双短划线之后提供编译命令；如果不需要特殊的编译器标志，请将其置空，如下面的命令行所示：

```
$ clang-query hello.c --
```

　　执行这个命令后，`clang-query` 会显示一个等待输入命令的交互提示符。你可以在匹配命令 match 之后键入任何 AST 匹配器的名称。例如在以下命令中，我们要求 `clang-query` 显示所有 `CallExpr` 节点：

```
clang-query> match callExpr()

Match #1:
hello.c:12:5: note: "root" node binds here
    write(1, "Hello, ", 7);
    ^~~~~~~~~~~~~~~~~~~~~~~
...
```

　　该工具将突出显示与 `CallExpr` AST 节点关联的第一个记号对应的程序代码。Clang Query 所支持的命令列表如下：

- `help`：打印命令列表。
- `match <matcher name>` 或 `m <matcher name>`：通过所指定的匹配器遍历 AST。
- `Set output<(diag|print|dump)>`：此命令将更改在成功匹配时打印节点信息的方式。第一个选项为默认选项，将打印一条突出显示该节点的 Clang 诊断消息。第二个选项将打印相应的源代码简单摘要，而最后一个选项将调用类的成员函数 `dump()`，以显示所有子节点，用于复杂的调试。

　　这里我们建议读者通过使用 dump 选项来打印高层次节点的信息，以了解源程序中

Clang AST 的组织结构。请尝试以下代码：

```
clang-query> set output dump
clang-query> match functionDecl()
```

它将向你展示所打开的 C 源代码中所有函数体相关的语句和表达式的相关类的实例。另一方面，请记住将在下一节中介绍的 Clang Check 工具更容易获得完整的 AST 信息。Clang Query 更适合于编写 AST 匹配器表达式以获得其匹配结果。稍后你将看到 Clang Query 在帮助我们制作第一个代码重构工具时所发挥的重要作用，到时我们将介绍如何构建更复杂的查询语句。

10.3.8　Clang Check（检查工具）

Clang Check 是一个非常基础的工具，它只有不到几百行的代码，因此学习它很容易。另一方面它也链接 LibTooling，这使得它具有 Clang 的完整解析能力。

Clang Check 可以用于解析 C/C++ 源文件、打印 Clang AST 信息或执行基本检查。它还可以应用 Clang 建议的“修复”修改，这个功能利用了之前介绍过的 Clang Modernizer 中的重写器基础架构。

假如你想打印程序 `program.c` 的 AST 信息，可以发出以下命令：

```
$ clang-check program.c -ast-dump --
```

注意，Clang Check 工具遵循 LibTooling 库处理源文件的方式，即你应该使用编译命令数据库文件或在双短划线 (--) 之后提供相应的参数。

由于 Clang Check 是一个小工具，因此可以把它当作编写自己的工具时一个很好的参考示例。我们将在下一节中介绍另一个小工具，让你了解简单的代码重构工具的功能。

10.3.9　remove-cstr-calls（调用移除工具）

remove-cstr-calls 工具是一个简单的源代码到源代码转换工具，可用于代码重构。它可以识别对 `std::string` 对象的冗余 `c_str()` 调用，并在某些情况下可以重写代码以消除冗余调用。例如，通过某个字符串对象的 `c_str()` 的结果来构建一个新的字符串对象，即 `std::string(myString.c_str())`。该代码可以简化为直接使用字符串的拷贝构造函数，即 `std::string(myString)`。另外一个例子是在构建 LLVM 的特定类 `StringRef` 和 `Twine` 的实例时，最好使用字符串对象本身而非 `c_str()` 的结果，即使用 `StringRef(myString)` 而非 `StringRef(myString.c_str())`。

整个工具可以在一个单独的 C++ 文件中实现，这使得它成为一个优秀示例，可以帮助开发人员学习如何使用 LibTooling 库编写一个代码重构工具，这也是我们下一节的内容。

10.4　编写自己的工具

Clang 项目为开发者提供了三个接口，通过这些接口，开发者可以使用包括解析（句法和语义分析等）在内的 Clang 功能。第一个接口是 `libclang`，它是 Clang 的主要接口，可提供稳定的 C 语言 API，允许外部项目与其链接，并在高层级访问整个编译框架。这个稳定的接口尽可能地保持与旧版本的向后兼容性，避免了新版本的 `libclang` 发布时软件的适配问题。通过使用诸如 Clang 的 Python 绑定等方法，开发者也可使用其他语言访问该接口。例如，Apple Xcode 正是通过 `libclang` 与 Clang 进行交互。

第二个接口是 Clang 插件，它允许你在编译期间添加自定义的编译流程，而不是像 Clang 静态分析器等工具那样执行离线分析。这对于实现编译每个翻译单元都要重复的操作是非常有用的。因为此类分析运行频繁，你需要注意它的执行时间。另一方面，将你的分析集成到构建系统中如同向编译器传递标志一样容易。

Clang 的第三个接口是其 LibTooling 库，之前已经简略介绍过其强大的功能，它允许你轻松构建独立工具，比如本章中介绍的用于代码重构或语法检查的工具。与 LibClang 相比，LibTooling 牺牲了一定的向后兼容性，但是它允许你访问完整的 AST 结构。

10.4.1　问题定义：编写一个 C++ 代码重构工具

本章的剩余部分将介绍一个编写 C++ 代码重构工具的详细示例。假设你创立了一个虚构的初创公司来推广一个新的名为 IzzyC++ 的 C++ 集成开发环境 IDE。该公司的商业计划是吸引那些厌倦了现有 IDE 无法自动重构代码的用户。你将使用 LibTooling 来制作一个简单但有效的代码重构工具，它的输入为一个 C++ 成员函数、其完全限定名称和替换名称。它的任务是找到这个成员函数的定义，将其改为使用替换名称，并相应地更改其所有函数调用。

10.4.2　配置源代码位置

首先你要确定项目代码的存放位置。在 LLVM 源文件夹中，我们将在 `tools/clang/tools/extra` 内创建一个名为 `izzyrefactor` 的新文件夹，以保存该项目的所有文件。接下来，需要扩展 `extra` 文件夹中的 `Makefile` 以包含该项目。你可以查找 DIRS 变量，并将名称 `izzyrefactor` 添加到其他 Clang 工具项目对应的位置。如果使用 CMake，还需要在 `CMakeLists.txt` 文件中添加如下行：

```
add_subdirectory(izzyrefactor)
```

接下来，转到 `izzyrefactor` 文件夹，并创建一个新的 `Makefile` 以告知 LLVM 构建系统：正在构建独立于其他二进制文件的工具。使用以下代码：

```
CLANG_LEVEL := ../../..
TOOLNAME = izzyrefactor
TOOL_NO_EXPORTS = 1
include $(CLANG_LEVEL)/../../Makefile.config
LINK_COMPONENTS := $(TARGETS_TO_BUILD) asmparser bitreader support\
                   mc option
USEDLIBS = clangTooling.a clangFrontend.a clangSerialization.a \
           clangDriver.a clangRewriteFrontend.a clangRewriteCore.a \
```

```
      clangParse.a clangSema.a clangAnalysis.a clangAST.a \
      clangASTMatchers.a clangEdit.a clangLex.a clangBasic.a
include $(CLANG_LEVEL)/Makefile
```

上述文件声明了你的代码需要链接的所有软件库，这对于顺利构建你的项目是非常重要的。如果你不需要在运行 `make install` 时让新工具与其他 LLVM 工具一起安装，则可以选择性地将 `NO_INSTALL=1` 这行代码添加到具有 `TOOL_NO_EXPORTS` 字段的代码行之后。

由于该示例工具不使用任何插件，即它不会导出任何符号，因此我们使用 `TOOL_NO_EXPORTS=1`，这样可以减少最终二进制文件中动态符号表的大小，同时还可以缩短动态链接和加载程序所需的时间。注意，在上述代码的最后部分，我们导入了 Clang 的主 `Makefile`，因为它定义编译项目的所有必要规则。

如果你使用 CMake 而不是自动工具配置脚本，请创建一个新的 **CMakeLists.txt** 文件并包含以下内容：

```
add_clang_executable(izzyrefactor
  IzzyRefactor.cpp
  )
target_link_libraries(izzyrefactor
  clangEdit clangTooling clangBasic clangAST clangASTMatchers)
```

另外，如果不想在 Clang 源代码树中构建此工具，也可以将其构建为独立工具。只要使用在第 4 章末尾为驱动程序工具提供的相同 **Makefile**，并稍作修改即可。请留意我们在此示例的 **Makefile** 中通过 USEDLIBS 变量使用的库，以及在第 4 章末尾的 **Makefile** 中通过 CLANGLIBS 变量使用的库。除了 USEDLIBS 变量中的 **clangTooling**（对应 **LibTooling** 库）之外，这两个变量所对应的库是相同的。因此，在第 4 章的 **Makefile** 中，在包含 **-lclang** 的行之后添加 **-lclangTooling** 行，即可将其用于我们编写的工具。

10.4.3 剖析工具的模板代码

你的所有代码都将在 **IzzyRefactor.cpp** 文件中。请创建此文件，并向其中添加如下初始模板代码：

```
int main(int argc, char **argv) {
  cl::ParseCommandLineOptions(argc, argv);
  string ErrorMessage;
  OwningPtr<CompilationDatabase> Compilations (
    CompilationDatabase::loadFromDirectory(
      BuildPath, ErrorMessage));
  if (!Compilations)
    report_fatal_error(ErrorMessage);
  //...
}
```

你的主函数首先是来自 llvm::cl 命名空间的 ParseCommandLineOptions 函数，该函数自动 解析 `argv` 中的每个标志。

基于 LibTooling 的代码重构工具通常使用 CommonOptionsParser 对象来简化常用的选项解析功能（请参阅 http：//clang.llvm.org/doxygen/classclang_1_1tooling_1_1CommonOptionsParser.html 中的代码示例）。而我们的例子使用更底层的 ParseCommandLineOptions() 函数以便更详细地说明参数解析过程，这有助于编写其他非基于 LibTooling 的工具。但是，仍然可以使用 CommonOptionsParser 来简化代码（这可以作为一个很好的动手练习）。

几乎所有 LLVM 工具都使用 cl 命名空间（http://llvm.org/docs/doxygen/html/namespacellvm_1_1cl.html）提供的实用程序，通过这些实用程序，可以方便地定义我们的工具应该识别命令行中的哪些参数。为此，我们声明模板类型为 opt 和 list 的新全局变量：

```
cl::opt<string> BuildPath(
  cl::Positional,
  cl::desc("<build-path>"));
cl::list<string> SourcePaths(
  cl::Positional,
  cl::desc("<source0> [... <sourceN>]"),
  cl::OneOrMore);
cl::opt<string> OriginalMethodName("method",
  cl::desc("Method name to replace"),
  cl::ValueRequired);
cl::opt<string> ClassName("class",
  cl::desc("Name of the class that has this method"),
  cl::ValueRequired);
cl::opt<string> NewMethodName("newname",
  cl::desc("New method name"),
  cl::ValueRequired);
```

请在主函数的定义之前声明这 5 个全局变量，并按照我们希望作为参数读取的数据种类来特化类型 opt。例如，如果需要读取一个数字，则可以声明一个 cl::opt<int> 类型的全局变量。

要读取这些参数的值，首先需要调用 ParseCommandLineOptions。之后，便可以通过该全局变量的名称获取其对应的值。例如在 std::out << NewMethodName 的例子中，NewMethodName 的评估值和用户参数中提供的字符串的值是等价的。

上述方法可行的原因在于，opt_storage<> 模板作为 opt <> 模板的超类，继承了它所管理的数据类型（即本例中的字符串）。通过继承，opt <string> 变量也可以当作字符串使用。如果 opt<> 模板类不能从所管理的数据类型继承（例如没有 int 类），它将定义一个转换运算符（例如，为 int 类型定义 operator int()）。这两种代码实现有着相同的效果，当引用一个 cl::opt<int> 变量时，它可以自动转换为整数并返回其保存的值，与用户在命令行中提供的值一样。

我们也可以为参数指定不同的特征。我们通过 cl::Positional 指定位置参数，这意味着用户会根据该参数在命令行中的相对位置来指定它，而不是通过其名称。我们还将一个 `desc` 对象传递给 `opt` 类的构造函数，该函数定义了在用户使用 `-help` 参数时所打印的帮助信息。

另外一个参数为 `cl::list` 类型，它与 `opt` 不同之处在于允许传递多个参数，即示例中需要处理的源文件列表。要使用上述功能需要导入以下头文件：

```
#include "llvm/Support/CommandLine.h"
```

> 在标准 LLVM 风格的代码中，`include` 语句的导入顺序依次为本地头文件、Clang 头文件和 LLVM API 头文件。当两个头文件属于同一类别时，按字母顺序排列。你可以尝试编写一个对导入的头文件自动排序的独立工具。

最后三个全局变量允许必需的选项使用我们的重构工具。首先是一个名称为 `-method` 的参数。第一个字符串参数声明了不带短划线的参数名称，而 `cl::RequiredValues` 向命令行解析器表明这个值是运行这个程序所必需的。该参数为我们的工具提供需要查找的函数名称，然后将其替换为 `-newname` 参数中提供的名称。`-class` 参数提供具有此方法的类的名称。

下一段模板代码片段负责管理一个新的 `CompilationDatabase` 对象。首先，我们需要包括用于定义 `OwningPtr` 类的头文件，该类是 LLVM 库中使用的智能指针，即当它包含的指针到达其作用域的末尾时会自动解除分配（即析构）。

```
#include "llvm/ADT/OwningPtr.h"
```

> Clang 的版本提示：Clang/LLVM 从 3.5 版本开始推荐使用 `std::unique_ptr<>` 这一标准 C++ 模板类，并废弃使用 `OwningPtr<>` 模板类。

其次，我们需要导入 `CompilationDatabase` 类的头文件，这也是我们之前所接触的第一个 LibTooling 相关头文件：

```
#include "clang/Tooling/CompilationDatabase.h"
```

该类负责管理编译命令数据库，关于其配置已经在本章的开始部分进行了解释。这个数据库包含在处理用户希望分析的每个源文件时所需的编译命令。为了初始化该对象，我们使用一个名为 `loadFromDirectory` 的工厂函数，它将从指定的构建目录加载编译命令的数据库文件。为此，我们将构建路径设计成工具的一个参数：用户需要指定其源代码和编译命令数据库文件所在的位置。

请注意，我们将两个参数传递给此工厂成员函数 `BuildPath`：代表命令行对象的 `cl::opt` 对象以及刚声明的 `ErrorMessage` 字符串。如果引擎无法加载编译命令数据库，`ErrorMessage` 字符串将被填充相应的错误消息。这种情况下，该函数不会返回任何 `CompilationDatabase` 对象，并且立即打印该错误消息。`llvm::report_fatal_` `error()` 函数将触发任何已安装的 LLVM 错误处理例程，并以错误代码为 1 退出我们的工具。它需要包含以下头文件：

```
#include "llvm/Support/ErrorHandling.h"
```

在我们的例子中，由于我们缩写许多类的完全限定名称，因此需要在全局范围内添加如下 using 声明（如果使用完全限定名称则可以省去这些声明）：

```
using namespace clang;
using namespace std;
using namespace llvm;
using clang::tooling::RefactoringTool;
using clang::tooling::Replacement;
using clang::tooling::CompilationDatabase;
using clang::tooling::newFrontendActionFactory;
```

10.4.4　使用 AST 匹配器

AST 匹配器已经在本章前面简要介绍过，但我们会在这里详细地分析它们，因为它们对编写基于 Clang 的代码重构工具非常重要。

AST 匹配器库允许其用户容易地匹配符合特定谓词的 Clang AST 的子树，例如，以两个参数来调用名称为 `calloc` 的函数的所有 AST 节点。查找特定的 Clang AST 节点并修改它们是几乎所有代码重构工具共有的基本任务，而使用这个库可以极大地简化编写这些工具的任务。

为了帮助找到适合我们案例的匹配器，我们将依靠 Clang Query 以及位于 `http//clang.llvm.org/docs/LibASTMatchersReference.html` 的 AST 匹配器文档。

我们将首先为你的工具编写名为 `wildlifesim.cpp` 的测试用例。这是一个复杂的一维动物生活模拟器：该动物只能沿直线在任意方向上行走：

```
class Animal {
  int position;
public:
  Animal(int pos) : position(pos) {}
  // Return new position
  int walk(int quantity) {
    return position += quantity;
  }
};
class Cat : public Animal {
public:
  Cat(int pos) : Animal(pos) {}
  void meow() {}
  void destroySofa() {}
  bool wildMood() {return true;}
};
int main() {
  Cat c(50);
  c.meow();
  if (c.wildMood())
    c.destroySofa();
```

```
    c.walk(2);
    return 0;
}
```

我们希望你的工具能够（例如）将成员函数 run 重新命名为 walk。首先让我们使用 Clang Query 查看这个案例中 AST 结构。我们将使用 recordDecl 匹配器并打印所有 RecordDecl AST 节点的内容，这些节点负责表示 C 结构体和 C++ 类：

```
$ clang-query wildanimal-sim.cpp --
clang-query> set output dump
clang-query> match recordDecl()
(...)
|-CXXMethodDecl 0x(...) <line:6:3, line 8:3> line 6:7 walk 'int (int)'
(...)
```

在表示 Animal 类的 RecordDecl 对象内部，我们观察到 walk 被表示为一个 CXXMethodDecl AST 节点。通过查看 AST 匹配器文档，我们发现它与 methodDecl AST 匹配器匹配。

10.4.4.1　匹配器组合

AST 匹配器的强大之处在于其组合性。例如，如果只想匹配声明 walk 成员函数的 MethodDecl 节点，可以先匹配所有名为 walk 的声明，然后再进行细化以便仅匹配其中也是方法声明的部分。匹配器 hasName("input") 返回名称为 "input" 的所有命名声明。你可以在 Clang Query 中测试 methodDecl 和 hasName 的组合：

```
clang-query> match methodDecl(hasName("walk"))
```

你将会看到，上述代码的运行结果并没有返回存在于代码中的 8 种不同的方法声明，而只是返回对应 walk 函数的声明。

但请注意，仅在 Animal 类中更改 walk 函数的定义是不够的，因为派生类可能会重写它。我们不希望我们的重构工具重写超类中的方法，而是希望在派生类中保持其他重载方法不变。

因此我们需要找到所有名为 Animal 的类或从它派生的类，以及定义了 walk 函数的类。要找到所有具有名称 Animal 或从它派生的类，我们使用匹配器 isSameOrDerived From()，它的参数类型为 NamedDecl。该参数将由一个匹配器的组合提供：具有特定名称 hasName() 的所有 NamedDecl 节点。因此，我们的查询将如下所示：

```
clang-query> match recordDecl(isSameOrDerivedFrom(hasName("Animal")))
```

我们还需要匹配重载了 walk 函数的派生类。hasMethod() 谓词可以用于返回包含特定方法的类声明。我们在第一个查询的基础上使用它，形成以下查询：

```
clang-query> match recordDecl(hasMethod(methodDecl(hasName("walk"))))
```

为了以 and 操作符的语义连接两个谓词（所有的谓词必须是有效的），我们使用 allOf() 匹配器。它要求所有作为其操作数传递的匹配器必须是有效的。下述代码是查找我们将要重写的所有声明的最终查询语句：

```
clang-query> match recordDecl(allOf(hasMethod(methodDecl(hasName("wa
lk"))), isSameOrDerivedFrom(hasName("Animal")))))
```

通过这个查询语句，我们可以精确地定位所有名为 Animal 或从它派生的类的 walk 方法声明。

现在我们可以替换所有声明所使用的名称，但是，仍然需要改变方法调用。为此，我们将借助于 CXXMemberCallExpr 节点及其匹配器 memberCallExpr。请尝试运行以下查询：

```
clang-query> match memberCallExpr()
```

Clang Query 返回 4 个匹配结果，对应代码中的 4 个方法调用：meow、wildMood、destroySofa 和 walk。我们只想定位最后一个。我们已经知道如何使用 hasName() 匹配器来选择特定的声明，但是如何将函数的声明映射到成员调用表达式呢？答案是使用 member() 匹配器先选择与方法名称链接的已命名声明，然后使用 callee() 匹配器将其与调用表达式进行关联。完整的查询语句如下：

```
clang-query> match memberCallExpr(callee(memberExpr(member(hasName("wa
lk")))))
```

但上述查询语句将盲目地选择所有 walk() 函数的调用，而我们只想选择属于 Animal 类或其派生类的 walk() 调用。为此，我们使用 memberCallExpr() 匹配器的第二个参数。我们将使用 thisPointerType() 匹配器来只选择其被调用对象是特定类的方法调用。下面的代码给出基于这个原则的完整表达式：

```
clang-query> match memberCallExpr(callee(memberExpr(member(hasName("wa
lk")))), thisPointerType(recordDecl(isSameOrDerivedFrom(hasName("Anim
al")))))
```

10.4.4.2　将 AST 匹配器谓词用于代码中

在决定使用哪些谓词来正确捕获感兴趣的 AST 节点之后，我们接下来需要把它运用在我们的工具代码中。首先，要使用 AST 匹配器，我们需要添加新的 include 指令：

```
#include "clang/ASTMatchers/ASTMatchers.h"
#include "clang/ASTMatchers/ASTMatchFinder.h"
```

我们还需要添加一个新的 using 指令，以便更容易引用这些类（放在其他 using 指令后）：

```
using namespace clang::ast_matchers;
```

第二个头文件是工具中使用的查找器机制所必需的，我们将在稍后介绍。我们继续在工具的主函数中添加剩下的代码：

```
RefactoringTool Tool(*Compilations, SourcePaths);
ast_matchers::MatchFinder Finder;
ChangeMemberDecl DeclCallback(&Tool.getReplacements());
```

```
ChangeMemberCall CallCallback(&Tool.getReplacements());
Finder.addMatcher(
  recordDecl(
    allOf(hasMethod(id("methodDecl",
                      methodDecl(hasName(OriginalMethodName)))),
          isSameOrDerivedFrom(hasName(ClassName)))),
  &DeclCallback);
Finder.addMatcher(
  memberCallExpr(
    callee(id("member",
              memberExpr(member(hasName(OriginalMethodName))))),
    thisPointerType(recordDecl(
      isSameOrDerivedFrom(hasName(ClassName))))),
  &CallCallback);
return Tool.runAndSave(newFrontendActionFactory(&Finder)););)
```

Clang 版本提示：在版本 3.5 中，你需要更改上述代码的最后一行为：return Tool.runAndSave(newFrontendAct ionFactory(&Finder).get());。

这样就完成了主函数 main 的代码，我们稍后将介绍回调函数的代码。这段代码的第一行实例化一个新的 RefactoringTool 对象，这是我们使用的 LibTooling 库的第二个类，它需要一个额外的 include 语句：

```
#include "clang/Tooling/Refactoring.h"
```

RefactoringTool 类实现了用来协调工具的不同基本任务的所有逻辑，比如打开源文件、解析它们、运行 AST 匹配器、匹配时调用回调函数，以及应用你的工具给出的源代码修改建议。这也解释了为什么在初始化所有必要的对象后需要通过调用 Refactoring Tool::runAndSave() 来结束主函数，这是为了把控制权交给这个类，让它完成所有这些任务。

接下来，我们声明已导入的头文件中包含的 MatchFinder 对象，这个类负责在 Clang AST 中执行匹配操作，这个功能已经在之前介绍的 Clang Query 中使用过。我们需要为 MatchFinder 配置 AST 匹配器和回调函数，该函数在 AST 节点与提供的 AST 匹配器匹配时调用。你可以在此回调函数中进行源代码的修改。此回调函数是作为 MatchCallback 的一个子类实现的，我们将在后面讨论更多细节。

然后，我们声明回调对象，并使用 MatchFinder::addFinder() 方法将特定的 AST 匹配器与相应的回调函数进行关联。我们需要分别声明两个回调函数，一个用于重写方法声明，另一个用于重写方法调用。我们将这两个回调函数命名为 DeclCallback 和 CallCallback。我们使用前面章节中设计的两个 AST 匹配器组合，但将类名 Animal 替换为 ClassName，它是用户通过命令行参数提供的需要进行代码重构的类名。另外，我们使用 OriginalMethodName（也是命令行参数）替换函数名 walk。

我们还策略性地引入一个名为 id() 的新匹配器，它不修改匹配的节点，只是将某个名称与具体的节点绑定。这对于回调函数执行替换操作非常重要。id() 匹配器有两个参数，第一个是将用来检索节点的名称，第二个是捕获该节点的匹配器。

在负责定位成员函数声明的第一个 AST 组合中，我们命名了标识该方法的 Method Decl 节点。在负责定位成员函数调用的第二个 AST 组合中，我们命名了与被调用成员函数链接的 CXXMemberExpr 节点。

10.4.5　编写回调函数

你需要定义在 AST 节点匹配成功时要执行的操作，我们通过创建两个派生自 Match Callback 的新类来执行此操作，对应之前的两个匹配器组合。

```
class ChangeMemberDecl : public
  ast_matchers::MatchFinder::MatchCallback{
  tooling::Replacements *Replace;
public:
  ChangeMemberDecl(tooling::Replacements *Replace) :
  Replace(Replace) {}
  virtual void run(const ast_matchers::MatchFinder::MatchResult
    &Result) {
    const CXXMethodDecl *method =
      Result.Nodes.getNodeAs<CXXMethodDecl>("methodDecl");
    Replace->insert(Replacement(
    *Result.SourceManager,
    CharSourceRange::getTokenRange(
      SourceRange(method->getLocation())), NewMethodName));
  }
};

class ChangeMemberCall : public
  ast_matchers::MatchFinder::MatchCallback{
  tooling::Replacements *Replace;
public:
  ChangeMemberCall(tooling::Replacements *Replace) :
    Replace(Replace) {}
  virtual void run(const ast_matchers::MatchFinder::MatchResult
    &Result) {
    const MemberExpr *member =
      Result.Nodes.getNodeAs<MemberExpr>("member");
    Replace->insert(Replacement(
    *Result.SourceManager,
    CharSourceRange::getTokenRange(
      SourceRange(member->getMemberLoc())), NewMethodName));
  }
};
```

这两个类都各自私有地存储 Replacements 对象（使用 typedef 定义的 std::set <Replacement> 的别名）的引用。Replacements 类存储有关在哪些文件的哪些行中哪些文本需要修补的信息，它的序列化已在对 Clang Apply Replacement 工具的介绍中进行过讨论。RefactoringTool 类在内部管理 Replacement 对象的集合，这也是我们使用 RefactoringTool::getReplacements() 函数获取这个集合并在主函数中用它初始化回调函数的原因。

我们定义一个参数为 Replacements 对象指针的基本构造函数，并存储这个对象指针以备后用。我们将通过重写 run() 函数来实现回调函数的操作，它的代码非常简单。我们的函数需要一个 MatchResult 对象作为参数。对于给定的匹配，MatchResult 类存储由 id() 匹配器所请求的名称所绑定的所有节点。

这些节点在 BoundNodes 类中进行管理，并通过公开成员名 Nodes 存储于 MatchResult 类中。因此我们在 run() 函数中的第一个操作是通过调用专门的方法 BoundNodes:: getNodeAs<CXXMethodDecl> 来获得我们感兴趣的节点，这样，就获得对 CXXMethod Decl AST 节点的只读引用。

在找到此节点之后，为了确定如何修补代码，需要一个 SourceLocation 对象，该对象告诉我们关联的记号在源文件中占据的确切行和列。CXXMethodDecl 从代表声明的通用超类 Decl 继承。通用类型 Decl 提供的 Decl::getLocation() 方法可以用于返回我们想要的 SourceLocation 对象。有了这些信息，就可以创建我们的第一个 Replacement 对象，并将其插入我们的工具所建议的源代码更改列表中。

我们使用的 Replacement 构造函数需要三个参数：SourceManager 对象的引用、CharSourceRange 对象的引用以及向前两个参数指向的位置写入的替换字符串。SourceManager 类是一个通用的 Clang 组件，用于管理加载到内存中的源代码。CharSourceRange 类中包含的代码可用于分析令牌并产生包含此令牌的源代码范围（由源文件中的两个点决定），从而确定需要从源代码文件中删除并替换为新文本的确切代码字符。

有了这些信息，就可以创建一个新的 Replacement 对象，并将其存储在 Refactoring Tool 管理的集合中，这样，我们就完成了所有编码工作。RefactoringTool 将负责实际应用这些补丁或删除冲突的补丁。不要忘记将所有局部声明包含在匿名命名空间中，避免该翻译单元导出局部符号是一个好的编程习惯。

10.4.6　测试编写的重构工具

我们将使用之前的野生动物模拟器代码示例作为新创建的工具的测试用例。现在应该运行 make 并等待 LLVM 完成你的新工具的编译和链接。完成之后就可以开始使用这个工具了。首先检查声明为 cl::opt 对象的参数是否出现在命令行界面中：

```
$ izzyrefactor -help
```

要使用这个工具，我们仍然需要一个编译命令数据库。为了避免创建 CMake 配置文件和运行它，我们将手动创建一个编译命令数据库，请将它命名为 compile_commands. json 并键入以下代码，并将标签 <FULLPATHTOFILE> 替换为你放置野生动物模拟器源代码的文件夹的完整路径：

```
[
{
 "directory": "<FULLPATHTOFILE>",
 "command": "/usr/bin/c++ -o wildlifesim.cpp.o -c <FULLPATHTOFILE>/
wildlifesim.cpp",
```

```
    "file": "<FULLPATHTOFILE>/wildlifesim.cpp"
  }
]
```

在保存编译命令数据库之后，即可测试该工具：

```
$ izzyrefactor -class=Animal -method=walk -newname=run ./ wildlifesim.cpp
```

你现在可以检查该模拟器的源代码，应该可以看到我们的工具重命名了所有指定方法的定义和调用。任务到此结束，但你可以下一节中找到更多资源，进一步学习有关 LLVM 的知识。

10.5　其他资源

可以在以下链接中找到更多的资源：

- `http://clang.llvm.org/docs/HowToSetupToolingForLLVM.html`：该链接包含有关如何设置编译命令数据库的更多说明。一旦生成编译目录数据库，甚至可以配置你喜欢的文本编辑器来运行按需检查代码的工具。
- `http://clang.llvm.org/docs/Modules.html`：该链接提供有关 C/C++ 模块的 Clang 实现中的更多信息。
- `http://clang.llvm.org/docs/LibASTMatchersTutorial`：这是关于使用 AST 匹配器和 LibTooling 的另一个教程。
- `http://clang.llvm.org/extra/clang-tidy.html`：这里有 Clang Tidy 以及其他工具的用户手册。
- `http://clang.llvm.org/docs/ClangFormat.html`：提供 ClangFormat 的用户手册。
- `http://www.youtube.com/watch?v=yuIOGfcOH0k`：提供 Chandler Carruth 为 C++ Now 制作的关于如何构建重构工具的演示。

10.6　总结

在本章中，我们介绍了如何在 LibTooling 基础架构之上构建 Clang 工具，LibTooling 库使你可以轻松编写在 C/C++ 源代码级别处理代码的工具。我们介绍了以下工具：Clang Tidy 是 Clang 的代码检查工具（linter）；Clang Modernizer（代码转换器）可以自动用符合新编程规范的 C++ 代码替换旧代码；Clang Apply Replacements（替换执行器）应用由其他重构工具创建的代码补丁；Clang Format（格式化工具）可以自动缩进和格式化 C++ 代码；Modularize（模块化工具）简化了尚未标准化的 C++ 模块框架的使用；PPTrace 用于记录预处理器的活动；Clang Query 用于测试 AST 匹配器。最后，我们通过展示如何创建自己的工具来结束本章。

本书到此结束，但这绝不意味着你的学习也就此结束。除了教程和正式的文档以外，互联网上还有很多关于 Clang 和 LLVM 的额外资料。此外，Clang/LLVM 一直在不断发展，并引入了值得研究的新特性。要了解这些信息，请访问 LLVM 博客 `http://blog.llvm.org`。

索 引

推荐阅读

编译原理（原书第2版）

作者：Alfred V. Aho 等 ISBN：7-111-25121-7 定价：89.00元

本书是编译领域无可替代的经典著作，被广大计算机专业人士誉为"龙书"。本书上一版自1986年出版以来，被世界各地的著名高等院校和研究机构（包括美国哥伦比亚大学、斯坦福大学、哈佛大学、普林斯顿大学、贝尔实验室）作为本科生和研究生的编译原理课程的教材。该书对我国高等计算机教育领域也产生了重大影响。

编译系统透视：图解编译原理

作者：新设计团队 ISBN：978-7-111-49858-2 定价：169.00元

掌握程序在内存中的运行时结构对提高程序设计水平的重要性再怎么强调都不过分，将程序员编写的源代码转化为可执行程序是由编译器完成的，编译器对运行时结构的形成起着非常重要的作用。如果你想提高自己的编程水平，了解编译器怎么将你编写的源代码转换为可执行程序的，那么本书就是为你而写的！如果你对编译原理很感兴趣，也很愿意阅读编译器的源代码，却苦于代码量庞大，不知从何下手，那么你必将从本书中得到巨大的收获。

自己动手构造编译系统：编译、汇编与链接

作者：范志东 等 ISBN：978-7-111-54355-8 定价：69.00元

本书最大的亮点是它具有很强的应用性和可读性。作者不是从复杂深奥的计算机编译理论入手，而是在各个章节中使用有代表性的程序模块作为范例，将它们放入编译系统中运行以描述它们的编译过程，然后对代码和结果给出详细的诠释。这就像对编译过程进行细致解剖一样。我相信本书会大大降低编译系统理解的门槛，提高读者对编译系统的兴趣。

推 荐 阅 读

计算机系统：系统架构与操作系统的高度集成

作者：Umakishore Ramachandran 译者：陈文光
ISBN：978-7-111-50636-2 定价：99.00元

计算机组成与设计：硬件/软件接口（原书第5版）

作者：David A. Patterson,John L. Hennessy 译者：王党辉 康继昌 安建峰 等
ISBN：978-7-111-50482-5 定价：99.00元

计算机组成与设计：硬件/软件接口（原书第5版·ARM版）

作者：David A. Patterson),John L. Hennessy 译者：陈微
ISBN：978-7-111-60894-3 定价：139.00元

计算机组成与设计：硬件/软件接口（原书第5版·RISC-V版）

作者：David A.Patterson, John L.Hennessy 译者：易江芳 刘先华 等
ISBN：978-7-111-65214-4 定价：169.00元